高等院校 EDA 系列教材

电子技术实验与 Multisim 14 仿真

主　编　古良玲　王玉菡

副主编　曾自强　贺媛媛　彭小峰　杨　倩

参　编　张　里　陈古波　陈鸿雁　徐　霞　全晓莉

机 械 工 业 出 版 社

本书依据高等院校电子信息类、自动化专业的"电工学基础""模拟电子技术"和"数字电子技术"课程教学大纲要求编写，精选实验项目，将理论知识与实际训练紧密结合，便于学生参照练习，不仅能激发学生的学习兴趣，而且能加深对理论知识的理解，提高教学效果。

本书共4章，第1章简要介绍 Multisim 14 仿真软件，包括菜单功能、元器件库和仪器仪表的使用等。第2~4章分别为电路分析基础实验、模拟电子技术基础实验和数字电子技术基础实验，均以单个实验为主体进行编写，针对每个实验既配备了计算机仿真实验内容，又配备了实验室操作实验内容，从而较好地把理论、仿真与实际操作有机结合起来。计算机仿真实验内容既可以作为理论教学的辅助，也可作为实验的教学内容，还可作为进入实验室操作之前的预习内容，很好地弥补了实验设备不足的缺点，虚实结合，使学习更加理论联系实际。

本书可作为相关学校电子信息类、自动化专业的教科书，也可供从事电工电子技术设计和应用的科技人员参考。

本书配有实验素材文件，需要的教师可登录 www.cmpedu.com 免费注册、审核通过后下载，或联系编辑索取（微信：15910938545，电话：010-88379739）。

图书在版编目（CIP）数据

电子技术实验与 Multisim 14 仿真/古良玲，王玉菡主编 . —北京:机械工业出版社,2023.1(2024.8 重印)
高等院校 EDA 系列教材
ISBN 978-7-111-72319-6

Ⅰ . ①电… Ⅱ . ①古… ②王… Ⅲ . ①电子技术-实验-计算机仿真-高等学校-教材 Ⅳ . ①TN-33

中国版本图书馆 CIP 数据核字（2022）第 252465 号

机械工业出版社（北京市百万庄大街 22 号 邮政编码 100037）
策划编辑：尚 晨 责任编辑：尚 晨
责任校对：潘 蕊 张 薇 责任印制：张 博
北京建宏印刷有限公司印刷
2024 年 8 月第 1 版·第 3 次印刷
184mm×260mm · 16.5 印张 · 407 千字
标准书号：ISBN 978-7-111-72319-6
定价：59.00 元

电话服务 网络服务
客服电话：010-88361066 机 工 官 网：www.cmpbook.com
010-88379833 机 工 官 博：weibo.com/cmp1952
010-68326294 金 书 网：www.golden-book.com
封底无防伪标均为盗版 机工教育服务网：www.cmpedu.com

前　　言

电路电子技术实验作为电子技术基础课程的重要组成部分，在人才培养中具有非常重要的作用，它的主要任务是培养学生的基本实验技能、电路的设计与综合应用能力，以全面提升学生的动手能力和创新能力。

电子设计自动化（EDA）技术给电子设计行业带来了巨大变革，其广阔的应用前景已经得到了电子领域科研及教学人员的一致认可。它在电类专业中的地位也逐渐被人们所认识，许多高等学校开设了相应的课程，并为学生提供了课程设计、综合实践、电子设计竞赛等 EDA技术的综合应用实践环节。其中 Multisim 就是 EDA 技术领域中一款杰出的仿真软件。

为了适应现代电子技术的发展，推动电子技术实验课进行改革，编者于 2015 年编写了《电子技术实验与 Multisim 12 仿真》。本书是在该书的基础上进行的改编，软件更新为 Multisim 14，增加了电路部分的实验内容，删除了综合实验部分，并对模、数电实验方案进行了部分改进。

本书在传统的电路电子技术实验的基础上加入了 Multisim 14 仿真软件的内容，并融入每一个实验中。本书具有以下特点：①实验内容与理论教学紧密结合，由浅入深；②以单个实验为主体进行编写，有利于实验的开展；③实验中采用虚拟仿真与实际电路搭接相结合的方式，使得实验的开展不受实验条件的局限，在时间和空间上得到更大的自由度；④充分考虑初学者的实际情况，语言通俗易懂，注重兴趣培养；⑤既适合初学者学习，又适合设计人员参考；⑥既介绍了 Multisim 14 的特点，又突出了该软件在电路电子技术领域的实际应用价值。

本书第 1 章由曾自强编写，第 2 章由王玉茵、彭小峰编写，第 3 章由古良玲编写，第 4 章由贺媛媛、杨倩编写，附录由徐霞编写，张里、陈古波负责实验室操作验证，陈鸿雁负责仿真实验验证，全晓莉负责图形处理，全书由古良玲统稿。

本书在编写过程中得到了 2020 年重庆市一流课程"电路"和"数字电子技术"、2021 年重庆市一流课程"模拟电子技术"、2021 年重庆市高等教育教学改革研究项目（项目编号213268）等资助，并得到了重庆理工大学电工电子技术实验中心领导及全体老师的大力支持和帮助，在此一并表示衷心的感谢！

本书提供所有的计算机仿真实验电路图。需要的读者可登录 www. cmpedu. com 免费注册，审核通过后下载使用。

由于大量使用仿真软件 Multisim 14，为了实现与仿真软件的无缝结合，书中涉及的电气逻辑符号及元器件符号与 Multisim 软件中保持一致，附录中列出了国内标准与国外标准逻辑符号对照表，便于读者参考。

由于编者水平有限，书中难免有疏漏与不足之处，恳请读者批评指正。读者如有反馈信息可通过电子邮件发送至：373476884@qq. com。

编　者

目　录

第1章 Multisim 14 仿真软件介绍

1.1 Multisim 14 简述

早期的 EWB 仿真软件由加拿大 Interactive Image Technologies 公司（简称 IIT 公司）推出，后又将 EWB 软件更名为 Multisim 并升级为 Multisim 2001、Multisim 7.0 和 Multisim 8.0。2005 年，美国国家仪器公司（National Instrument，NI 公司）收购了加拿大的 IIT 公司，并先后推出 Multisim 9.0、Multisim 10.0、Multisim 11.0、Multisim 12.0、Multisim 13.0 和 Multisim 14.0。Multisim 系列软件是用软件的方法模拟电子与电工元器件，模拟电子与电工仪器和仪表，实现了"软件即元器件""软件即仪器"。后面三个版本在电子技术仿真方面差别并不大，只是后续版本适当增加某些高级功能模块，本书选用 Multisim 14 版本进行讲解。

Multisim 14 是一个集电路原理设计和电路功能测试于一体的虚拟仿真软件，其元器件库提供数千种电路元器件供实验选用，同时也可以新建或扩充已有的元器件库，而且建库所需的元器件参数可以从生产厂商的产品使用手册中查到，因此也可以很方便地应用于工程设计中。虚拟测试仪器仪表种类齐全，有一般实验用的通用仪器，如万用表、函数信号发生器、双踪示波器、直流电源；而且还有一般实验室少有或没有的仪器，如波特图仪、字信号发生器、逻辑分析仪、逻辑转换器、失真分析仪、频谱分析仪和网络分析仪等。

Multisim 14 具有较为完善的电路分析功能，可以完成电路的瞬态分析和稳态分析、时域和频域分析、元器件的线性和非线性分析、电路的噪声分析和失真分析、离散傅里叶分析、电路零极点分析、交直流灵敏度分析等电路分析方法，以帮助设计人员分析电路的性能。

Multisim 14 可以设计、测试和演示各种电子电路，包括电工学、模拟电路、数字电路、射频电路、微控制器和接口电路等；可以对被仿真电路中的元器件设置各种故障，如开路、短路和不同程度的漏电等，从而观察不同故障情况下的电路工作状况；在进行仿真的同时，软件还可以存储测试点的所有数据，列出被仿真电路的所有元器件清单，以及存储测试仪器的工作状态、显示波形和具体数据等。

Multisim 14 在 Multisim 12 的基础上增加了以下新功能。

- 全新的电压、电流和功率探针功能；
- 基于 Digilent FPGA 板卡支持的数字可编程逻辑图功能；
- 基于 Multisim 和 MPLAB 的微控制器联合仿真；
- 在 iPAD 上使用 Multisim Touch 实现交互式仿真；
- 借助 Ultiboard 完成高级设计项目。

Multisim 14 易学易用，便于电子信息、通信工程、自动化、电气控制类专业学生自学，开展综合性的设计和实验，有利于培养学生的综合分析能力、开发和创新能力。

1.2 Multisim 14 的基本功能介绍

1.2.1 Multisim 14 的操作界面

单击"开始"→"程序"→"National Instruments"→"Circuit Design Suite 14.0"→"Multisim 14.0"，启动 Multisim 14，可以看到图 1-1 所示的 Multisim 14 的主窗口。该窗口主要

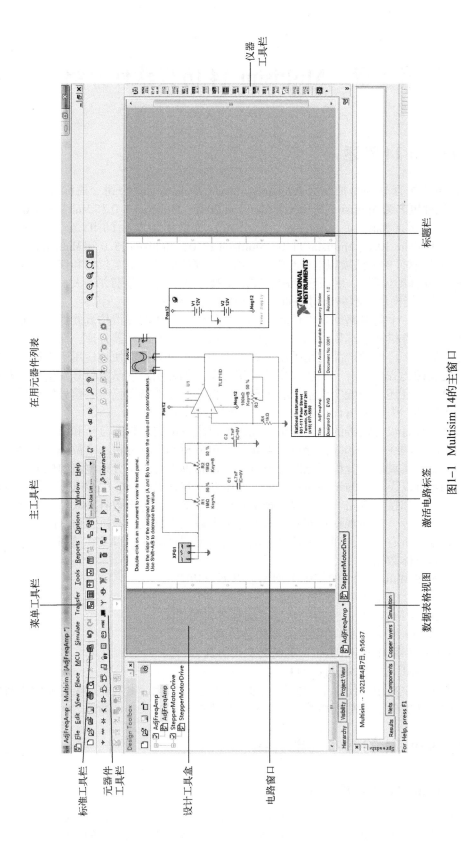

菜单工具栏　　　　　主工具栏

标准工具栏

元器件
工具栏

设计工具盒

电路窗口

在用元器件列表

仪器
工具栏

标题栏

激活电路标签

数据表格视图

图1-1　Multisim 14的主窗口

2

由 Menu Toolbar（菜单工具栏）、Standard Toolbar（标准工具栏）、Design Toolbox（设计工具盒）、Component Toolbar（元器件工具栏）、Circuit Window（电路窗口）、Spreadsheet View（数据表格视图）、Active Circuit Tab（激活电路标签）、Instrument Toolbar（仪器工具栏）等组成。其含义如下。

1）菜单工具栏：用于查找所有的功能命令。

2）标准工具栏：包含常用的功能命令按钮。

3）仪器工具栏：包含软件提供的所有仪器按钮。

4）元器件工具栏：提供了从 Multisim 元器件数据库中选择、放置元器件到原理图中的功能按钮。

5）电路窗口：也可称作工作区，是设计人员设计电路的区域。

6）设计工具盒：用于操控设计项目中各种不同类型的文件，如原理图文件、PCB 文件和报告清单文件，同时也可用于原理图层次的控制，显示和隐藏不同的层。

文件所有的操作都可以通过主菜单来进行，所有的功能组件都可以通过 View 菜单使其显示或不显示在屏幕上。

Multisim 14.0 支持汉化版，可单击"Option"→"Global Options"，找到"General"页面的"Language"，选择"Chinese-simplified"，即可使用汉化界面。

1.2.2 Multisim 14 的主要菜单

1. File（文件）菜单

文件菜单如图 1-2 所示。文件菜单提供 18 个文件操作命令，如打开、保存和打印等，文件菜单中的命令及功能如下。

- New：建立一个新文件。
- Open：打开一个已存在的 *.ms14、*.ms13、*.ms12、*.ms11、*.ms10、*.ms9、*.ms8、*.ms7、*.dsn、*.png或 *.utsch 等格式的文件。
- Open samples：打开范例文件。
- Close：关闭当前文件。
- Close all：关闭所有文件。
- Save：将电路工作区内的当前文件以 *.ms14 的格式存盘。
- Save as：将电路工作区内的当前文件另存为一个文件，仍为 *.ms14 格式。
- Save all：将电路工作区内所有的文件以 *.ms14 的格式存盘。
- Export template：导出模板。
- Snippets：片段。包括 Save selection as snippet（将选定区域存为片段）、Save active design as snippet（保存当前设计为片段）、Paste snippet（粘贴片段）、Open snippet file（打开片段）。

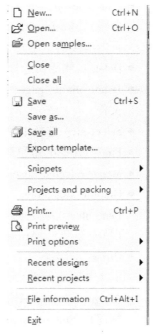

图 1-2　文件菜单

- Projects and packing：项目和包。包括 New project（建立新的项目）、Open project（打开原有的项目）、Save project（保存当前的项目）、Close project（关闭当前的项目）、Pack project（打包项目文件）、Unpack project（解压项目文件）、Upgrade project（更新项目

文件)、Version control (版本控制)。

- Print：打印电路工作区内的电路原理图。
- Print preview：打印预览。
- Print options：打印选项。包括 Print sheet setup (打印设置) 和 Print instruments (打印电路工作区内的仪表) 命令。
- Recent designs：打开最近打开过的设计文件。
- Recent projects：打开最近打开过的项目。
- File information：文件信息。
- Exit：退出。

2. Edit (编辑) 菜单

编辑菜单如图 1-3 所示。在电路绘制过程中，编辑菜单提供了对电路和元器件进行剪切、粘贴、旋转等操作的共 23 个命令，编辑菜单中的命令及功能如下。

图 1-3 编辑菜单

- Undo：撤销前一次操作。
- Redo：恢复前一次操作。
- Cut：剪切所选择的内容，放在剪贴板中。
- Copy：将所选择的内容复制到剪贴板中。
- Paste：将剪贴板中的内容粘贴到指定的位置。
- Paste special：特殊粘贴。包括 Paste as subcircuit (粘贴为子电路)、Paste without renaming on-page connectors (不改变页内连接器粘贴)。
- Delete：删除所选择的内容。
- Delete multi-page：删除多页面电路文件中的某一页电路文件。
- Select all：选择电路中所有的元器件、导线和仪器仪表。
- Find：查找电路原理图中的元器件。
- Merge selected buses：合并所选择的总线。
- Graphic annotation：图形注释。包括 Fill color (填充颜色)、Pen color (画笔颜色)、Pen style (画笔样式)、Fill type (填充类型)、Arrow (箭头类型)。
- Order：图层顺序。包括 Bring to front (置于前面)、Send to back (置于后面)。
- Assign to layer：图层赋值。包括 ERC error mark (ERC 错误标记)、Static probe (静态探针)、Comment (修改所选择的注释)、Text/Graphics (文本/图形)。
- Layer settings：图层设置。
- Orientation：旋转方向选择。包括 Flip vertically (将所选择的元器件垂直翻转)、Flip horizontally (将所选择的元器件水平翻转)、Rotate 90° clockwise (将所选择的元器件顺时针旋转 90°)、Rotate 90° counter clockwise (将所选择的元器件逆时针旋转 90°)。
- Align：对齐。包括 Align left (左对齐)、Align right (右对齐)、Align centers vertically (中

心垂直对齐）、Align bottom（下对齐）、Align top（上对齐）、Align centers horizontally（中心横向对齐）。

- Title block position：标题栏位置。包括 Bottom right（右下角）、Bottom left（左下角）、Top right（右上角）、Top left（左上角）。
- Edit symbol/title block：编辑符号/标题栏。
- Font：字体设置。
- Comment：注释。
- Forms/questions：格式/问题。
- Properties：属性编辑。

3. View（窗口显示）菜单

窗口显示菜单如图 1-4 所示。窗口显示菜单提供 22 个用于控制仿真界面上显示的内容的操作命令，窗口显示菜单中的命令及功能如下。

- Full screen：全屏显示电路仿真工作区。
- Parent sheet：返回到上一级工作区。
- Zoom in：放大电路原理图。
- Zoom out：缩小电路原理图。
- Zoom area：放大所选择的区域。
- Zoom sheet：显示完整电路图。
- Zoom to magnification：按一定的比例显示页面。
- Zoom selection：以所选电路部分为中心进行放大。
- Grid：显示或隐藏栅格。
- Border：显示或隐藏边界。
- Print page bounds：显示或者隐藏打印时的边界。
- Ruler bars：显示或隐藏标尺栏。
- Status bar：显示或隐藏状态栏。
- Design Toolbox：显示或者隐藏设计工具箱。
- Spreadsheet View：显示或者隐藏电子表格视窗。
- SPICE Netlist Viewer：显示或隐藏 SPICE 网表视窗。
- LabVIEW Co-simulation Terminals：显示或者隐藏虚拟仪器联合仿真终端。
- Circuit Parameters：显示或隐藏电路参数。
- Description Box：显示或隐藏电路描述工具箱。

图 1-4　窗口显示菜单

- Toolbars：显示或隐藏工具箱。一般需要开启 Standard（标准）、View（视图）、Main（主要）、Components（元器件）、Simulation switch（仿真开关）、Simulation（仿真调试）、Instruments（仪器）这几个常用工具箱，方便操作。
- Show comment/probe：显示或隐藏注释/探针信息。
- Grapher：显示或隐藏仿真结果的图表。

4. Place（放置）菜单

放置菜单如图 1-5 所示。放置菜单提供在电路工作窗口内放置元器件、连接点、导线和总线等 18 个命令，放置菜单中的命令及功能如下。

- Component：放置元器件。
- Probe：放置探针。包括电压探针（Voltage）、电流探针（Current）、功率探针（Power）、差分电压探头（Differential voltage probe）、电压与电流探针（Voltage and Current）、基准电压探针（Voltage reference）、数字探针（Digital）。
- Junction：放置节点。
- Wire：放置导线。
- Bus：放置总线。
- Connectors：放置端口连接器。包括8种连接器如图1-6所示，其含义分别如下。

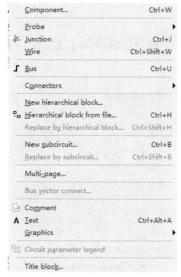

图1-5　放置菜单　　　　　　　　　　　　图1-6　8种连接器

On-page connector：页内连接器；

Global connector：全局连接器；

Hierarchical connector：单线式层次电路或子电路连接器；

Input connector：输入连接器；

Output connector：输出连接器；

Bus hierarchical connector：总线式层次电路或子电路连接器；

Off-page connector：分页单线式连接器；

Bus off-page connector：分页总线式连接器。

另外，LabVIEW co-simulation terminals 表示 LabVIEW 联合仿真接口。

在电路控制区中，连接器可以看作是只有一个引脚的元器件，所有操作方法与元器件相同，不同的是连接器只有一个连接点。

- New hierarchical block：放置新的层次电路模块。
- Hierarchical block from file：从文件获取层次电路。
- Replace by hierarchical block：用层次电路模块替代所选电路。
- New subcircuit：创建子电路。
- Replace by subcircuit：用子电路代替所选电路。
- Multi-page：增加多页电路中的一个电路图。

- Bus vector connect：放置总线矢量连接。
- Comment：放置注释。
- Text：放置文本。
- Graphics：放置图形，包括线、折线、矩形、椭圆、多边形、图片等。
- Circuit parameter legend：电路参数图例。
- Title block：放置标题栏。

5. MCU（微控制器）菜单

MCU（微控制器）菜单如图 1-7 所示。MCU 菜单提供在电路工作窗口内 MCU 的调试操作命令。MCU 菜单中的命令及功能如下。

- MCU 8051 U1：显示文件中的 MCU 元件。如果文件中没有 MCU 元件，则该项显示为 No MCU component found（尚未创建 MCU 器件）。
- Debug view format：调试格式。
- MCU windows：显示 MCU 各种信息窗口。
- Line numbers：显示线路数目。
- Pause：暂停。
- Step into：进入。
- Step over：跨过。
- Step out：离开。
- Run to cursor：运行到指针。
- Toggle breakpoint：设置断点。
- Remove all breakpoints：取消所有的断点。

6. Simulate（仿真）菜单

仿真菜单如图 1-8 所示。仿真菜单提供 18 个电路仿真设置与操作命令，仿真菜单中的命令及功能如下。

图 1-7　微控制器菜单

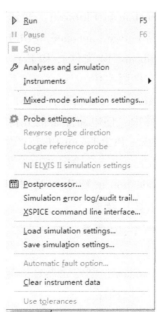

图 1-8　仿真菜单

- Run：开始仿真。
- Pause：暂停仿真。
- Stop：停止仿真。
- Analyses and simulation：分析与仿真。
- Instruments：选择仪器仪表。
- Mixed-mode simulation settings：混合模式仿真参数设置。
- Probe setting：探针设置。
- Reverse probe direction：更换指针方向。
- Locate reference probe：定位基准探针。
- NI ELVIS II simulation settings：NI ELVIS II 仿真设置。
- Postprocessor：启动后处理器。
- Simulation error log/audit trail：仿真误差记录/查询索引。
- XSPICE command line interface：XSPICE 命令界面。
- Load simulation settings：导入仿真设置。
- Save simulation settings：保存仿真设置。
- Automatic fault option：自动故障选择。
- Clear instrument data：清除仪器数据。
- Use tolerances：使用公差。

7. Transfer（文件输出）菜单

文件输出菜单如图 1-9 所示。文件输出菜单提供 6 个传输命令，文件输出菜单中的命令及功能如下。

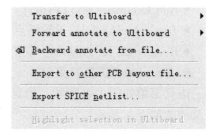

图 1-9　文件输出菜单

- Transfer to Ultiboard：将电路图传送给 Ultiboard。包括 Transfer to Ultibord 14.0 和 Transfer to Ultiboard file...（其他版本）。

- Forward annotate to Ultiboard：发送注释到 Ultiboard 文件。包括 Forward annotate to Ultiboard 14.0（发送注释到 Ultiboard 14 文件）和 Forward annotate to Ultiboard file...（发送注释到其他早期 Ultiboard 文件版本中）。

- Backward annotate from file：将 NI Ultiboard 14 中电路元件注释的变动传送回 Multisim 14 的电路文件中，使电路图中的元件注释也做相应的变化。

- Export to other PCB layout file：产生其他印制电路板设计软件的网表文件。

- Export SPICE netlist：输出 SPICE 网表。

- Highlight selection in Ultiboard：对 Ultiboard 电路中所选择元器件加以高亮显示。

8. Tools（工具）菜单

工具菜单如图 1-10 所示。工具菜单提供 18 个元器件和电路编辑或管理命令，工具菜单中的命令及功能如下。

- Component wizard：创建元器件向导。
- Database：元器件库。
- Variant manager：变量管理器。

- Set active variant…：设置活动变量。
- Circuit wizards：电路设计向导。
- SPICE netlist viewer：SPICE 网表查看器。
- Advanced RefDes configuration：高级标识符号配置。
- Replace components：元器件替换。
- Update components：更新电路元器件。
- Update subsheet symbols：更新子电路符号。
- Electrical rules check：电气规则检查。
- Clear ERC markers：清除 ERC 标志。
- Toggle NC marker：切换 NC 标志。
- Symbol Editor：符号编辑器。
- Title Block Editor：标题栏编辑器。
- Description Box Editor：描述框编辑器。
- Capture screen area：捕获屏幕区域。
- Online design resources：在线设计资源。

9. Reports（报告）菜单

报告菜单如图 1-11 所示。报告菜单提供材料清单等 6 个报告命令，报告菜单中的命令及功能如下。

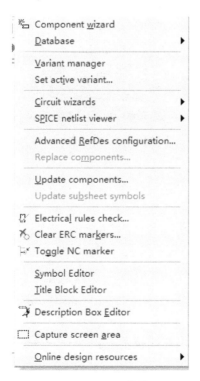

图 1-10　工具菜单

图 1-11　报告菜单

- Bill of Materials：材料清单。
- Component detail report：元器件详细报告。

- Netlist report：网络表报告。
- Cross reference report：元器件交叉对照表报告。
- Schematic statistics：电路图元器件统计表。
- Spare gates report：剩余门电路报告。

10. Option（选项）菜单

选项菜单如图 1-12 所示。选项菜单提供 4 个电路界面和电路某些功能的设定命令，选项菜单中的命令及功能如下。

- Global options：全局参数设置。
- Sheet properties：工作台界面设置。
- Lock toolbars：锁定工具条。
- Customize interface：用户界面定制。

11. Windows（窗口）菜单

窗口菜单如图 1-13 所示。窗口菜单提供 7 个窗口操作命令，窗口菜单中的命令及功能如下。

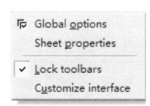

图 1-12　选项菜单

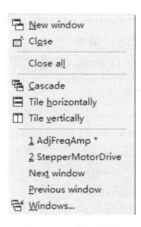

图 1-13　窗口菜单

- New window：建立新窗口。
- Close：关闭窗口。
- Close all：关闭所有窗口。
- Cascade：窗口层叠。
- Tile horizontally：窗口水平平铺。
- Tile vertically：窗口垂直平铺。
- Windows：窗口选择。

12. Help（帮助）菜单

帮助菜单如图 1-14 所示。帮助菜单为用户提供在线技术帮助和使用指导，帮助菜单中的命令及功能如下。

- Multisim help：帮助主题目录。
- NI ELVISmx help：NI ELVISmx 帮助。
- New Features and Improvements：新特性和改进。
- Getting Started：Getting Started. pdf 帮助文档。

图 1-14　帮助菜单

- Patents：专利权。
- Find examples：查找范例。
- About Multisim：有关 Multisim 14 的说明。

1.2.3 Multisim 14 的工具栏

Multisim 14 工具栏各图标名称及功能说明如图 1-15 所示。

图 1-15 常用工具栏

1.2.4 Multisim 14 的元器件库

Multisim 14 提供了丰富的元器件库，元器件库图标和名称如图 1-16 所示。单击某一个图标即可打开该元器件库。关于这些元器件的功能和使用方法将在后面介绍。读者还可使用在线帮助功能查阅有关的内容。

图 1-16 元器件库

1. 电源/信号源库

电源/信号源库含有接地端、直流电压源（电池）、正弦交流电压源、方波（时钟）电压源、压控方波电压源等多种电源与信号源。

2. 基本元器件库

基本元器件库含有电阻、电容等多种元件。基本元器件库、二极管库、晶体管库和模拟集成电路库中的虚拟元器件的参数是可以任意设置的，非虚拟元器件的参数是固定的，但是是可以选择的。

3. 二极管库

二极管库含有二极管、可控硅等多种器件。

4. 晶体管库

晶体管库含有晶体管、FET 等多种器件。

5. 模拟集成电路库

模拟集成电路库含有多种运算放大器。

6. TTL 数字集成电路库

TTL 数字集成电路库含有 74×× 系列和 74LS×× 系列等 74 系列数字电路器件。

7. CMOS 数字集成电路库

CMOS 数字集成电路库含有 40×× 系列和 74HC×× 系列等多种 CMOS 数字集成电路器件。

8. 其他数字器件库

其他数字器件库含有 DSP、FPGA、CPLD、VHDL 等多种器件。

9. 数模混合集成电路库

数模混合集成电路库含有 ADC、DAC、555 定时器等多种数模混合集成电路器件。

10. 指示器件库

指示器件库含有电压表、电流表、指示灯、七段数码管等多种器件。

11. 电源器件库

电源器件库含有三端稳压器、PWM 控制器等多种电源器件。

12. 杂项元器件库

杂项元器件库含有晶体、滤波器等多种器件。

13. 外围设备器件库

外围设备器件库含有键盘、LCD 等多种器件。

14. 射频元器件库

射频元器件库含有射频晶体管、射频 FET、微带线等多种射频元器件。

15. 机电元器件库

机电元器件库含有开关、继电器等多种机电元器件。

16. NI 库

NI 库含有 NI 定制的 M_SERIES_DAQ（NI 定制 DAQ 板 M 系列串口）、sbRIO（NI 定制可配置输入输出的单板连接器）和 cRIO（NI 定制可配置输入输出紧凑型板连接器）等 9 个系列元器件。

17. 接口库

接口库中含有各种行业标准接口，包括 USB 接口、D 型 9 针串口等器件。

18. 微控制器库

微控制器件库含有 8051、PIC 等多种微控制器以及存储器等。

1.3 仪器仪表的使用

仪器仪表库的图标及功能如图 1-17 所示。该库中所含仪器仪表如下：数字万用表、函数信号发生器、瓦特表、双通道示波器、四通道示波器、波特图仪、数字频率计、字信号发生器、逻辑转换仪、逻辑分析仪、IV 特性分析仪、失真分析仪、频谱分析仪、网络分析仪、安捷伦函数信号发生器、安捷伦数字万用表、安捷伦数字示波器、泰克数字示波器、LabVIEW 虚拟仪器、测试探针、电流钳。

1. 数字万用表（Multimeter）

数字万用表是一种可以用来测量交直流电压、交直流电流、电阻及电路中两点之间的分贝损耗，自动调整量程的数字显示的多用表。

数字万用表　函数信号发生器　瓦特表　双通道示波器　四通道示波器　波特图仪　数字频率计　字信号发生器　逻辑分析仪　逻辑转换仪　IV特性分析仪　失真分析仪　频谱分析仪　网络分析仪　安捷伦函数信号发生器　安捷伦数字万用表　安捷伦数字示波器　泰克数字示波器　LabVIEW虚拟仪器　测试探针　电流钳

图 1-17　仪器仪表库

用鼠标双击数字万用表图标，可以放大数字万用表面板，如图 1-18 所示。用鼠标单击数字万用表面板上的"Set…（设置）"按钮，则弹出参数设置对话框，可以设置数字万用表的电流表内阻、电压表内阻、欧姆表电流及测量范围等参数。

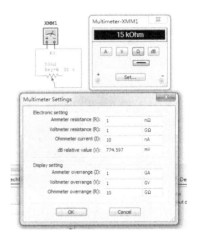

图 1-18　数字万用表面板图及参数设置对话框

2. 函数信号发生器（Function Generator）

函数信号发生器是可提供正弦波、三角波、方波三种不同波形信号的电压信号源。用鼠标双击函数信号发生器图标，可以放大函数信号发生器的面板。函数信号发生器的面板如图 1-19 所示。

函数信号发生器的输出波形、工作频率、占空比、幅度和直流偏置，可通过鼠标单击波形选择按钮和在各窗口设置相应的参数来实现。频率设置范围为 1 Hz ~ 1000 THz；占空比调整值可从 1% ~ 99%；幅度设置范围为 1 V_p ~ 1000 TV_p；偏移设置范围为 -1000 TV ~ 1000 TV。

3. 瓦特表（Wattmeter）

瓦特表用来测量电路的功率，交流或者直流均可测量。用鼠标双击瓦特表的图标可以放大瓦特表的面板。电压输入端与测量电路并联连接，电流输入端与测量电路串联连接。瓦特表的面板如图 1-20 所示。

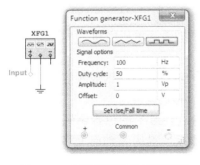

图 1-19　函数信号发生器面板图

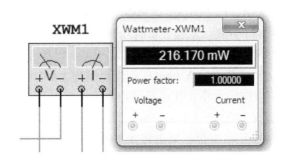

图 1-20　瓦特表面板图

4. 双通道示波器（Oscilloscope）与四通道示波器（Four-channel Oscilloscope）

示波器是用来显示电信号波形的形状、大小、频率等参数的仪器。用鼠标双击示波器图标，放大的示波器的面板图如图 1-21 所示。

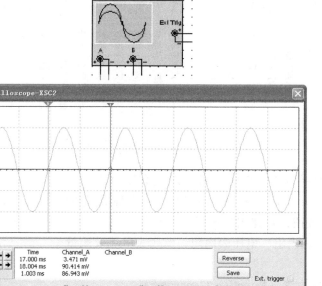

图 1-21　双通道示波器及面板图

示波器面板各按键的作用、调整及参数的设置与实际的示波器类似。四通道示波器使用方法与二通道相似，故不详叙。

（1）时基（Time base）控制部分的调整

1）时间基准。X 轴刻度显示示波器的时间基准，其基准为 0.1 ns/Div ~ 1000 s/Div 可供选择。

2）X 轴位置控制。X 轴位置控制 X 轴的起始点。当 X 的位置调到 0 时，信号从显示器的左边缘开始，正值使起始点右移，负值使起始点左移。X 位置的调节范围为 −5.00 ~ +5.00。

3）显示方式选择。显示方式选择示波器的显示，可以从"幅度/时间（Y/T）"切换到"A 通道/B 通道中（A/B）""B 通道/A 通道（B/A）"或"Add"方式。

- Y/T 方式：X 轴显示时间，Y 轴显示电压值。
- A/B、B/A 方式：X 轴与 Y 轴都显示电压值。
- Add 方式：X 轴显示时间，Y 轴显示 A 通道、B 通道的输入电压之和。

（2）示波器输入通道（Channel A/B）的设置

1）Y 轴刻度。Y 轴电压刻度范围为 1 mV/Div ~ 1000 V/Div，可以根据输入信号大小来选择 Y 轴刻度值的大小，使信号波形在示波器显示屏上显示出合适的幅度。

2）Y 轴位置（Y position）。Y 轴位置控制 Y 轴的起始点。当 Y 的位置调到 0 时，Y 轴的起始点与 X 轴重合，如果将 Y 轴位置增加到 1.00，Y 轴原点位置从 X 轴向上移一大格，若将 Y 轴位置减小到 −1.00，Y 轴原点位置从 X 轴向下移一大格。Y 轴位置的调节范围为 −3.00 ~ +3.00。改变 A、B 通道的 Y 轴位置有助于比较或分辨两通道的波形。

3）Y 轴输入方式。Y 轴输入方式即信号输入的耦合方式。当用 AC 耦合时，示波器显示信号的交流分量；当用 DC 耦合时，显示的是信号的 AC 和 DC 分量之和。

当用 0 耦合时，在 Y 轴设置的原点位置显示一条水平直线。

（3）触发方式（Trigger）调整

1）触发信号选择。触发信号选择一般选择自动触发（Auto）。选择"A"或"B"，则用相应通道的信号作为触发信号。选择"Ext"，则由外触发输入信号触发。选择"Single"为单脉冲触发。选择"Normal"为一般脉冲触发。

2）触发沿（Edge）选择。触发沿（Edge）可选择上升沿或下降沿触发。

3）触发电平（Level）选择。触发电平（Level）选择触发电平范围。

（4）示波器显示波形读数

要显示波形读数的精确值时，可用鼠标将游标拖到需要读取数据的位置。显示屏幕下方的方框内，显示游标与波形垂直相交点处的时间和电压值，以及两游标位置之间的时间、电压的差值。

用鼠标单击"Reverse"按钮可改变示波器屏幕的背景颜色。用鼠标单击"Save"按钮可按 ASCII 码格式存储波形读数。

5. 波特图仪（Bode Plotter）

波特图仪可以用来测量和显示电路的幅频特性与相频特性，类似于扫频仪。用鼠标双击波特图仪图标，放大的波特图仪的面板图如图 1-22 所示。可选择幅频特性（Magnitude）或者相频特性（Phase）进行测量。

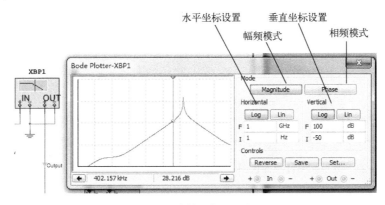

图 1-22　波特图仪及面板图

波特图仪有 In 和 Out 两对端口，其中 In 端口的"+"和"-"分别接电路输入端的正端和负端；Out 端口的"+"和"-"分别接电路输出端的正端和负端。使用波特图仪时，必须在电路的输入端接入 AC（交流）信号源。

（1）坐标设置

在垂直（Vertical）坐标或水平（Horizontal）坐标控制面板图框内，单击"Log"按钮，则坐标以对数（底数为 10）的形式显示；单击"Lin"按钮，则坐标以线性的结果显示。

水平（Horizontal）坐标：标度（1 mHz~1000 THz），水平坐标轴总是显示频率值。它的标度由水平轴的初始值 I（Initial）和终值 F（Final）决定。

在信号频率范围很宽的电路中，分析电路频率响应时，通常选用对数坐标（以对数为坐标所绘出的频率特性曲线称为波特图）。

垂直（Vertical）坐标：当测量电压增益时，垂直轴显示输出电压与输入电压之比，若使用对数基准，则单位是分贝；如果使用线性基准，则显示的是比值。当测量相位时，垂直轴总是以度为单位显示相位角。

（2）读取坐标数值

要得到特性曲线上任意点的频率、增益或相位差，可用鼠标拖动游标（位于波特图仪中的垂直光标），或者用游标移动按钮来移动游标（垂直光标）到需要测量的点，游标（垂直光标）与曲线的交点处的频率和增益或相位角的数值显示在读数框中。

（3）分辨率设置

"Set…"用来设置扫描的分辨率，用鼠标单击"Set…"按钮，出现分辨率设置对话框，数值越大，则分辨率越高。

6. 数字频率计（Frequency Counter）

数字频率计是用来测量信号频率的仪器，它可以显示与信号频率有关的一些信息。数字频率计图标及面板如图1-23所示，可观察频率、周期、脉宽、上升时间/下降时间。

7. 字信号发生器（Word Generator）

字信号发生器是能产生16路（位）同步逻辑信号的一个多路逻辑信号源，用于对数字逻辑电路进行测试。

用鼠标双击字信号发生器图标，字信号发生器面板如图1-24所示。

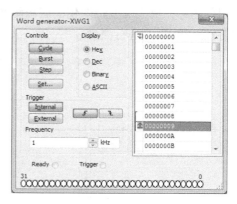

图1-23　数字频率计及面板图　　　　图1-24　字信号发生器面板图

（1）字信号的输入

在字信号编辑区，32 bit的字信号以8位十六进制数编辑和存放，可以存放1024条字信号，地址编号为0000~03FF。

字信号输入操作：将光标指针移至字信号编辑区的某一位，用鼠标单击后，由键盘输入如二进制数码的字信号，光标自左至右、自上至下移位，可连续地输入字信号。

在字信号显示（Display）编辑区可以编辑或显示字信号格式有关的信息。字信号发生器被激活后，字信号按照一定的规律逐行从底部的输出端送出，同时在面板的底部对应于各输出端的小圆圈内，实时显示输出字信号各位（bit）的值。

（2）字信号的输出方式

字信号的输出方式分为Step（单步）、Burst（单帧）、Cycle（循环）三种方式。用鼠标单击一次"Step"按钮，字信号输出一条，这种方式可用于对电路进行单步调试。

用鼠标单击"Burst"按钮，则从首地址开始至末地址连续逐条地输出字信号。

用鼠标单击"Cycle"按钮，则循环不断地进行Burst方式的输出。

Burst和Cycle情况下的输出节奏由输出频率的设置决定。

Burst 输出方式时，当运行至该地址时输出暂停，再用鼠标单击"Pause"则恢复输出。

（3）字信号的触发方式

字信号的触发分为 Internal（内部）和 External（外部）两种触发方式。当选择 Internal（内部）触发方式时，字信号的输出直接由输出方式按钮（SteP、Burst、Cycle）启动。当选择 External（外部）触发方式时，则需接入外触发脉冲，并定义"上升沿触发"或"下降沿触发"。然后单击输出方式按钮，待触发脉冲到来时才启动输出。此外在数据准备好输出端还可以得到与输出字信号同步的时钟脉冲输出。

（4）字信号的存盘、重用、清除等操作

用鼠标单击"Set…"按钮，弹出 Settings 对话框，在对话框中 Clear buffer（清字信号编辑区）、Load（打开字信号文件）、Save（保存字信号文件）三个选项用于对编辑区的字信号进行相应的操作。字信号存盘文件的后缀为".DP"。对话框中 UP counter（按递增编码）、Down counter（按递减编码）、Shift right（按右移编码）、Shift left（按左移编码）四个选项用于生成一定规律排列的字信号。例如，选择 UP counter，则按 0000~03FF 排列；如果选择 Shift right，则按 8000、4000、2000 等逐步右移一位的规律排列；其余类推。

8. 逻辑转换仪（Logic Converter）

逻辑转换仪是 Multisim 特有的仪器，能够完成真值表、逻辑表达式和逻辑电路三者之间的相互转换，实际中不存在与此对应的设备。逻辑转换仪面板如图 1-25 所示。

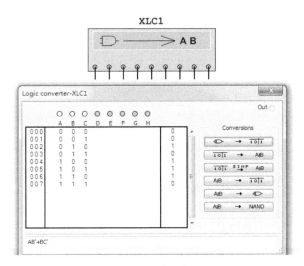

图 1-25　逻辑转换仪面板图

（1）逻辑电路→真值表

逻辑转换仪可以导出多路（最多 8 路）输入一路输出的逻辑电路的真值表。首先画出逻辑电路，并将其输入端接至逻辑转换仪的输入端，输出端连至逻辑转换仪的输出端。单击" ▷ → 101 "按钮，在逻辑转换仪的显示窗口，即真值表区出现该电路的真值表。

（2）真值表→逻辑表达式

真值表的建立：一种方法是根据输入端数，用鼠标单击逻辑转换仪面板顶部代表输入端的小圆圈，选定输入信号（A~H）。此时其值表区自动出现输入信号的所有组合，而输出列的初始值全部为"0"，可根据所需要的逻辑关系修改真值表的输出值而建立真值表；另一种方法是由电路图通过逻辑转换仪转换过来的真值表。

对已在真值表区建立的真值表，用鼠标单击"真值表→逻辑表达式"按钮，在面板的底部逻辑表达式栏出现相应的逻辑表达式。如果要简化该表达式或直接由真值表得到简化的逻辑表达式，单击"真值表→简化表达式"按钮后，在逻辑表达式栏中出现相应的该真值表的简化逻辑表达式。在逻辑表达式中的"!"表示逻辑变量的"非"。

（3）表达式→真值表、逻辑电路或逻辑与非门电路

可以直接在逻辑表达式栏中输入逻辑表达式，"与—或"式及"或—与"式均可，然后单击"表达式→真值表"按钮得到相应的真值表；单击"表达式→电路"按钮得相应的逻辑电路；单击"表达式→与非门电路"按钮得到由与非门构成的逻辑电路。

9. 逻辑分析仪（Logic Analyzer）

逻辑分析仪用于对数字逻辑信号的高速采集和时序分析，可以同步记录和显示 16 路数字信号。逻辑分析仪的面板图如图 1-26 所示。

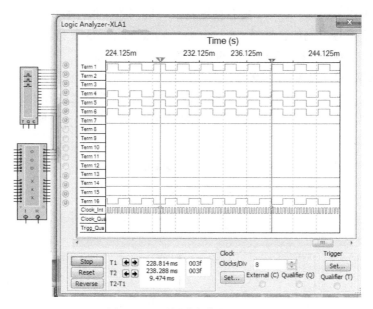

图 1-26　逻辑分析仪的面板图

（1）数字逻辑信号与波形的显示与读数

面板左边的 16 个小圆圈对应 16 个输入端，各路输入逻辑信号的当前值在小圆圈内显示，从上到下排列依次为最低位至最高位。16 路输入的逻辑信号的波形以方波形式显示在逻辑信号波形显示区。通过设置输入导线的颜色可修改相应波形的显示颜色。波形显示的时间轴刻度可通过面板下边的 Clocks/Div 设置。读取波形的数据可以通过拖放游标完成。在面板下部的两个方框内显示指针所处位置的时间读数和逻辑读数（4 位十六进制数）。

（2）触发方式设置

单击 Trigger 区的"Set…"按钮，可以弹出触发方式对话框。触发方式有多种选择，对话框中可以输入 A、B、C 三个触发字。逻辑分析仪在读到一个指定字或几个字的组合后触发。触发字的输入可单击标志为 A、B 或 C 的编辑框，然后输入二进制的字（0 或 1）或者 x，x 代表该位为"任意"（0、1 均可）。用鼠标单击对话框中 Trigger combinations 方框右边的按钮，弹出由 A、B、C 组合的 8 组触发字，选择 8 种组合之一，并单击"OK"后，在 Trigger combinations 方框中就被设置为该种组合的触发字。

三个触发字的默认设置均为 xxxxxxxxxxxxxxxxx，表示只要第一个输入逻辑信号到达，无论是什么逻辑值，逻辑分析仪均被触发开始波形的采集，否则必须满足触发字条件才被触发。此外，Trigger qualifier（触发限定字）对触发有控制作用。若该位设为 x，触发控制不起作用，触发完全由触发字决定；若该位设置为"1"（或"0"），则仅当触发控制输入信号为"1"（或"0"）时，触发字才起作用；否则即使触发字组合条件满足也不能引起触发。

（3）采样时钟设置

用鼠标单击对话框面板下部 Clock 区的"Set..."按钮弹出时钟控制对话框。在对话框中，波形采集的控制时钟可以选择内时钟或者外时钟；上升沿有效或者下降沿有效。如果选择内时钟，内时钟频率可以设置。此外对 Clock qualifier（时钟限定）的设置决定时钟控制输入对时钟的控制方式。若该位设置为"1"，表示时钟控制输入为"1"时开放时钟，逻辑分析仪可以进行波形采集；若该位设置为"0"，表示时钟控制输入为"0"时开放时钟；若该位设置为"x"，表示时钟总是开放，不受时钟控制输入的限制。

10. IV（电流/电压）特性分析仪

IV（电流/电压）特性分析仪用来分析二极管、PNP 和 NPN 晶体管、PMOS 和 CMOS FET 的 IV 特性。注意：IV 特性分析仪只能够测量未连接到电路中的元器件。IV（电流/电压）特性分析仪的面板如图 1-27 所示。

11. 失真分析仪（Distortion Analyzer）

失真分析仪是一种用来测量电路信号失真的仪器，Multisim 提供的失真分析仪频率范围为 20 Hz~20 kHz，失真分析仪面板如图 1-28 所示。

在 Controls（控制模式）区域中，THD 负责设置分析总谐波失真，SINAD 负责设置分析信噪比，Set...负责设置分析参数。

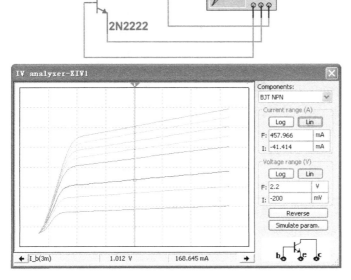

图 1-27 IV（电流/电压）特性分析仪面板图

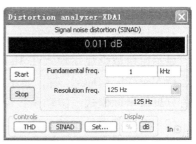

图 1-28 失真分析仪面板图

12. 频谱分析仪（Spectrum Analyzer）

频谱分析仪用来分析信号的频域特性，Multisim 提供的频谱分析仪频率范围上限为 4 GHz，频谱分析仪面板如图 1-29 所示。

在图 1-29 所示频谱分析仪面板中，分为 5 个区。

1）在 Span Control 区中，当选择 Set span 时，频率范围由 Frequency 区域设定；当选择 Zero span 时，频率范围仅由 Frequency 区域的 Center 栏设定的中心频率确定；当选择 Full span 时，频率范围设定为 0~4 GHz。

2）在 Frequency 区中，Span 设定频率范围；Start 设定起始频率；Center 设定中心频率；End 设定终止频率。

3）在 Amplitude 区中，当选择 dB 时，纵坐标刻度单位为 dB；当选择 dBm 时，纵坐标刻度单位为 dBm；当选择 Lin 时，纵坐标刻度单位为线性。

4）在 Resolution Freq 区中，可以设定频率分辨率，即能够分辨的最小谱线间隔。

5）在 Controls 区中，当选择 Start 时，启动分析；当选择 Stop 时，停止分析；当选择 Set… 时，选择触发源是 Internal（内部触发）还是 External（外部触发），选择触发模式是 Continuous（连续触发）还是 Single（单次触发）。

频谱图显示在频谱分析仪面板左侧的窗口中，利用游标可以读取其每点的数据并显示在面板右侧下部的数字显示区域中。

13. 网络分析仪（Network Analyzer）

网络分析仪是一种用来分析双端口网络的仪器，可以测量衰减器、放大器、混频器、功率分配器等电子电路及元器件的特性。Multisim 提供的网络分析仪可以测量电路的 S 参数并计算出 H、Y、Z 参数。网络分析仪面板如图 1-30 所示。

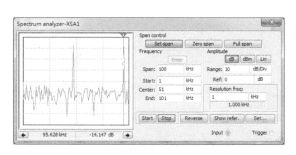

图 1-29　频谱分析仪面板图

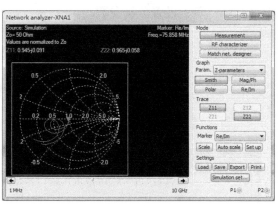

图 1-30　网络分析仪面板图

（1）显示窗口数据显示模式设置

显示窗口数据显示模式在 Marker 区中设置。当选择 Re/Im 时，显示数据为直角坐标模式。当选择 Mag/Ph（Degs）时，显示数据为极坐标模式。当选择 dB Mag/Ph（Degs）时，显示数据为分贝极坐标模式。滚动条控制显示窗口游标所指的位置。

（2）选择需要显示的参数

在 Trace 区域中选择需要显示的参数，只要单击需要显示的参数按钮（Z11、Z12、Z21、Z22）即可。

（3）参数格式

参数格式在 Graph 区中设置。

Param. 选项中可以选择所要分析的参数，其中包括 S-parameters（S 参数）、H-parameters（H 参数）、Y-parameters（Y 参数）、Z-parameters（Z 参数）、Stability factor（稳定因素）5 种。

（4）显示模式

显示模式可以通过选择 Smith（史密斯格式）、Mag/Ph（增益/相位的频率响应图即波特图）、Polar（极化图）、Re/Im（实部/虚部）完成。以上 4 种显示模式的刻度参数可以通过 Scale 设置；程序自动调整刻度参数由 Auto scale 设置；显示窗口的显示参数，如线宽、颜色等由 Set up 设置。

（5）数据管理

Settings 区域提供数据管理功能。单击"Load"按钮读取专用格式数据文件；单击"Save"按钮储存专用格式数据文件；单击"Export"按钮输出数据至文本文件；单击"Print"按钮打印数据。

（6）分析模式设置

分析模式在 Mode 区中设置。当选择 Measurement 时为测量模式；当选择 Match net. designer 时为电路设计模式，可以显示电路的稳定度、阻抗匹配、增益等数据；当选择 RF characterizer 时为射频特性分析模式。

14. 安捷伦函数信号发生器（Agilent Function Generator）

安捷伦函数信号发生器是以安捷伦公司的 33120A 型函数信号发生器为原型设计的，它是一个高性能、能产生 15 MHz 多种波形信号的综合函数发生器。安捷伦函数信号发生器面板如图 1-31 所示。至于它的详细功能和使用方法，参考 Agilent 33120 型函数信号发生器的使用手册。

图 1-31　安捷伦函数信号发生器面板图

15. 安捷伦数字万用表（Agilent Multimeter）

安捷伦数字万用表是以安捷伦公司的 34401A 型数字万用表为原型设计的，它是一个高性能的、测量精度为六位半的数字万用表。安捷伦数字万用表面板如图 1-32 所示。至于它的详细功能和使用方法，参考 Agilent 34401A 型数字万用表的使用手册。

16. 安捷伦数字示波器（Agilent Oscilloscope）

安捷伦数字示波器是以安捷伦公司的 54622D 型数字示波器为原型设计的，它是一个两模拟通道、16 个数字通道、100 MHz 数据宽带、附带波形数据磁盘外存储功能的数字示波器。安捷伦数字示波器面板如图 1-33 所示。至于它的详细功能和使用方法，参考 Agilent 54622D 型数字示波器的使用手册。

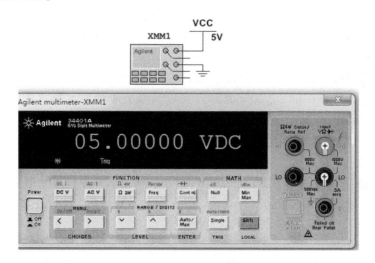

图 1-32 安捷伦数字万用表面板图

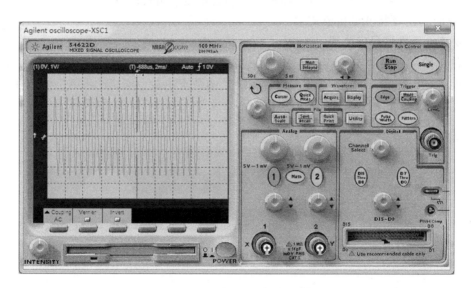

图 1-33 安捷伦数字示波器面板图

17. 泰克数字示波器（Tektronix Oscilloscope）

泰克数字示波器是以泰克公司的 TDS 2024 型数字示波器为原型设计的，它是一个四模拟通道、200 MHz 数据宽带、带波形数据存储功能的液晶显示数字示波器。泰克数字示波器面板如图 1-34 所示。至于它的详细功能和使用方法，参考 TDS 2024 型数字示波器的使用手册。

18. LabVIEW 虚拟仪器

Multisim 14 提供 LabVIEW 虚拟仪器。设计人员可以在 LabVIEW 的图形开发环境下创建自定义的仪器。这些由自己创建的仪器具备 LabVIEW 开发系统的全部高级功能，包括数据获取、仪器控制和运算分析等。

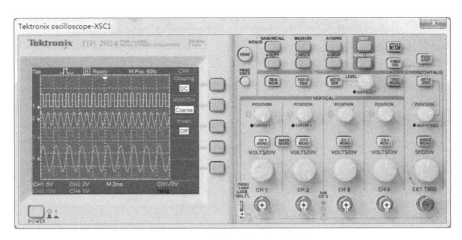

图 1-34　泰克示波器面板图

LabVIEW 仪器可以是输入仪器，也可以是输出仪器。输入仪器接收仿真数据用于显示和处理。输出仪器可以将数据作为信号源在仿真中使用。需要注意的是，一个 LabVIEW 虚拟仪器不能既是输入型又是输出型的仪器。

要能够创建和修改 LabVIEW 虚拟仪器，用户必须拥有 LabVIEW 8.0（或更高版本）开发系统，必须安装 LabVIEW 实时运行引擎在用户的计算机中。它的版本需和用于创建仪器的 LabVIEW 开发环境相对应。NI Circuit Design Suite 已经提供了 LabVIEW 8.0 和 LabVIEW 8.2 实时运行引擎。

Multisim 14 包含了以下几种 LabVIEW 的例子。

1）BJT 分析仪（BJT Analyzer）用于测量 BJT 晶体管的电流-电压特性，与 IV 特性分析仪类似。

2）阻抗计（Impedance Meter）用于测量电路中两个节点之间的阻抗值。

3）传声器（Microphone）用于记录计算机声音装置的音频信号，以及把声音数据作为信号源输出。

4）扬声器（Speaker）通过计算机声音设备播放输入的信号。

5）信号分析仪（Signal Analyzer）显示时域信号、自动功率频谱或平均输入信号。

6）信号发生器（Signal Generator）产生正弦波、三角波、方波和锯齿波。

7）实时信号发生器（Streaming Signal Generator）产生正弦波、三角波、方波和锯齿波，并允许仿真运行期间改变信号。

19. 测试探针（Probe）

Multisim 14 在探针这个工具上进行了全新的设计，提供了 7 种探针。

测量探针（Probe）既可以在直流通路中对电压、电流、功率进行静态测试，也可以在交直流通路中，对电路的某个点的电位或某条支路的电流以及频率特性进行动态测试，使用方式灵活方便。

20. 电流钳（Current Clamp）

电流钳是对工业应用中通过互感器进行电流测试的仿真。在如图 1-35 所示电路中，双击电流钳图标，可将电压与电流的比率设置为 1 V/mA。如图 1-36 所示，这样可以通过示波器等仪器显示出的电压值换算出流过该导线的电流值。

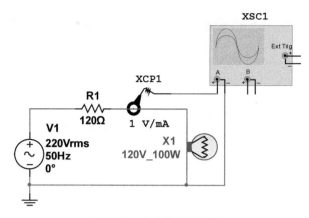

图 1-35　电流钳测量电流

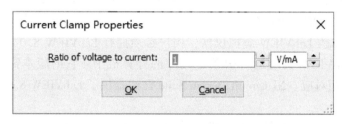

图 1-36　电流钳属性设置对话框

仿真运行，在示波器上观察出其电压波形图如图 1-37 所示，其峰峰值电压为 2.3 kV，按照电压电流比率 1 V/mA，可算出其电流的峰峰值为 2.3 A。

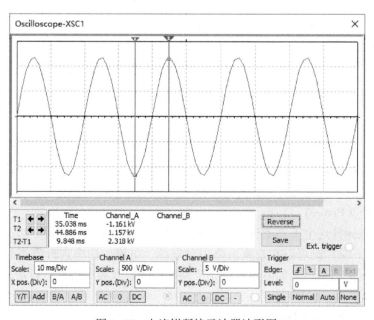

图 1-37　电流钳所接示波器波形图

这些虚拟仪器大致可分为 3 类, 即模拟类仪器、数字类仪器和频率类仪器。模拟类仪器有数字万用表、函数信号发生器、瓦特表、示波器、IV 特性分析仪等; 数字类仪器有字信号发生器、逻辑分析仪、逻辑转换仪等; 频率类仪器有频率计、频谱分析仪、网络分析仪等。进行电路仿真分析时, 对不同类型的电路可选用相应的测试仪器, 如数字量的测量可选用逻辑分析仪。但有的虚拟仪器可混用, 如示波器可测量模拟电压信号, 也可测量数字信号 (脉冲波形)。总之测试仪器的使用可根据用户的习惯选择。

1.4 Multisim 14 的仿真分析

虚拟仪器只能完成电压、电流、波形和频率等参数的测量, 反映电路的全面特性方面存在一定的局限性, 为此, Multisim 14 提供了 19 种仿真分析方法。用户在对电路仿真分析时, 可选用合适的仿真分析方法分析电路。

执行菜单命令 "Simulate" → " Analyses and simulation" 即可打开仿真分析界面。

仿真分析之前, 可用 "Interactive Simulation" 页面对仿真条件进行设置。如设置仿真的初始条件、结束时间和时间步长以及元器件模型和分析参数等, 通常采用默认设置, 特殊需要时用户可自行设置。

下面简要介绍仿真分析方法的特点和应用场合。

(1) 直流工作点分析 (DC Operating Point)

直流工作点分析是在电路电感短路、电容开路的情况下, 计算电路的静态工作点。直流分析的结果通常可用于电路的进一步分析, 如在进行暂态分析和交流小信号分析之前, 程序会自动先进行直流工作点分析, 以确定暂态的初始条件和交流小信号情况下非线性元件的线性化模型参数。

(2) 交流分析 (AC Sweep)

交流分析是分析电路的小信号频率响应。分析时程序先对电路进行直流工作点分析, 以便建立电路中非线性元件的交流小信号模型, 并把直流电源置 0, 交流信号源、电容及电感等用其交流模型, 如果电路中含有数字元件, 将认为是一个接地的大电阻。交流分析是以正弦波为输入信号, 不管电路的输入端接何种输入信号, 进行分析时都将自动以正弦波替换, 而其信号频率也将在设定的范围内被替换。交流分析的结果, 以幅频特性和相频特性两个图形显示。如果将波特图仪连至电路的输入端和输出端, 也可获得同样的交流频率特性。

(3) 瞬态分析 (Transient)

瞬态分析是一种时域 (Time Domain) 分析, 可以在激励信号 (或没有任何激励信号) 的情况下计算电路的时域响应。分析时, 电路的初始状态可由用户自行制定, 也可由程序自动进行直流分析, 用直流解作为电路初始状态。瞬态分析的结果通常是分析节点的电压波形, 故可用示波器观测到相同的结果。

(4) 直流扫描分析 (DC Sweep)

直流扫描分析用来分析电路中某一节点的直流工作点随电路中一个或两个直流电源变化的情况。利用直流扫描分析的直流电源的变化范围可以快速确定电路的可用直流工作点。

(5) 单一频率交流分析 (Single Frequency AC)

单一频率交流分析用来测试电路对某个特定频率的交流频率响应分析结果, 以输出信号的实部/虚部或幅度/相位的形式给出。

（6）参数扫描分析（Parameter Sweep）

对给定的元件及其要变化的参数和扫描范围、类型（线性或对数）与分辨率，计算电路的 DC、AC 或瞬态响应，从而可以看出各个参数对某些性能的影响程度。

（7）噪声分析（Noise）

噪声分析对指定的电路分析节点，输入噪声源以及扫描频率范围，计算所有电阻与半导体器件所贡献的噪声的均方根值。

（8）蒙特卡罗分析（Monte Carlo）

在给定的容差范围内，计算当元件参数随机地变化时，对电路的 DC、AC 或瞬态响应的影响。可以对元件参数容差的随机分布函数进行选择，使分析结果更符合实际情况。通过该分析可以预计由于制造过程中元件的误差，而导致所设计的电路不合格的概率。

（9）傅里叶分析（Fourier）

在给定的频率范围内，对电路的瞬态进行傅里叶分析，计算出该瞬态响应的 DC 分量、基波分量以及各次谐波分量的幅值及相位。

（10）温度扫描分析（Temperature Sweep）

对给定的温度变化范围、扫描类型（线性或对数）与分辨率，计算电路的 DC、AC 或瞬态响应，从而可以看出温度对某些性能的影响程度。

（11）失真分析（Distortion）

对给定的任意节点以及扫频范围、扫频类型（线性或对数）与分辨率，计算总的小信号稳态谐波失真与互调失真。

（12）灵敏度分析（Sensitivity）

灵敏度分析包括 DC（直流）分析和 AC（交流）两种灵敏度分析。用于对元件的某个感兴趣的参数，计算由该参数的变化而引起的 DC 或 AC 电压与电流的变化灵敏度。

（13）最坏情况分析（Worst Case）

当电路中所有元件的参数在其容差范围内改变时，计算由此引起的 DC、AC 或瞬态响应变化的最大方差。所谓"坏情况"是指元件参数的容差设置为最大值、最小值或最大上升或下降值。

（14）噪声系数分析（Noise Figure）

噪声系数分析主要研究元器件模型中的噪声参数对电路的影响。在二端口网络（如放大器和衰减器）的输入端不仅有信号，还会伴随噪声，同时电路中的无源器件（如电阻）会增加热噪声，有源器件则增加散粒噪声和闪烁噪声。无论何种噪声，经过电路放大后，将全部汇总到输出端，对输出信号产生影响。信噪比是衡量一个信号质量好坏的重要参数，而噪声系数（F）则是衡量二端口网络性能的重要参数，其定义为网络的输入信噪比/输出信噪比，即

$$F = 输入信噪比/输出信噪比$$

若用分贝表示，则噪声系数（NF）为

$$NF = 10 \lg F \, (dB)$$

（15）零极点分析（Pole Zero）

对给定的输入与输出极点，以及分析类型（增益或阻抗的传递函数，输入或输出阻抗），计算交流小信号传递函数的零、极点，从而可以获得有关电路稳定性的信息。

（16）传递函数分析（Transfer Function）

对给定的输入源与输入节点，计算电路的 DC 小信号传递函数以及输入、输出阻抗和 DC 增益。

（17）线宽分析（Trace Width）

线宽分析是用来确定在设计 PCB 时为使导线有效地传输电流所允许的最小导线宽度。导线所散发的功率不仅与电流有关，还与导线的电阻有关，而导线的电阻又与导线的横截面积有关。在制作 PCB 时，导线的厚度受板材的限制，那么，导线的电阻主要取决于 PCB 设计者对导线宽度的设置。

（18）批处理分析（Batched）

批处理分析是将同一电路的不同分析或不同电路的同一分析放在一起依次执行，这样可以更加全面地观察电路的静态工作点、频率特性等。

（19）用户自定义分析（Use-Defined）

用户自定义分析就是由用户通过 SPICE 命令来定义某些仿真分析功能，以达到扩充仿真分析的目的。SPICE 是 Multisim 的仿真核心，SPICE 以命令行的方式与用户交互，而 Multisim 以图形界面方式与用户交互。

1.5 思考题

1. 在 Multisim 14 中，调入工作区的元件，怎样改变其方向？
2. 怎样修改电路图中的网络名，怎样隐藏网络名称？
3. 在仪器仪表中，共有哪几种示波器？
4. 如果只知道某元件型号，不知道其归属哪个元件库，怎样调用该元件？

第 2 章　电路分析基础实验

2.1　电路元件的伏安特性

2.1.1　实验目的

1. 掌握直流电路常用的电路元器件及设备使用方法。
2. 掌握电阻元件、二极管和稳压管的伏安特性及其测定方法。
3. 掌握应用 Multisim 14 软件调用元器件及连接电路图。
4. 掌握应用 Multisim 14 软件验证电阻、二极管和稳压管的伏安特性。

2.1.2　实验设备及材料

1. 装有 Multisim 14 的计算机
2. 可调直流稳压电源　0~30 V　　　　　一台
3. 可调直流电流源　　0~200 mA　　　　一台
4. 直流电压表　　　　0~500 V　　　　 一块
5. 直流电流表　　　　0~5 A　　　　　 一块
6. 数字万用表　　　　　　　　　　　　一块
7. 电阻　　　　　　　1 kΩ、200 Ω　　各一只
8. 白炽灯　　　　　　12 V　　　　　　一只
9. 二极管　　　　　　1N4007　　　　　一只
10. 稳压管　　　　　 2CW51　　　　　 一只

2.1.3　实验原理

电路元件的特性一般用该元件的端电压 U 与通过元件的电流 I 之间的函数关系来表示，一个元件的电压与电流之间关系的函数图形称为该元件的伏安特性曲线。

独立电源和电阻元件的伏安特性可以用电压表、电流表测定，称为伏安测量法（伏安表法）。伏安关系法原理简单，测量方便，同时适用于非线性元件伏安特性测量。但仪表的内阻会对测量结果产生一定影响，因而必须注意仪表的合理接法。

1. 线性电阻元件

电阻元件的伏安特性可以用流过元件的电流 I 与元件两端的电压 U 的函数关系来表征。在 $u\sim i$ 坐标平面上线性电阻元件的特性为一条通过原点 O 的直线，如图 2-1 所示。

电阻的伏安特性用欧姆定律描述。在 U 和 I 关联参考方向条件下：

$$U = IR$$

若 U、I 为非关联参考方向情况下，则欧姆定律的形式为

$$U = -IR$$

2. 非线性电阻元件

非线性电阻的 $u \sim i$ 函数关系不再是一条直线，一般可以分为以下 3 种类型：

1）若元件的端电压是流过元件电流的单值函数，则称为电流型电阻元件，示例的特性曲线如图 2-2a 所示。

2）若流过元件的电流是元件端电压的单值函数，则称为电压型电阻元件，示例的特性曲线如图 2-2b 所示。

3）若元件的伏安特性曲线是单调增加或减少的，则该元件既是电流型又是电压型的电阻元件，示例的特性曲线如图 2-2c 所示。

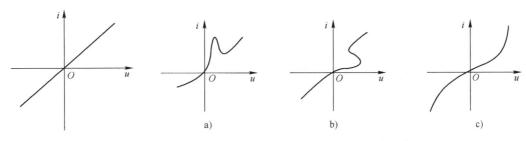

图 2-1　线性电阻的伏安特性　　　　　　　图 2-2　非线性电阻的伏安特性

半导体二极管是一种典型的非线性电阻元件，其伏安特性曲线类似于图 2-2c，如图 2-3 所示。二极管的（等效）电阻值随电压、电流的大小甚至方向而改变。其中 V_{TH} 为死区电压，V_{BR} 为反向击穿电压。

稳压二极管是一种特殊的半导体二极管，其正向特性与普通二极管类似，但其反相特性较特别。在反向电压开始增加时，其反相电流几乎为零，但当电压增加到某一数值时（称为管子的稳压值，有各种不同稳压值的稳压管），电流将突然增加，以后它的端电压将维持恒定，不再随外加的反向电压升高而增大。

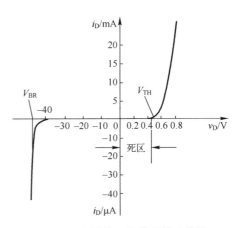

图 2-3　半导体二极管的伏安特性

2.1.4　计算机仿真实验内容

1. 线性电阻伏安关系仿真

打开 Multisim 14 软件，绘制如图 2-4 所示电路图。具体步骤如下：单击 分类图标，打开"Select a Component"窗口，选择需要的电阻、电源等元器件，放置到仿真工作区。

- 直流电压源：（Group）Sources→（Family）POWER_SOURCES→（Component）DC_POWER。
- 电阻：（Group）Basic→（Family）RESISTOR。双击电阻，打开其属性对话框，其标识如"R2"在"Label"选项卡修改，参数如"1 kΩ"在"Value"选项卡修改。在元件上单击右键，选择"Rotate 90° clockwise"即可将元件旋转 90°。
- 地 GND：（Group）Sources→（Family）POWER_SOURCES→（Component）GROUND。

要测量图 2-4 电路中电流与电压，在 Multisim 14 软件中可以选择用电压表、电流表、万用表或测量探针来测量。具体操作如下。

（1）测量探针法

在整个电路仿真过程中，测量探针（Probe）既可以在直流通路中对电压、电流、功率进行静态测试，也可以在交直流通路中，对电路某个点的电位或某条支路的电流以及频率特性进行动态测试，使用方式灵活方便。找到主页面工具栏上的图标 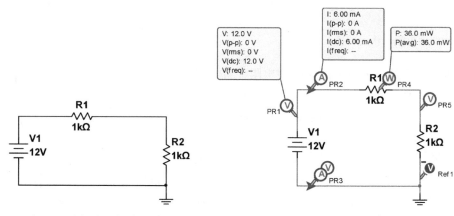（此处为工具栏图标），从左到右可以单击放置电压探针（Voltage Probe）、电流探针（Current Probe）、功率探针（Power Probe）、差分电压探针（Differential Voltage Probe）、电压电流探针（Voltage and Current Probe）、基准电压探针（Voltage Reference）、数字探针（Digital Probe），最右侧是探针设置（Probe Settings）图标，可以设置指针参数（Parameter）、外观（Appearance）、图中显示名称（Grapher）。其使用方法有动态测试和放置测试两种。动态测试是在仿真过程中，将测量探针指向电路任意节点时，会自动显示该点的电信号信息；放置测试是在仿真前或仿真过程中，将多个测量探针放置在测试位置上，在仿真时，会自动显示该节点的电信号特性。在 Multisim 中一般采用放置测试的方法。在探针上单击右键，选择"Reverse probe direction"即可改变电流的测试方向；在探针上单击右键，选择"Show comment/probe"即可隐藏数据表格；双击探针，在"General"选项卡中选择"Hide RefDes"即可隐藏标识。单击仿真开关 ▷ 按钮运行仿真，测试结果如图 2-5 所示。

图 2-4　欧姆定律仿真电路图　　　　　图 2-5　测量探针法测量示意图

（2）万用表测量法

找到主页面竖排虚拟仪器图标（此处为仪器图标），选择"Multimeter"，将万用表接入电路，其中 XMM1 测 R_1 的端电压，将其与 R_1 并联，XMM2 测电流需串入待测回路，如图 2-6 所示。在仿真运行时，万用表显示的直流数值即为待测直流值，可通过单击"A"和"V"切换待测电压与电流值。

（3）电压表、电流表测量法

电压表和电流表存放在指示元器件库（Indicators）中，在使用中数量没有限制。单击分类图标（此处为分类图标）中 （Place Indicators）图标，在"Indicators"→"VOLTMETER"或"Indicators"→"AMMETER"的 4 个选项中选择具有合适的引出线方向的模型，注意极性；或单击"旋转"按钮，可以改变引出线的方向。将电压表并联，并将电流表串联接入电路。仿真运行，此时电压表、电流表显示的数值即为待测直流值，如图 2-7 所示。双击电压表或电流表，可选择测量模式（Mode）DC/AC，实现交、直流信号测量的转换，这里选择 DC 测量模式。

测量图 2-4 电路中电压与电流，记录数据到表 2-1 中，验证欧姆定律和功率守恒。

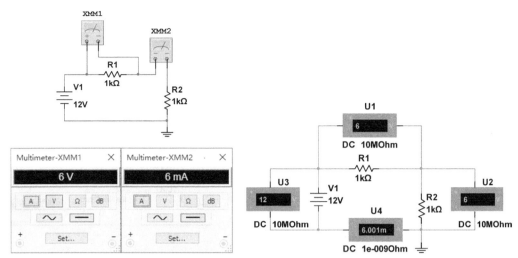

图 2-6 万用表测量法测量示意图　　　图 2-7 使用电压表、电流表测量示意图

表 2-1 欧姆定律数据记录表

测 量 项 目	U_{R1}/V	I_{R1}/mA	R_1I_{R1}/V	P_{R1}/W	U_{R2}/V	I_{R2}/mA	R_2I_{R2}/V	P_{R2}/W	P_{V1}/W
理论计算									
仿真测量									

（4）测定 $1\,k\Omega$ 电阻的伏安特性

按照图 2-8 连接电路，改变直流稳压电源的电压 V_1，测定相应的电流值和电压值，记录于表 2-2 中。

表 2-2 电阻元件伏安特性仿真数据记录表

V_1/V	0	2	4	6	8	10	12
理论计算 I/mA	0						
仿真测量 I/mA	0						
仿真测量 U_1/V	0						

用 Excel 或 MATLAB 画电阻的伏安特性曲线。

分别双击图 2-7、图 2-8 电源与电阻，自行改变电源、电阻的阻值，验证欧姆定律和电阻元件伏安关系。

2. 非线性电阻伏安关系仿真

（1）非线性白炽灯泡的伏安特性测定

1）将图 2-8 中的电阻换成一只白炽灯泡，在 "Indicators" → "Lamp" 中选择 12 V_10 W 白炽灯，如图 2-9 所示，重复实验内容 1 中步骤（4），改变稳压电源的输出电压 V_1，在表 2-3 中记下相应的电压表和电流表的读数。将 V_1 设置成 20 V，观察灯泡发生了什么现象，想想为什么会出现这种现象。

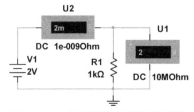

图 2-8 电阻元件伏安特性仿真图

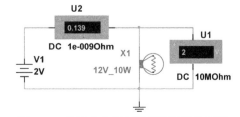

图 2-9 非线性白炽灯泡伏安特性仿真图

表 2-3　非线性白炽灯泡伏安特性仿真数据记录表

V_1/V	0	2	4	6	8	10	12
理论计算 I/mA	0						
仿真测量 I/mA	0						
仿真测量 U_1/V	0						

2）用 Excel 或 MATLAB 画白炽灯的伏安特性曲线。

3）自行选择其他类型白炽灯泡，重复上述实验，验证白炽灯泡的非线性特性。

（2）半导体二极管的伏安特性测定

1）按图 2-10 中连线，200 Ω 电阻为限流电阻，在"Diodes"→"DIODE"中选择二极管 1N4007，按表 2-4、表 2-5 改变直流电源的输出电压 V_1，记下相应的电压表和电流表的读数，并分析二极管 1N4007 的反向击穿电压值。

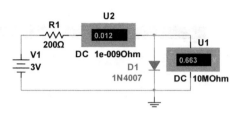

图 2-10　半导体二极管伏安特性仿真图

表 2-4　半导体二极管正向伏安特性仿真数据记录表

V_1/V	0	0.1	0.3	0.5	0.6	0.7	0.8	0.9	1	3	5	7	10	13
U_1/V	0													
I/mA	0													

表 2-5　半导体二极管反向伏安特性仿真数据记录表

V_1/V	0	−10	−25	−50	−100	−200	−500	−800	−1000	−1100	−1200
U_1/V	0										
I/mA	0										

2）用 Excel 或 MATLAB 画半导体二极管的伏安特性曲线。

（3）稳压二极管的伏安特性测定

1）将图 2-10 中的二极管用稳压管替代，如图 2-11 所示。在"Diodes"→"ZENER"中选择稳压二极管 1N5987B，按表 2-6、表 2-7 改变直流电源的输出电压 V_1，记录相应的电压表和电流表的读数。

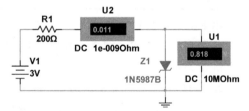

图 2-11　稳压二极管伏安特性仿真图

表 2-6　稳压二极管正向伏安特性仿真数据记录表

V_1/V	0	0.1	0.3	0.5	0.6	0.8	0.9	1	3	5	7	10	13
U_1/V	0												
I/mA	0												

表 2-7　稳压二极管反向伏安特性仿真数据记录表

V_1/V	0	−1	−2	−3	−3.5	−4	−5	−10	−30	−35	−50	−100
U_1/V	0											
I/mA	0											

2）用 Excel 或 MATLAB 绘制稳压二极管的伏安特性曲线。

2.1.5　实验室操作实验内容

1. 测量线性电阻器的伏安特性

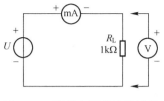

图 2-12　测量电阻的伏安特性

按图 2-12 接线，调节稳压电源的输出电压 U，从 0 V 开始缓慢增加，一直到 12 V，将电压表和电流表的读数记入表 2-8 中。

2. 测量非线性白炽灯泡的伏安特性

将图 2-12 中的 R_L 换成一只 12 V 的白炽灯泡，重复实验内容 1，调节稳压电源的输出电压 U，从 0 V 开始缓慢增加，一直到 12 V，将电压表和电流表的读数记入表 2-8 中。

表 2-8　电阻和白炽灯伏安特性数据记录表

测量项目		0	2	4	6	8	10	12
	U/V							
电阻	U_L/V							
	I/mA							
白炽灯	U_L/V							
	I/mA							

3. 测量半导体二极管的伏安特性

按图 2-13 接线，R 为限流电阻器（200 Ω），调节稳压电源的输出电压 U，从 0 V 开始缓慢增加，观察记录电压表和电流表的读数，找出二极管的死区电压和正向导通电压。注意在测量二极管的正向特性时，在其导通区域多选取几组测量点。在反向特性测量时，只需将图 2-13 中的电压源 U 反接，且其反向电压可加到 25 V，观察其电流大小的变化。正向、反向分别测试 6 组以上数据，将电压表和电流表的读数记入表 2-9 中。

4. 测量稳压二极管的伏安特性

将图 2-13 中的二极管换成稳压二极管，正向测量同二极管正向测量方法。在反向特性测量时，只需将图 2-13 中的电压源 U 反接，调节稳压电源的输出电压 U，从 0 V 开始缓慢增加，注意电流大小的变化，其读数不得超过 80 mA，找出稳压二极管的稳压值，正向、反向分别测试 6 组以上数据，将电压表和电流表的读数记入表 2-9 中。

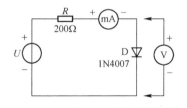

图 2-13　测量二极管的伏安特性

表 2-9　二极管和稳压管伏安特性数据记录表

测量项目								
	U/V							
二极管	U_D/V							
	I/mA							
稳压管	U_D/V							
	I/mA							

2.1.6　思考题

1. 仿真电路时，未接地的电路可否仿真？不是闭合电路可否仿真？
2. 线性电阻与非线性电阻的概念是什么？电阻器与二极管的伏安特性有何区别？
3. 欧姆定律的适用范围是什么？
4. 设某器件伏安特性曲线的函数式为 $I = f(U)$，试问在逐点绘制曲线时，其坐标变量应如何放置？
5. 稳压二极管与普通二极管有何区别，其用途如何？
6. 在仿真稳压管伏安特性时，根据稳压二极管 1N5987B 参数，稳压值 $V_Z = 2.85 \sim 3.15 \, V$（典型值为 3 V），稳定电流 $I_Z = 5 \, mA$，最大稳定电流 $I_{ZM} = 167 \, mA$。根据仿真数据，说明哪些数据在稳压区。

2.2　基尔霍夫定律与叠加定理实验

2.2.1　实验目的

1. 验证基尔霍夫定律，加深对基尔霍夫定律的理解。
2. 验证叠加定理内容和适用范围，加深对线性电路的叠加性和齐次性的认识和理解。
3. 加深对基尔霍夫定律扩展的认识和理解。
4. 掌握应用 Multisim 14 软件验证基尔霍夫定律和叠加定理。

2.2.2　实验设备及材料

1. 装有 Multisim 14 的计算机
2. 可调直流稳压电源　　　　　$0 \sim 30 \, V$　　　　一台
3. 可调直流电流源　　　　　　$0 \sim 200 \, mA$　　　一台
4. 直流电压表　　　　　　　　$0 \sim 500 \, V$　　　一块
5. 直流电流表　　　　　　　　$0 \sim 5 \, A$　　　　一块
6. 数字万用表　　　　　　　　　　　　　　　　　一块
7. 基尔霍夫定律/叠加定理实验板　DDL-22　　　一块

2.2.3　实验原理

1. 基尔霍夫定律

基尔霍夫定律是任何集总参数电路都适用的基本电路定律，包括电流定律和电压定律。基尔霍夫定律是分析和计算较为复杂电路的基础，它既可以用于直流电路的分析，也可以用于交流电路的分析，还可以用于含有电子元件的非线性电路的分析。

（1）基尔霍夫电流定律（KCL）

基尔霍夫电流定律是电荷守恒定律的应用，反映了各支路电流之间的约束关系，又称为节点电流定律，简称为 KCL 定律。

KCL 定律指出：在集总电路中，任何时刻，对任一节点，流入该节点的电流的总和等于流出该节点电流的总和，即所有流出或流入节点的支路电流的代数和恒等于零。"代数和"是根据电流是流出还是流入节点判断的。若流出节点的电流取"+"号，则流入节点的电流取"-"号；电流是流出节点还是流入节点，均根据电流的参考方向判断。所以对任一节点有

$$\sum i_{流入} = \sum i_{流出} \quad 或 \quad \sum i = 0$$

KCL 定律反映了电路的结构约束关系，只与电路的结构有关，而与电路元件性质无关。KCL 定律不仅适用于电路的节点，还可以推广运用到电路中任意假想回路中。

（2）基尔霍夫电压定律（KVL）

基尔霍夫电压定律是能量守恒定律和转换定律的应用，反映了各支路电压之间的约束关系，又称为回路电压定律，简称为 KVL 定律。

KVL 定律指出：在集总电路中，任何时刻，沿任一回路，所有支路的电压降之和等于电压升之和，即所有支路的电压的代数和恒等于零。对任一回路，沿绕行方向有

$$\sum u_{升} = \sum u_{降} \quad 或 \quad \sum u = 0$$

KVL 定律也是反映电路的结构约束关系，只与电路的结构有关，而与电路元件性质无关。KVL 定律不仅适用于实际存在的回路，还可以推广运用到电路中任意假想的回路中。

2. 叠加定理

叠加定理是线性电路可加性的反映，是线性电路的一个重要定理。叠加定理可以表述为：在线性电阻电路中，多个激励源共同作用时产生的响应（电路中各处的电压和电流）等于各个激励源单独作用时（其他激励源置零）所产生响应的叠加（代数和）。举例电路如图 2-14 所示。

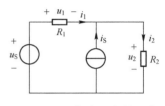

图 2-14　叠加定理举例电路

应用叠加定理如图 2-15 所示。

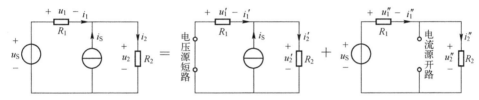

图 2-15　应用叠加定理示意图

求解电路有

$$u_1 = u_1' + u_1'' = -\frac{R_1 R_2}{R_1 + R_2} i_S + \frac{R_1}{R_1 + R_2} u_S , \quad i_1 = i_1' + i_1'' = -\frac{R_2}{R_1 + R_2} i_S + \frac{1}{R_1 + R_2} u_S$$

$$u_2 = u_2' + u_2'' = \frac{R_1 R_2}{R_1 + R_2} i_S + \frac{R_2}{R_1 + R_2} u_S , \quad i_2 = i_2' + i_2'' = \frac{R_1}{R_1 + R_2} i_S + \frac{1}{R_1 + R_2} u_S$$

当以上公式只有一个源作用时，响应和激励成比例性质，即为线性电路的齐次性。

线性电路的齐次性是指当激励信号（某独立源的值）增加或减小 K 倍时，电路的响应（即在电路中各电阻元件上所建立的电流和电压值）也将增加或减小 K 倍。

3. 实验原理图

电工实验平台给出了验证基尔霍夫定律/叠加定理原理图如图 2-16 所示。

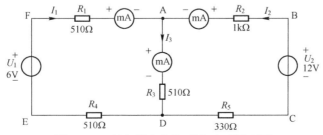

图 2-16　基尔霍夫定律/叠加定理原理图

2.2.4 计算机仿真实验内容

1. 基尔霍夫电流定律基本内容仿真

1）打开 Multisim 14 软件，绘制如图 2-17 所示电路图。具体步骤如下：单击 ➕⚡🔋⚙️📊 分类图标，打开 "Select a Component" 窗口，选择需要的电阻、电源等元器件，放置到仿真工作区。

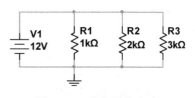

图 2-17　基尔霍夫电流定律仿真电路图

- 直流电压源：（Group）Sources→（Family）POWER_SOURCES→（Component）DC_POWER。
- 电阻：（Group）Basic→（Family）RESISTOR。
- 地 GND：（Group）Sources→（Family）POWER_SOURCES→（Component）GROUND。

2）采用实验 2.1 中所介绍的测量方法，仿真运行电路，测量各支路电流，与理论结果对比，记录数据到表 2-10 中。

表 2-10　基尔霍夫电流定律仿真实验数据记录表

测量项目	I_{V1}/mA	I_{R1}/mA	I_{R2}/mA	I_{R3}/mA	$I = I_{R1} + I_{R2} + I_{R3}$/mA
理论计算					
仿真测量					

3）比较 I_{V1} 和 $I = I_{R1} + I_{R2} + I_{R3}$ 的大小，验证 KCL 定律。

4）自行改变电源和电阻的阻值，验证 KCL 定律。

2. 基尔霍夫电流定律推广内容仿真

1）打开 Multisim 14 软件，绘制如图 2-18 所示电路图。

- V_1 地 GND：（Group）Sources→（Family）POWER_SOURCES→（Component）GROUND。

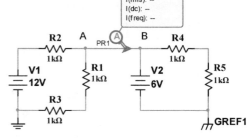

图 2-18　基尔霍夫电流定律推广仿真电路图

- V_2 地 GREF1：（Group）Sources→（Family）POWER_SOURCES→（Component）GROUND_REF1。双击 V_2 地 GREF1，单击 "Value" 选项卡，选择 "Global connector"。

2）选择菜单 "Place" → "Junction" 命令放置节点，选择 "Place" → "Text" 命令，文本输入 "A" "B"，便于分辨和观察信号。

3）在图上放置电流探针，仿真运行，测量节点 AB 间导线电流。在 AB 导线间接入任意阻值电阻，仿真运行，测量阻值上的电压与电流。得出结论：＿＿＿＿＿＿＿＿＿＿＿
＿＿＿＿＿＿＿＿＿＿。

4）绘制如图 2-19 所示的电路图，仿真运行，得到电流表 U_1 的读数为＿＿＿＿＿，电流表 U_2 的读数为＿＿＿＿＿，电流表 U_3 的读数为＿＿＿＿＿，得出结论：＿＿＿＿＿＿＿＿
＿＿＿＿＿＿＿＿＿＿。

3. 基尔霍夫电压定律基本内容仿真

1）打开 Multisim 14 软件，绘制如图 2-20 所示电路图。

● 电压表：（Group）Indicators→（Family）VOLTIMETER。

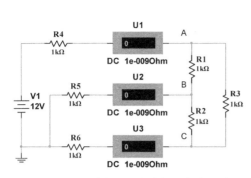

图 2-19 基尔霍夫电流定律推广仿真电路图

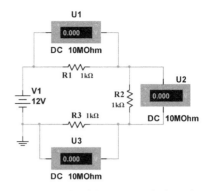

图 2-20 基尔霍夫电压定律仿真电路图

2）仿真运行，记录数据到表 2-11 中。

表 2-11 基尔霍夫电压定律仿真实验数据记录表

测量项目	U_{V1}/V	U_{R1}/V	U_{R2}/V	U_{R3}/V	$U = U_{R1} + U_{R2} + U_{R3}/V$
理论计算					
仿真测量					

3）比较 U_{V1} 与 U 的大小，验证 KVL 定律。

4）自行改变电源和电阻的阻值，再次验证 KVL 定律。

4. 基尔霍夫电压定律推广内容仿真

1）打开 Multisim 14 软件，绘制如图 2-21 所示电路图。选择菜单"Place"→"Text"命令，文本输入"A""B""C""D"，便于分辨和观察信号。

2）仿真得到电流源与电阻串联支路电压 $U_{AC} = $ _____ V，比较理论计算结果，得出结论：_____。

3）同理理论求解 U_{CD}，与仿真结果对比，验证 KVL 的推广。

5. 电工台基尔霍夫原理图仿真

1）打开 Multisim 14 软件，按照基尔霍夫原理图 2-16 绘制如图 2-22 所示电路图，电压源 $V_1 = 6$ V，$V_2 = 12$ V。具体步骤如下：单击 ✦✦✦✦✦✦✦ 分类图标，打开"Select a Component"窗口，选择需要的电阻、电源等元器件，放置到仿真工作区。

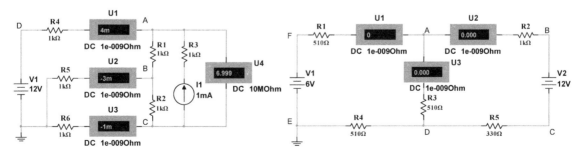

图 2-21 基尔霍夫电压定律推广仿真电路图　　　　图 2-22 电工台基尔霍夫原理仿真电路图

2）选择菜单"Place"→"Text"命令，文本输入"A""B""C""D""E""F"，便于

分辨和观察信号。

3）仿真运行，记录各支路电压与电流到表2-12中。

表2-12　基尔霍夫定律仿真实验数据记录表（$V_1 = 6\,V$，$V_2 = 12\,V$）

测量项目	$I_{FA}/$ mA	$I_{BA}/$ mA	$I_{AD}/$ mA	$U_{FA}/$ V	$U_{AB}/$ V	$U_{AD}/$ V	$U_{CD}/$ V	$U_{DE}/$ V
理论计算								
仿真测量								

4）验证节点A处三条支路电流是否满足KCL方程。

5）验证回路ADEFA、ABCDA、ABCDEFA中的电压是否满足KVL方程。

6）自行改变电压源电压值、各电阻阻值，再次验证KCL和KVL定律。

7）将电压源V_2改为电流源I_1，取9 mA。如图2-23所示，仿真运行，记录各支路电压与电流到表2-13中。

- 直流电流源：（Group）Sources→（Family）SIGNAL_CURRENT_SOURCES→（Component）DC_CURRENT。

表2-13　基尔霍夫定律仿真实验数据记录表（$V_1 = 6\,V$，$I_1 = 9\,mA$）

测量项目	$I_{FA}/$ mA	$I_{BA}/$ mA	$I_{AD}/$ mA	$U_{FA}/$ V	$U_{AB}/$ V	$U_{AD}/$ V	$U_{CD}/$ V	$U_{DE}/$ V
理论计算								
仿真测量								

8）验证节点A处三条支路电流是否满足KCL方程。

9）验证回路ADEFA、ABCDA、ABCDEFA中的电压是否满足KVL方程。

10）自行改变电压源电压值、各电阻阻值，再次验证KCL和KVL定律。

6. 叠加定理仿真

1）打开Multisim 14软件，绘制如图2-24所示电路图。

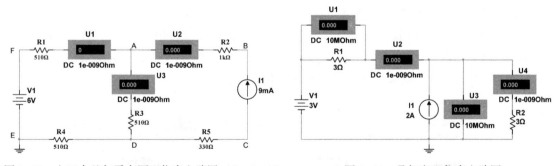

图2-23　电工台基尔霍夫原理仿真电路图（$I_1 = 9\,mA$）　　图2-24　叠加定理仿真电路图

- 电压源V_{CC}：（Group）Sources→（Family）POWER_SOURCES→（Component）DC_POWER。
- 电阻：（Group）Basic→（Family）RESISTOR。
- 直流电流源：（Group）Sources→（Family）SIGNAL_CURRENT_SOURCES→（Component）DC_CURRENT。
- 地GND：（Group）Sources→（Family）POWER_SOURCES→（Component）GROUND。

- 电压表：（Group）Indicators→（Family）VOLTIMETER。
- 电流表：（Group）Indicators→（Family）AMMETER。

2）仿真运行，记录电压表与电流表数据到表 2-14 中。

表 2-14　叠加定理仿真实验数据记录表

测量项目		U_{R1}（U_1表读数）/ V	I_{R1}（U_2表读数）/ A	U_{R2}（U_3表读数）/ V	I_{R2}（U_4表读数）/ A
$V_1 = 3\,V$ $I_1 = 2\,A$	理论计算				
	仿真测量				
以下两电源单独作用时对应表读数相加值					
$V_1 = 0\,V$ $I_1 = 2\,A$	理论计算				
	仿真测量				
$V_1 = 3\,V$ $I_1 = 0\,A$	理论计算				
	仿真测量				

3）将电压源置零，即 $V_1 = 0\,V$，$I_1 = 2\,A$ 时，仿真运行，记录数据到表 2-14 中。

4）将电流源置零，即 $V_1 = 3\,V$，$I_1 = 0\,A$ 时，仿真运行，记录数据到表 2-14 中。

5）将表 2-14 中各电源独立作用对应电压表值相加，电流表值相加，与两电源共同作用时的数据对比，验证叠加定理。

6）自行改变电源、电阻值，重新仿真电路，验证叠加定理。

7. 电工台叠加定理原理图仿真

1）仿真电路如图 2-25 所示，在图上放置电压差分电压探针（"Place"→"Probe"→"Differential Voltage"），方便测量 U_{FA}、U_{AD}、U_{AB} 等电压值。

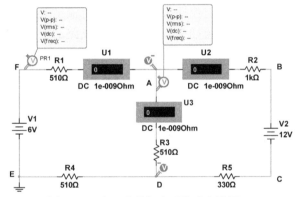

图 2-25　电工台叠加定理仿真电路图

2）仿真运行，记录电流表数据与探针电压值到表 2-15 中。

表 2-15　电工台叠加定理仿真实验数据记录表

测量项目		I_{FA}/mA	I_{BA}/mA	I_{AD}/mA	U_{FA}/V	U_{AD}/V	U_{DE}/V	U_{AB}/V	U_{CD}/V	U_{DA}/V
$V_1 = 6\,V$ $V_2 = 12\,V$	理论计算									
	仿真测量									
以下两电源单独作用时对应表读数相加值										
V_1 单独作用 $V_2 = 0$	理论计算									
	仿真测量									
$V_1 = 0$ V_2 单独作用	理论计算									
	仿真测量									

3）将电压源 V_2 置零，即 $V_1 = 6\,\text{V}$，$V_2 = 0\,\text{V}$ 时，仿真运行，记录数据到表 2-15 中。

4）将电压源 V_1 置零，即 $V_1 = 0\,\text{V}$，$V_2 = 12\,\text{V}$ 时，仿真运行，记录数据到表 2-15 中。

5）将表 2-15 中各电源独立作用对应电压表与电流表值相加，与两电源共同作用时的数据对比，验证叠加定理。

6）自行改变电源、电阻值，重新仿真电路，验证叠加定理。

2.2.5 实验室操作实验内容

1. 基尔霍夫定律测试（$U_1 = 6\,\text{V}$，$U_2 = 12\,\text{V}$）

1）实验线路采用电工台"基尔霍夫定律/叠加原理"实验板如图 2-26 所示。将开关 K_1 打到左边（接 U_1）、K_2 打到右边（接 U_2）、K_3 打到上边（接 330 Ω），按图 2-16 所示电路接线。

2）实验前先任意设定三条支路和三个闭合回路的电流正方向。图 2-16 中 I_1、I_2、I_3 的方向已设定。三个闭合回路的电流正方向可设为 ADEFA、BADCB 和 FBCEF。

3）分别将两路直流稳压源接入电路，令 $U_1 = 6\,\text{V}$，$U_2 = 12\,\text{V}$。

4）熟悉电流插头的结构，将电流插头的两端接至数字毫安表的"+、-"两端。

5）将电流插头分别插入三条支路的三个电流插座中，读出电流值并记录于表 2-16 中。

6）用直流数字电压表分别测量两路电源及电阻元件上的电压值，记录于表 2-16 中。

表 2-16 基尔霍夫定律实验数据记录表（$U_1 = 6\,\text{V}$，$U_2 = 12\,\text{V}$）

被测量	I_1/mA	I_2/mA	I_3/mA	U_1/V	U_2/V	U_{FA}/V	U_{AB}/V	U_{AD}/V	U_{CD}/V	U_{DE}/V
计算值										
测量值										
相对误差										

2. 基尔霍夫定律测试（$U_1 = 6\,\text{V}$，$I_S = 9\,\text{mA}$）

保持电压源 $U_1 = 6\,\text{V}$，将电路中电压源 U_2 用电流源 I_S 替代，连接电路如图 2-27 所示。

1）将实验板 U_2 位置换成电流源 I_S，令 $I_S = 9\,\text{mA}$，将恒流源输出端接至直流电流表的输入端，注意正确的极性连接。

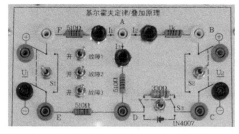

图 2-26 电工台基尔霍夫定律/
叠加定理实验板

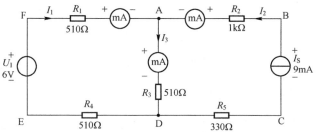

图 2-27 基尔霍夫定律实验接线图（U_1 和 I_S 共同作用）

2）用直流数字电压表分别测量两路电源及电阻元件上的电压值，用直流数字电流表分别测量各支路电流值，将数据记入表 2-17 中，分别验证基尔霍夫电流定律和电压定律。

表 2-17 基尔霍夫定律实验数据记录表（$U_1 = 6\,V$，$I_S = 9\,mA$）

被测量	I_1/mA	I_2/mA	I_3/mA	U_1/V	U_{IS}	U_{FA}/V	U_{AB}/V	U_{AD}/V	U_{CD}/V	U_{DE}/V
计算值										
测量值										
相对误差										

3. 叠加定理的线性电阻测试（$U_1 = 6\,V$，$U_2 = 12\,V$）

1）实验前先任意设定三条支路和三个闭合回路的电流正方向。图 2-16 中 I_1、I_2、I_3 的方向已设定。三个闭合回路的电流正方向可设为 ADEFA、BADCB 和 FBCEF。

2）分别将两路直流稳压源接入电路，令 $U_1 = 6\,V$，$U_2 = 12\,V$，S_3 打到上边（接 330 Ω）。

3）令 U_1 单独作用。即将开关 S_1 打到左边（$U_1 = 6\,V$）、S_2 打到左边（$U_2 = 0$）。

4）熟悉电流插头的结构，将电流插头的两端接至数字毫安表的"＋、－"两端。

5）将电流插头分别插入三条支路的三个电流插座中，读出并记录电流值于表 2-18 中第 1 行。

6）用直流数字电压表分别测量两路电源及电阻元件上的电压值，记于表 2-18 中第 1 行。

表 2-18 叠加定理实验数据记录表（线性电阻电路，$U_1 = 6\,V$，$U_2 = 12\,V$）

测量项目 实验内容	U_1/V	U_2/V	I_1/mA	I_2/mA	I_3/mA	U_{AB}/V	U_{CD}/V	U_{AD}/V	U_{DE}/V	U_{FA}/V
U_1 单独作用										
U_2 单独作用										
U_1、U_2 共同作用										
$2U_1$ 单独作用										

7）令 U_2 单独作用。即将开关 S_1 打到右边（$U_1 = 0$）、S_2 打到右边（$U_2 = 12\,V$）。重新测量电压电流，记录于表 2-18 中第 2 行。

8）令 U_1、U_2 共同作用。即将开关 S_1 打到左边（$U_1 = 6\,V$）、S_2 打到右边（$U_2 = 12\,V$）。重新测量电压电流，记录于表 2-18 中第 3 行。

9）令 $2U_1$ 单独作用。将 U_1 调至 12 V，将开关 S_1 打到左边（$U_1 = 12\,V$）、S_2 打到左边（$U_2 = 0$）。重新测量电压电流，记录于表 2-18 中第 4 行。

观察表中数据，可以观察出什么规律？

4. 叠加定理的线性电阻测试（$U_1 = 6\,V$，$I_S = 9\,mA$）

1）保持电压源 $U_1 = 6\,V$，将电路中电压源 U_2 用电流源 $I_S = 9\,mA$ 替代，连接电路如图 2-27 所示，将恒流源输出端接至直流电流表的输入端，注意正确的极性连接。

2）重复上述实验内容 3 的步骤 3）~5），按照表 2-19，分别测出 U_1 单独作用，I_S 单独作用、U_1、I_S 共同作用，$2I_S$ 单独作用时各电压、电流，将数据记入表 2-19 中。

3）观察表中数据，可以观察出什么规律？

表 2-19 叠加定理实验数据记录表（线性电阻电路，$U_1 = 6\,V$，$I_S = 9\,mA$）

测量项目 实验内容	U_1/V	U_2/V	I_1/mA	I_2/mA	I_3/mA	U_{AB}/V	U_{CD}/V	U_{AD}/V	U_{DE}/V	U_{FA}/V
U_1 单独作用										
I_S 单独作用										

（续）

测量项目 实验内容	U_1/V	U_2/V	I_1/mA	I_2/mA	I_3/mA	U_{AB}/V	U_{CD}/V	U_{AD}/V	U_{DE}/V	U_{FA}/V
U_1、I_S共同作用										
$2I_S$单独作用										

5. 叠加定理的非线性电阻测试（$U_1 = 6\,V$，$U_2 = 12\,V$）

分别将两路直流电压源接入电路，令 $U_1 = 6\,V$，$U_2 = 12\,V$，S_3 打到下边（接 IN4007）。重复上述实验内容 3 的测量过程，数据记入表 2-20 中。分析当电路接入非线性元件后，叠加定理是否成立。

表 2-20　叠加定理实验数据记录表（非线性电阻电路，$U_1 = 6\,V$，$U_2 = 12\,V$）

测量项目 实验内容	U_1/V	U_2/V	I_1/mA	I_2/mA	I_3/mA	U_{AB}/V	U_{CD}/V	U_{AD}/V	U_{DE}/V	U_{FA}/V
U_1单独作用										
U_2单独作用										
U_1、U_2共同作用										
$2U_1$单独作用										

2.2.6　思考题

1. 在图 2-16 的电路中，A、D 两节点的电流方程是否相同？为什么？
2. 在图 2-16 的电路中，可以列出几个电压方程？它们与绕行方向有无关系？
3. 在叠加定理的线性电阻测试（$U_1 = 6\,V$，$U_2 = 12\,V$）中，若令 U_1 单独作用，应如何操作？可否直接将不作用的电源 U_2 短接置零？在线性电阻测试（$U_1 = 6\,V$，$I_S = 9\,V$）中，若令 U_1 单独作用，应如何操作？可否直接将开关 S_2 打到左侧？
4. 可否将线性电路中任一元件上消耗的功率也像对该元件两端的电压和流过的电流一样用叠加定理进行计算？
5. 若供电电源为交流电，叠加定理是否成立？

2.3　线性有源二端网络等效参数的测定及功率传输最大条件的研究

2.3.1　实验目的

1. 用实验方法验证戴维南定理和诺顿定理的正确性。
2. 学习线性有源二端网络等效电路参数的测量方法。
3. 验证功率传输最大的条件。
4. 掌握应用 Multisim 14 软件验证戴维南定理及功率传输最大的条件。

2.3.2　实验设备及材料

1. 装有 Multisim 14 的计算机

2. 可调直流稳压电源	0~30 V	一台
3. 可调直流电流源	0~200 mA	一台
4. 直流电压表	0~500 V	一台
5. 直流电流表	0~5 A	一台
6. 数字万用表		一支
7. 1 kΩ 电位器、变阻箱		各一支
8. 戴维南定理/诺顿定理实验板 DDL-22		一块

2.3.3 实验原理

1. 戴维南定理和诺顿定理

任何一个线性含源网络，如果仅研究其中一条支路的电压和电流，则可将电路的其余部分看作是一个有源二端网络（或称为含源一端网络）。

戴维南定理是求解有源线性二端网络等效电路的一种方法。

戴维南定理指出：任何有源线性二端网络，对其外部特性而言，都可以用一个电压源串联一个电阻的支路替代，其中电压源的电压等于该有源二端网络输出端的开路电压 U_{OC}，串联的电阻 R_0 等于该有源二端网络内部所有独立源为零时在输出端的等效电阻，如图 2-28 所示。

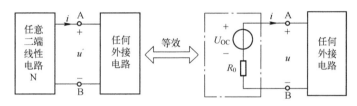

图 2-28 戴维南定理示意图

应用戴维南定理时，被变换的一端网络必须是线性的，可以包含独立电源或受控源，但是与外部电路之间除直接连接外，不允许存在任何耦合，例如受控源的耦合或磁的耦合等。外部电路可以是线性、非线性、定常或时变元件，也可以是由它们组合成的任意网络。

诺顿定理指出：任何一个线性有源网络，总可以用一个电流源与一个电阻的并联组合来等效代替，此电流源的电流 I_S 等于这个有源二端网络的短路电流 I_{SC}，其等效内阻 R_0 定义同戴维南定理，如图 2-29 所示。

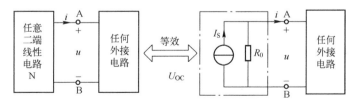

图 2-29 诺顿定理示意图

U_{OC} 和 R_0 或者 I_{SC} 和 R_0 称为有源二端网络的等效参数。

2. 有源二端网络等效参数的测量方法

（1）开路电压 U_{OC} 和短路电流 I_{SC} 的测量

1）直接测量法。当有源二端网络的等效内阻 R_0 远小于电压表内阻 R_V 时，可将有源二端网络的待测支路开路，直接用电压表测量其开路电压 U_{OC}。然后再将其输出端短路，用电流表测其短路电流 I_{SC}。

2）零示法。在测量具有高内阻有源二端网络的开路电压时，用电压表进行直接测量会造成较大的误差，为了消除电压表内阻的影响，往往采用零示法测量，如图 2-30 所示。

零示法测量原理是用理想电压源与被测有源二端网络进行比较，当稳压电源的输出电压与有源二端网络的开路电压相等时，电压表的读数为 0，然后将电路断开，测量此时理想电压电源的输出电压，即为被测有源端网络的开路电压 U_{OC}。

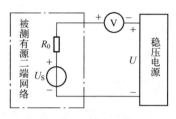

图 2-30　零示法测试电路

（2）等效电阻 R_0 的测量

分析有源二端网络的等效参数，关键是求等效电阻 R_0。

1）直接测量法。先将有源二端网络中所有独立电源置零，即理想电压源视为短路，理想电流源视为开路，把电路变换为无源二端网络。然后用万用表的电阻档接在开路端口测量，其读数就是 R_0 值。

2）短路电流法。在有源二端网络输出端开路时，用电压表直接测其输出端的开路电压 U_{OC}，然后再将其输出端短路，用电流表测其短路电流 I_{SC}，则等效内阻为

$$R_0 = \frac{U_{OC}}{I_{SC}}$$

如果二端网络的内阻很小，若将其输出端口短路则易损坏其内部元件，因此不宜用此法。

3）伏安法。若网络端口不允许短路（如二端网络的等效电阻很小）时，可以接一个可变的电阻负载 R_L，用电压表、电流表测出有源二端网络的外特性如图 2-31 所示。根据伏安特性曲线求出斜率 $\tan\varphi$，则等效内阻 R_0 为

$$R_0 = \tan\varphi = \frac{\Delta U}{\Delta I}$$

可以先测量开路电压 U_{OC}，在端口 AB 处接上已知负载电阻 R_N。然后测量在 R_N 下的电压 U_N 和电流 I_N，则等效内阻为

$$R_0 = \frac{U_{OC} - U_N}{I_N} \quad \text{或} \quad R_0 = \frac{U_{OC} - U_N}{U_N}R_N$$

4）半电压法。若二端网络的内阻很小时，则不宜测其短路电流。测试方式如图 2-32 所示，当负载电压为被测网络开路电压一半时，负载电阻（由变阻箱的读数确定）即为被测有源二端网络的等效内阻值。即

$$R_0 = R_L \quad \left(\text{条件}: U_L = \frac{1}{2}U_{OC}\right)$$

图 2-31　伏安特性曲线

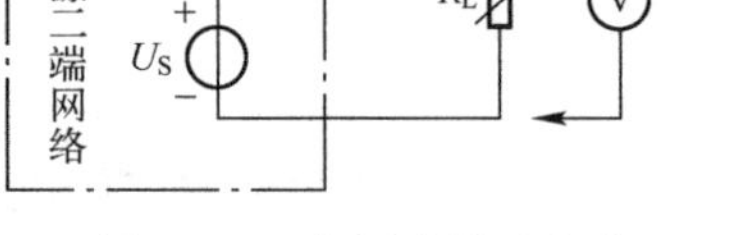

图 2-32　半压法测试电路

3. 负载获得最大功率的条件

一个含有内阻 R_0 的电源给 R_L 供电，其功率为

$$P = I^2 R_L = \left(\frac{U_{OC}}{R_L + R_0}\right)^2 R_L$$

为求得 R_L 从电源中获得最大功率的最佳值，可以将功率 P 对 R_L 求导，并令其导数等于零，即

$$\frac{\mathrm{d}P}{\mathrm{d}R_L} = \frac{(R_0 + R_L)^2 - 2(R_0 + R_L)R_L}{(R_0 + R_L)^4}U_{OC}^2 = \frac{R_0^2 - R_L^2}{(R_0 + R_L)^4}U_{OC}^2 = 0$$

于是得当 $R_L = R_0$ 时，负载得到最大功率：

$$P_{max} = \frac{U_{OC}^2}{(R_0 + R_L)^2}R_L = \frac{U_{OC}^2}{4R_0}$$

由此可知，负载电阻 R_L 从电源中获得最大功率条件是负载电阻 R_L 等于电源内阻 R_0。这时，称此电路处于"匹配"工作状态。

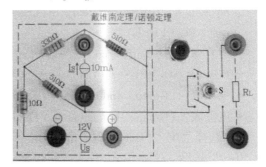

图 2-33　戴维南定理/诺顿定理实验电路

4. 实验电路图

实验电路如图 2-33 所示，其对应原理图如图 2-34 所示。

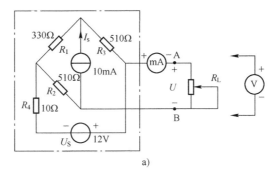

a)

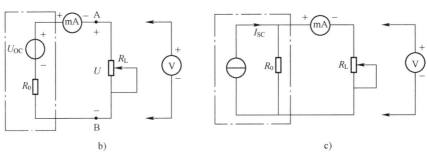

b)　　　　　　　　　　　　　c)

图 2-34　戴维南定理/诺顿定理实验原理电路

a) 含源网络　b) 等效电压源模型　c) 等效电流源模型

2.3.4　计算机仿真实验内容

1. 戴维南定理和诺顿定理仿真

（1）含源二端网络仿真

1）打开 Multisim 14 软件，按照电路图 2-34 绘制如图 2-35 所示电路图。具体步骤如下：单击 ▬▬▬▬▬ 分类图标，打开"Select a Component"窗口，选择需要的电阻、电源等元器件，放置到仿真工作区。

- 直流电压源：（Group）Sources→（Family）POWER_SOURCES→（Component）DC_POWER。

- 电阻：（Group）Basic→（Family）RESISTOR。

- 直流电流源：（Group）Sources→（Family）SIGNAL_CURRENT_SOURCES→（Component）DC_CURRENT。

- 地 GND：（Group）Sources→（Family）POWER_SOURCES→（Component）GROUND。

- 电压表：（Group）Indicators→（Family）VOLTMETER。

- 电流表：（Group）Indicators→（Family）AMMETER。

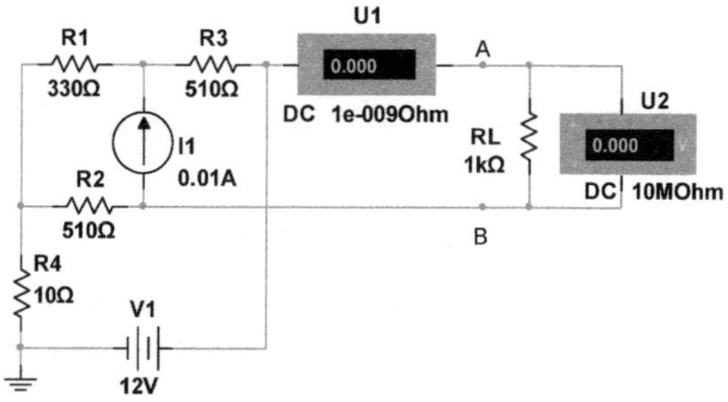

图 2-35　含源二端网络仿真电路图

2）选择菜单"Place"→"Junction"命令，在输入电阻 R_L 两端放置节点；选择"Place"→"Text"命令，文本输入"A""B"，便于分辨和观察信号。

3）仿真运行，观察电压表与电流表读数。

4）双击负载 R_L，按表 2-21 改变负载 R_L 的数值，仿真运行，记录电压表和电流表数据到表 2-21 中。

表 2-21　含源二端网络仿真测量数据记录表

	$R_L/k\Omega$	0	2	4	6	8	10	∞
含源网络（图 2-35）	仿真测量 U/V							
	仿真测量 I/mA							
	功率测量 P/mW							
等效电压源（图 2-39）	仿真测量 U/V							
	仿真测量 I/mA							
	功率测量 P/mW							
等效电流源（图 2-40）	仿真测量 U/V							
	仿真测量 I/mA							
	功率测量 P/mW							

（2）含源二端网络等效参数仿真

1）先估算有源二端网络图 2-34a 的参数，记入表 2-22 中。

2）采用直接测量法，将图 2-35 的 R_L 断开，测量开路电压 U_{OC} 与短路电流 I_{SC}，算出等效电阻 R_0，记入表 2-22 中。

3）采用零示法，如图 2-36 所示仿真测量开路电压 U_{OC}。在负载支路串入电压表 U_1 和可变电压源 V_2，双击可变电压源图标，在"Value"选项卡可以改变电压源的量程、快捷键和增量百分比，如图 2-37 所示，将其量程设为 20 V，增量百分比设为 0.01%，不改变快捷键〈A〉。可变电压源的调节可以通过旁边"Key=A"中的快捷键〈A〉调节，按键盘〈A〉键百分比将增加，按〈Shift+A〉组合键百分比将减小；增大和减小的梯度由对话框中的"Increment"文本框中的值决定，系统默认值为"5%"，本例设置增大和减小的梯度均为阻值的"0.01%"。

● 可变电压源：（Group）Sources→（Family）SIGNAL_VOLTAGE_SOURCES→（Component）DC_INTERACTIVE_VOLTAGE。

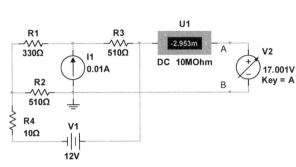

图 2-36 零示法测量开路电压 U_{OC} 仿真电路　　　　图 2-37 可变电压源参数调整图

4）仿真运行电路，调整可变电压源的值，使电压表 U_1 的读数尽可能接近 0。此时可变电压源的读数就是开路电压 U_{OC} 的取值，记录数据到表 2-22 中。

表 2-22　等效参数的仿真数据记录表

测　量　项　目	U_{OC}/V		I_{SC}/mA	R_0/Ω	
计算值					
仿真测量值	直接测量法		直接测量法	直接测量法	
	零示法			伏安法	
				短路电流法	

5）采用直接测量法测量电阻 R_0，仿真电路如图 2-38 所示。双击含源二端网络中的电压源与电流源图标，将值均置为零，得到无源二端网络。

6）找到主页竖排虚拟仪器图标，单击选择万用表，接入无源二端网络 AB 端子间。双击万用表图标，选择测量电阻。

7）仿真运行电路，记录万用表读数到表 2-22 中。

8）采用伏安法测量电阻，根据表 2-21 记录数据，任选一组电压与电流数据，代入公式 $R_0 = \dfrac{U_{OC}-U_N}{I_N}$ 计算，将得出的数据记入表 2-22 中。

（3）戴维南等效电路仿真

1）绘制如图 2-39 所示电路图，双击电压源图标 U_{OC} 和电阻图标 R_0，按表 2-22 设定值（取平均值）。

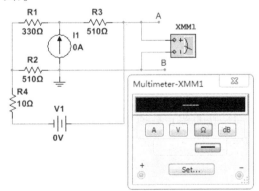

图 2-38　直接测量法测量电阻 R_0 仿真电路

2）仿真运行，观察电压表与电流表读数。

3）双击负载 R_L，按表 2-21 改变负载 R_L 的数值，仿真运行，记录电压表和电流表数据到表 2-21 中。

4）将等效电路仿真结果与含源二端网络仿真结果对比，验证戴维南定理。

（4）诺顿等效电路仿真

1）绘制如图 2-40 所示电路图，双击电流源图标 I_{SC} 和电阻图标 R_0，按表 2-22 设定数值（取平均值）。

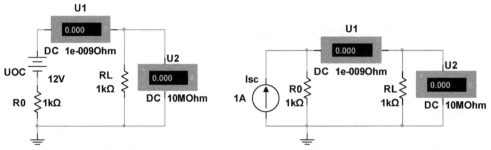

图 2-39 含源二端网络戴维南等效仿真电路　　图 2-40 含源二端网络诺顿等效仿真电路

2）仿真运行，观察电压表与电流表读数。

3）双击负载 R_L，按表 2-21 改变负载 R_L 的数值，仿真运行，记录电压表和电流表数据到表 2-21 中。

4）将等效电路仿真结果与含源二端网络仿真结果对比，验证诺顿定理。

2. 最大功率传输条件仿真

1）分析负载 R_L 消耗的功率，可以直接在表 2-21 中通过已测电压和电流值计算得到，也可以通过图 2-41 在输出端接入功率表直接测量。

2）找到主页竖排虚拟仪器图标，单击选择功率表"Wattmeter"，将功率表的电压表与输出负载并联，功率表电流表串入负载支路，即可直接读出输出功率值，记入表 2-21 中。

3）同理，戴维南等效电路或诺顿等效电路负载端功率，可以直接通过表 2-21 计算得到，也可以连接功率表，如图 2-42 所示，测量负载功率，记入表 2-21 中。

4）仿真当负载值 $R_L = R_0$ 时，负载消耗的功率 $P =$ _____ mW。

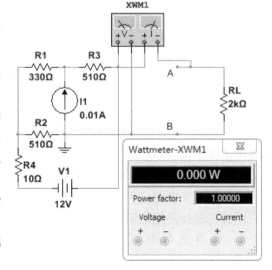

图 2-41 含源二端网络负载功率测量电路

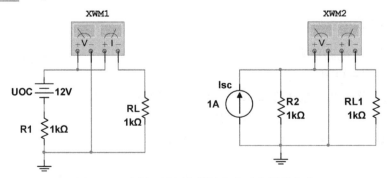

图 2-42 含源二端网络等效电路功率测量电路

5) 对比步骤 4) 中计算的功率值与表 2-21 中不同负载时的功率值，得出结论。

6) 根据表 2-21 中的数据绘制功率随 R_L 变化的曲线 $P=f(R_L)$。

2.3.5 实验室操作实验内容

1. 测量等效参数

为了对实验数据做到心中有数，可先估算有源二端网络的参数，填入表 2-23 中。然后用上述方法测量等效参数，记入表 2-23 中，并比较理论值与测量值的误差。

表 2-23 等效参数的数据表

测量项目	U_{OC}/V		I_{SC}/mA		R_0/Ω	
计算值						
实际测量值	直接测量法		直接测量法		直接测量法	
	零示法				伏安法	
					短路电流法	

2. 测量有源二端网络的伏安特性 $U=f(I)$

将图 2-34a 中的 A、B 端接上可变负载电阻 R_L，按表 2-24 中所列数据调节负载电阻值，分别用电压表和电流表测量不同 R_L 值时所对应的负载电压和电流，并将测量的数据记入表 2-24 中。

3. 测量戴维南等效电路的伏安特性

用表 2-22 中得到的等效参数（取平均值），按照图 2-34b 组成戴维南等效电路，重复上述实验内容 2，将测量结果记入表 2-24 中。

4. 测量诺顿等效电路的伏安特性

用表 2-22 中得到的等效参数（取平均值），按照图 2-34c 组成诺顿等效电路，重复上述实验内容 2，将测量结果记入表 2-24 中。

表 2-24 含源二端网络的伏安特性测量数据表

	$R_L/k\Omega$	0	2	4	6	8	10	∞
含源网络 （图 2-34a）	实验测量 U/V							
	实验测量 I/mA							
	实验测量 P/mW							
等效电压源 （图 2-34b）	实验测量 U/V							
	实验测量 I/mA							
	实验测量 P/mW							
等效电流源 （图 2-34c）	实验测量 U/V							
	实验测量 I/mA							
	实验测量 P/mW							

根据表 2-24 的数据，在同一坐标纸上绘出 3 个电路的伏安特性曲线，验证其定理的正确性。

5. 最大功率传输条件的验证

根据表 2-24 的数据，计算负载不同时功率的平均值并绘制功率随 R_L 变化的曲线，即 $P=f(R_L)$，验证当 $R_L=$ _____ Ω 时，负载取得最大功率，最大功率为 $P_{max}=$ _____ ，理

论计算结果 $P_{max} = \dfrac{U_{OC}^2}{(R_0+R_L)^2}R_L = \dfrac{U_{OC}^2}{4R_0} = $ _____，比较理论计算值与实验测量，验证最大功率传输条件。

2.3.6 思考题

1. 理论分析图 2-34a 中含源网络的戴维南等效电路，写出分析过程。

2. 在图 2-34a 中，用直接测试法测试含源网络的输出电阻时，要求将所有电源置零，请问电压源和电流源分别如何处理？

3. 理解三种等效电阻测量方法，如何得到与测量的等效输入阻值相等的负载电阻？

4. 预习测量戴维南定理等效参数的常用测试方法，了解这些方法的特点和应用场合。

5. 在求戴维南等效电路时，做短路实验。测 I_{SC} 的条件是什么？在本实验中可否直接做负载短路实验？

6. 分析测量有源二端网络开路电压及等效内阻的几种方法，并比较其优缺点。

2.4 RC 一阶电路的响应测试

2.4.1 实验目的

1. 测定 RC 一阶电路的零输入响应、零状态响应及全响应。

2. 学习电路时间常数的测量方法。

3. 掌握有关微分电路和积分电路的概念。

4. 进一步学会用示波器观测波形。

5. 掌握应用 Multisim 14 软件验证一阶电路零输入响应、零状态响应和全响应。

2.4.2 实验设备及材料

1. 装有 Multisim 14 的计算机
2. 可调直流稳压电源　　　　　0～30 V　　　　一台
3. 函数信号发生器　　　　　　　　　　　　　一台
4. 双踪示波器　　　　　　　　　　　　　　　一台
5. 数字万用表　　　　　　　　　　　　　　　一只
6. 电阻、电容　　　　　　　　　　　　　　　若干

2.4.3 实验原理

1. 一阶 RC 电路的零输入响应、零状态响应和全响应

用一阶常系数线性微分方程描述其过渡过程的电路，或者说只含一个独立储能元件（电容或电感）的电路称为一阶电路。

（1）一阶电路的零输入响应（RC 放电）

一阶电路零输入响应：在动态电路中无外加激励电源，仅由动态元件初始储能所产生的响应，称为零输入响应。

如图 2-43 所示 RC 电路，开关 S 闭合前，电容 C 已充电，其电压 $u_C = U_0$，$t=0$ 开关闭合，

根据一阶微分方程的求解，可得

$$u_C(t) = u_R(t) = U_0 e^{-\frac{1}{RC}t} \quad (t \geq 0)$$

（2）一阶 RC 电路的零状态响应（RC 充电）

一阶电路零状态响应：当动态元件（电容或电感）初始储能为零（即初始状态为零）时，仅由外加激励产生的响应称为零状态响应。

如图 2-44 所示 RC 电路，开关 S 闭合前，电路处于零初始状态，即 $u_C(0_-) = 0$，在 $t = 0$ 时刻开关闭合，电路接入直流电源 u_S，根据一阶微分方程的求解，可得

$$u_C(t) = U_S(1 - e^{-\frac{1}{RC}t}) \quad (t \geq 0)$$

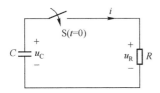

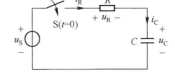

图 2-43　一阶 RC 电路的零输入响应　　　图 2-44　一阶 RC 电路的零状态响应

（3）一阶 RC 电路的全响应

当一个非零初始状态的一阶电路受到激励时，电路的响应称为一阶电路的全响应。

如图 2-44 所示 RC 电路，开关 S 闭合前，电容已经具有初始储能，即 $u_C(0_-) = U_0$，在 $t = 0$ 时刻开关闭合，电路接入直流电源 u_S，根据一阶微分方程的求解，可得

$$u_C = U_0 e^{-\frac{1}{RC}t} + U_S(1 - e^{-\frac{1}{RC}t}) \quad (t \geq 0)$$

可以看出，全响应＝零输入响应＋零状态响应。

2. 时间常数 τ 的测定方法

动态网络的过渡过程是十分短暂的单次变化过程。要用普通示波器观察过渡过程和测量有关的参数，就必须使这种单次变化的过程重复出现。为此，实验中利用信号发生器输出的方波来模拟阶跃激励信号，即利用方波输出的上升沿作为零状态响应的正阶跃激励信号；利用方波的下降沿作为零输入响应的负阶跃激励信号，如图 2-45b 所示。只要选择方波的重复周期远大于电路的时间常数 τ，那么电路在这样的方波序列脉冲信号的激励下，它的响应就和直流电接通与断开的过渡过程是基本相同的。

用示波器测量零输入响应的波形如图 2-45a 所示。根据一阶 RC 电路的微分方程求解得 $u_C(t) = U_m e^{-t/RC} = U_m e^{-t/\tau}$，可知当 $t = \tau$ 时，$U_C(\tau) = 0.368 U_m$，即当电容电压下降至 $0.368 U_m$ 时，此时所对应的时间就等于 τ。同理可用一阶零状态响应波形增加到 $0.632 U_m$ 所对应的时间测得，如图 2-45c 所示。

3. 微分电路和积分电路

微分电路和积分电路是一阶 RC 电路中较典型的电路，它对电路元件参数和输入信号的周期有着特定的要求。一个简单的 RC 串联电路，在方波序列脉冲的重复激励下，当满足 $\tau = RC \ll \dfrac{T}{2}$（$T$ 为方波脉冲的重复周期）时，且由 R 两端的电压作为响应输出，则该电路就是一个微分电路。因为此时电路的输出信号电压与输入信号电压的微分成正比，如图 2-46a 所示，利用微分电路可以将方波转变成尖脉冲。

若将图 2-46a 中的 R 与 C 位置调换一下，如图 2-46b 所示，由 C 两端的电压作为响应输

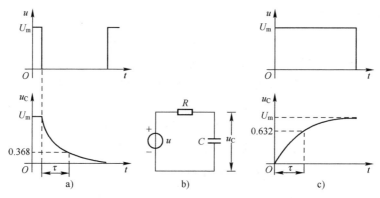

图 2-45　时间常数 τ 的测定

a）零输入响应　b）一阶 RC 电路　c）零状态响应

出，且当电路的参数满足 $\tau = RC \gg \dfrac{T}{2}$，则该 RC 电路称为积分电路。因为此时电路的输出信号电压与输入信号电压的积分成正比，利用积分电路可以将方波转变成三角波。

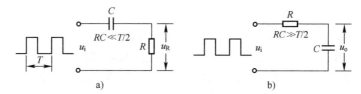

图 2-46　微分电路和积分电路

a）微分电路　b）积分电路

从输入、输出波形来看，上述两个电路均起着波形变换的作用，请在实验过程中仔细观察与记录。

2.4.4　计算机仿真实验内容

1. 一阶 RC 电路的仿真

1）打开 Multisim 14 软件，绘制如图 2-47 所示电路图。具体步骤如下：单击 ▀▀▀▀▀▀▀▀ 分类图标，打开"Select a Component"窗口，选择需要的电阻、电源等元器件，放置到仿真工作区。

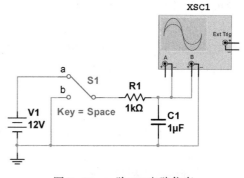

图 2-47　一阶 RC 电路仿真

- 直流电压源：（Group）Sources→（Family）POWER _ SOURCES →（Component）DC _ POWER。
- 电阻：（Group）Basic→（Family）RESISTOR。
- 电容：（Group）Basic→（Family）CAPACITOR。
- 单刀双掷开关：（Group）Basic→（Family）SWITCH→（Component）SPDT。
- 地 GND：（Group）Sources→（Family）POWER_SOURCES→（Component）GROUND。

2）找到主页面横排虚拟仪器图标 ▀▀▀▀▀▀▀▀▀▀▀，单击选择需要的虚拟仪器，如信号发生器（Function Generator）、双通道示波器（Oscilloscope）等。调整各元器件位置绘制电路。

3）单击"Place"→"Text"输入"a""b"，便于描述双掷开关的动作。

4）将开关 S_1 接到"b"，单击仿真开关 ▸ 按钮，仿真运行电路，观察示波器波形。将 S_1 接至"a"，电源通过 R_1 给电容充电，观察示波器显示波形。

5）充电完成后，重新将开关接至"b"，电容通过 R_1 放电，观察示波器波形。

6）不断地拨动开关从"a"至"b"，观察示波器波形，电容波形在开关波动过程中是_____，电阻 R_1 波形是_____（填：连续变化还是跳变了的）。与理论分析对比，分清楚哪个是零输入响应，哪个是零状态响应。

7）自行改变电阻 R_1 与电容 C_1 的参数，重新仿真电路。理解时间常数的作用，当电阻 R_1 和电容 C_1 乘积很小时，暂态过程持续时间_____，当电阻 R_1 和电容 C_1 乘积很大时，暂态过程持续时间_____（填长或短）。

8）用信号发生器产生的方波替代开关 S_1 的作用，如图 2-48 所示。双击信号发生器，出现如图 2-49 所示属性对话框，按照图中显示选择参数，将激励信号设置为 $U_{PP}=3\,V$、$f=1\,kHz$ 的方波。

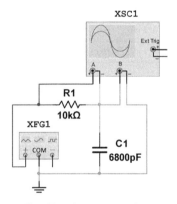

图 2-48　接入信号发生器的一阶 RC 电路仿真

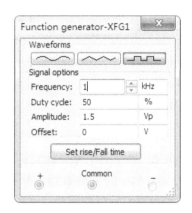

图 2-49　函数信号发生器参数设置

9）单击仿真开关 ▸ 按钮，仿真运行电路，观察示波器波形，测算出时间常数 τ，记入表 2-25 中。与理论分析对比，深入理解零输入响应、零状态响应的概念。

表 2-25　RC 电路的方波激励响应仿真记录表

$U_{PP}=3\,V$, $f=1\,kHz$, $R_1=10\,k\Omega$, $C_1=6800\,pF$		
测量项目	零状态响应	零输入响应
u_C 波形		
测量 τ 值		
计算 τ 值		

10）令 $R_1=10\,k\Omega$，$C_1=0.1\,\mu F$，观察并描绘响应的波形，继续增大 C_1 值，定性地观察对响应的影响。自行改变电阻 R_1 与电容 C_1 的参数，重新仿真电路。加深理解时间常数对电路暂态持续时间的影响。

11）在图 2-47 中加入一个电压源，如图 2-50 所示，重新仿真电路，观察示波器波形，采用三要素法理论计算电容电压与电阻电压，与示波器波形对比，验证三要素法。

12）令 $C_1=0.1\,\mu F$，$R_1=100\,\Omega$，组成如图 2-46a 所示的微分电路，如图 2-51 所示。在

53

$U_{PP}=3\,V$，$f=1\,kHz$ 的方波激励信号作用下，观测激励与响应的波形，记入表 2-26 中。增减 R_1 值，定性地观察对响应的影响，并做记录。当 R_1 增至 $1\,M\Omega$ 时，输入、输出波形有何本质上的区别？

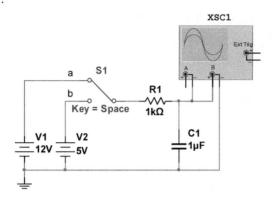 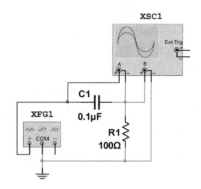

图 2-50　一阶 RC 电路全响应仿真　　　图 2-51　一阶 RC 微分电路仿真

表 2-26　RC 微分电路仿真记录表

$U_{PP}=3\,V$，$f=1\,kHz$，$C_1=0.1\,\mu F$				
电阻 R_1 值	$100\,\Omega$	$1\,k\Omega$	$10\,k\Omega$	$1\,M\Omega$
u_R 波形				
测量 τ 值				
计算 τ 值				

13）令 $C_1=0.1\,\mu F$，$R_1=100\,\Omega$，组成如图 2-46b 所示的积分电路，如图 2-52 所示。在 $U_{PP}=3\,V$，$f=1\,kHz$ 的方波激励信号作用下，观测激励与响应的波形，记入表 2-27。增减 R_1 值，定性地观察对响应的影响，并做记录。当 R_1 增至 $1\,M\Omega$ 时，输入、输出波形有何本质上的区别？

表 2-27　RC 积分电路仿真记录表

$U_{PP}=3\,V$，$f=1\,kHz$，$C_1=0.1\,\mu F$				
电阻 R_1 值	$100\,\Omega$	$1\,k\Omega$	$10\,k\Omega$	$1\,M\Omega$
u_C 波形				
测量 τ 值				
计算 τ 值				

2. 一阶 RL 电路的仿真

1）打开 Multisim 14 软件，绘制如图 2-53 所示电路图。

- 电感：（Group）Basic→（Family）INDUCTOR。
- 单刀单掷开关：（Group）Basic→（Family）SWITCH→（Component）SPST。
- 直流电流源：（Group）Sources→（Family）SIGNAL _ CURRENT _ SOURCES→（Component）DC_CURRENT。

2）找到主页面竖排虚拟仪器图标，单击选择需要的虚拟仪器，如信号发生器（Function Generator）、双通道示波器（Oscilloscope）等。调整各元器件位置绘制电路。

3）先闭合开关 S_1，单击仿真开关 ▷ 按钮，仿真运行电路，观察示波器波形。

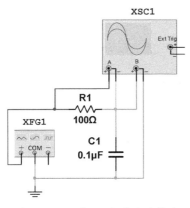

图 2-52　一阶 RC 积分电路仿真

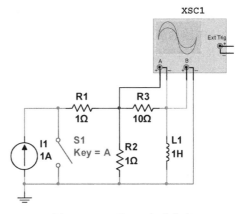

图 2-53　一阶 RL 电路仿真

4）打开开关 S_1，电流源通过电阻对电感充电，观察示波器波形。

5）充电完成后，重新将开关 S_1 闭合，电感通过电阻放电，观察示波器波形。

6）不断地拨动开关 S_1，观察示波器波形。电感电压波形在开关波动过程中是_____，电阻 R_3 波形是_____，说明流过 R_3 电阻的电流是_____（填：连续变化还是跳变了的）。与理论分析对比，分清楚哪个是零输入响应，哪个是零状态响应。

7）自行改变电阻 R_1、R_2、R_3 与电感 L_1 的参数，重新仿真电路。加深理解时间常数对电路暂态持续时间的影响。

8）在图 2-53 中加入一个电压源，如图 2-54 所示，重新仿真电路，观察示波器波形，采用三要素法理论计算电感电压与电阻电压，与示波器波形对比，验证三要素法。

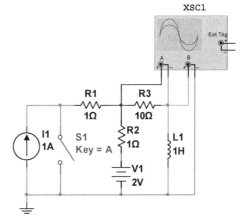

图 2-54　一阶 RL 电路全响应仿真

2.4.5　实验室操作实验内容

1. 时间常数 τ 的测试

令 $R = 10\,\text{k}\Omega$，$C = 6800\,\text{pF}$，组成如图 2-45b 所示的 RC 充放电电路。u_i 为信号发生器输出的 $U_{\text{PP}} = 3\,\text{V}$、$f = 1\,\text{kHz}$ 的方波信号，并通过两根同轴电缆线，将激励源 u_i 和响应 u_C 的信号分别连至示波器的两个输入通道 CH1 和 CH2。这时可在示波器的屏幕上观察到激励与响应的变化规律，请测算出时间常数 τ，并用方格纸按 1:1 的比例描绘波形，记入表 2-28 中。少量地改变电容值或电阻值，定性地观察其对响应的影响，记录观察到的实验现象。

表 2-28　RC 电路的方波激励响应记录表

$U_{\text{PP}} = 3\,\text{V}$，$f = 1\,\text{kHz}$，$R = 10\,\text{k}\Omega$，$C = 6800\,\text{pF}$		
测量项目	零状态响应	零输入响应
u_C 波形		
测量 τ 值		
计算 τ 值		

令 $R=10\,\text{k}\Omega$，$C=0.1\,\mu\text{F}$，观察并描绘响应的波形，继续增大 C 值，定性地观察对响应的影响。

2. 微分电路的测试

令 $C=0.1\,\mu\text{F}$，$R=100\,\Omega$，组成如图 2-46a 所示的微分电路。在 $U_{PP}=3\,\text{V}$，$f=1\,\text{kHz}$ 的方波激励信号作用下，观测并描绘激励与响应的波形，记入表 2-29 中。增减 R 值，定性地观察其对响应的影响，并做记录。当 R 增至 $1\,\text{M}\Omega$ 时，输入、输出波形有何本质上的区别？

表 2-29　RC 微分电路记录表

$U_{PP}=3\,\text{V}$，$f=1\,\text{kHz}$，$C=0.1\,\mu\text{F}$			
电阻 R 值	$100\,\Omega$	$1\,\text{k}\Omega$	$10\,\text{k}\Omega$	$1\,\text{M}\Omega$
u_R 波形				
测量 τ 值				
计算 τ 值				

3. 积分电路的测试

令 $C=0.1\,\mu\text{F}$，$R=100\,\Omega$，组成如图 2-46b 所示的积分电路。在 $U_{PP}=3\,\text{V}$，$f=1\,\text{kHz}$ 的方波激励信号作用下，观测并描绘激励与响应的波形，记入表 2-30 中。增减 R 值，定性地观察其对响应的影响，并做记录。当 R 增至 $1\,\text{M}\Omega$ 时，输入、输出波形有何本质上的区别？

表 2-30　RC 积分电路记录表

$U_{PP}=3\,\text{V}$，$f=1\,\text{kHz}$，$C=0.1\,\mu\text{F}$			
电阻 R 值	$100\,\Omega$	$1\,\text{k}\Omega$	$10\,\text{k}\Omega$	$1\,\text{M}\Omega$
u_C 波形				
测量 τ 值				
计算 τ 值				

2.4.6　思考题

1. 一阶 RC 电路仿真时，改变电源电压，对电容的充放电时间有影响吗？

2. 通过一阶 RC、RL 电路仿真，总结归纳影响充放电时间的因素。

3. 仿真验证：电路如图 2-55 所示，已知 $R=4\,\Omega$，$L=0.1\text{H}$，$U_S=24\,\text{V}$，开关在 $t=0$ 打开，求 $t=0$ 时的电流 i_L，其中电压表的内阻 $R_V=10\,\text{k}\Omega$，量程为 $100\,\text{V}$，问开关打开时，电压表有无危险？

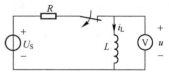

图 2-55　验证电路

4. 何谓积分电路和微分电路，它们必须具备什么条件？它们在方波序列脉冲的激励下，其输出信号波形的变化规律如何？这两种电路有何功用？

5. 正弦交流电作用下，电容元件两端电压与流过其上的电流相位差为多少？谁超前谁滞后？

2.5　二阶电路的响应测试

2.5.1　实验目的

1. 学习用实验的方法来研究二阶动态电路的响应。

2. 研究电路元件参数对二阶电路动态响应的影响。

3. 深刻理解欠阻尼、临界阻尼、过阻尼的意义。

4. 掌握应用 Multisim 14 软件研究二阶动态电路的方法。

2.5.2 实验设备及材料

1. 装有 Multisim 14 的计算机

2. 可调直流稳压电源　　　　0~30 V　　　一台

3. 函数信号发生器　　　　　　　　　　　一台

4. 双踪示波器　　　　　　　　　　　　　一台

5. 数字万用表　　　　　　　　　　　　　一支

6. 电阻、电容、电感　　　　　　　　　　若干

2.5.3 实验原理

分析二阶电路，需要给定两个独立的初始条件。与一阶电路不同，二阶电路的响应可能出现振荡形式。一个二阶电路在方波正、负阶跃信号的激励下，可获得零状态与零输入响应，其响应的变化轨迹取决于电路的固有频率。当调节电路的元件参数值，使电路的固有频率分别为负实数、共轭复数及虚数时，可获得单调地衰减、衰减振荡和等幅振荡的响应。在实验中可获得过阻尼、欠阻尼和临界阻尼这三种响应图形。

简单典型的二阶电路是 RLC 串联电路和 GCL 并联电路，这二者之间存在着对偶关系。本实验仿真部分针对这两种电路，考虑到电流信号不易观察，因此仅对 RLC 串联电路进行研究。

1. RLC 串联二阶电路

典型的 RLC 串联二阶电路如图 2-56 所示，列 KVL 方程有

$$u_R(t) + u_L(t) + u_C(t) = u_S(t) \qquad (2\text{-}1)$$

三个无源元件串联，电流是相同的，代入三个元件的伏安关系可得

$$LC\frac{d^2 u_C(t)}{dt^2} + RC\frac{du_C(t)}{dt} + u_C(t) = u_S(t) \qquad (t \geqslant 0) \quad (2\text{-}2)$$

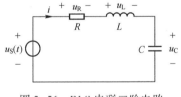

图 2-56　RLC 串联二阶电路

式（2-2）是以 u_C 为未知量的 RLC 串联电路全响应过程的微分方程，这是一个线性常系数二阶非齐次微分方程，其对应的全响应由对应的齐次微分方程的通解 $u_{Ch}(t)$ 与微分方程的特解 $u_{Cp}(t)$ 之和组成：

$$u_C(t) = u_{Ch}(t) + u_{Cp}(t) \qquad (2\text{-}3)$$

求解式（2-2）二阶微分方程的通解需要两个初始值：u_C 及其一阶导数。u_C 的初始值由已知条件直接给出；u_C 导数的初始值需借助其物理意义即电感电压的伏安关系式来确定：

$$\begin{cases} u_C(0_-) = U_0 \\ \left.\dfrac{du_C(t)}{dt}\right|_{t=0_-} = \dfrac{i_L(0_-)}{C} = \dfrac{I_0}{C} \end{cases} \qquad (2\text{-}4)$$

令 $\alpha = \dfrac{R}{2L}$ 称为衰减常数，$\omega_0 = \dfrac{1}{\sqrt{LC}}$ 称为 RLC 串联电路的谐振角频率，可将式（2-2）变形为

$$\frac{\mathrm{d}^2 u_\mathrm{C}(t)}{\mathrm{d}t^2}+2\alpha\frac{\mathrm{d}u_\mathrm{C}(t)}{\mathrm{d}t}+\omega_0^2 u_\mathrm{C}(t)=\omega_0^2 u_\mathrm{S}(t) \tag{2-5}$$

其特征方程为
$$p^2+2\alpha p+\omega_0^2=0 \tag{2-6}$$

特征根为
$$p_{1,2}=-\alpha\pm\sqrt{\alpha^2-\omega_0^2}=-\frac{R}{2L}\pm\sqrt{\left(\frac{R}{2L}\right)^2-\frac{1}{LC}} \tag{2-7}$$

特征根 p_1 和 p_2 仅与电路结构和元件参数有关，而与激励和初始储能无关，通常称为电路的固有频率，其值可能为实数或复数，表 2-31 列出了特征根 p_1 和 p_2 取不同值时相应的齐次解，其中积分常数 A_1 和 A_2（或 A 和 φ）将在方程完全解中由初始条件确定。

表 2-31　二阶电路的齐次解

特　征　根	齐次解 $y_\mathrm{h}(t)$
$p_1\neq p_2$（不等实根，过阻尼）	$A_1\mathrm{e}^{p_1 t}+A_2\mathrm{e}^{p_2 t}$
$p_1=p_2=p$（相等实根，临界阻尼）	$(A_1+A_2 t)\mathrm{e}^{pt}$
$p_{1,2}=-\alpha\pm\mathrm{j}\beta$（共轭复根，欠阻尼）	$\mathrm{e}^{-\alpha t}(A_1\cos\beta t+A_2\sin\beta t)$ 或 $A\mathrm{e}^{-\alpha t}\cos(\beta t-\varphi)$
$p_{1,2}=\pm\mathrm{j}\beta$（共轭虚根，无阻尼）	$A_1\cos\beta t+A_2\sin\beta t$ 或 $A\cos(\beta t-\varphi)$

方程式（2-5）特解函数形式与方程激励函数类同，见表 2-32，表中 K_i 为待定常数，可将特解代入原微分方程确定。

表 2-32　二阶电路的特解

激励 $f(t)$	特解 $y_\mathrm{p}(t)$ 的形式
直流	K
t^n	$K_n t^n+K_{n-1}t^{n-1}+\cdots+K_0$
$\mathrm{e}^{\alpha t}$	$K\mathrm{e}^{\alpha t}$（当 α 不是特征根时） $(K_1 t+K_0)\mathrm{e}^{\alpha t}$（当 α 为单特征根时） $(K_2 t^2+K_1 t+K_0)\mathrm{e}^{\alpha t}$（当 α 为二重特征根时）
$\cos\beta t$ 或 $\sin\beta t$	$K_1\cos\beta t+K_2\sin\beta t$

2. RLC 串联二阶电路的零输入响应

本次实验只讨论在直流信号的激励下二阶电路的全响应，由表 2-32 可知电路的特解为常量 K，因此只需要讨论电路的零输入响应。

RLC 串联二阶电路零输入响应的类型与元件参数有关。设电容上的初始电压为 $u_\mathrm{C}(0_-)=U_0$，流过电感的初始电流 $i_\mathrm{L}(0_-)=I_0$，如图 2-57 所示，根据二阶齐次方程特征根不同，二阶 RLC 串联电路零输入讨论如下。

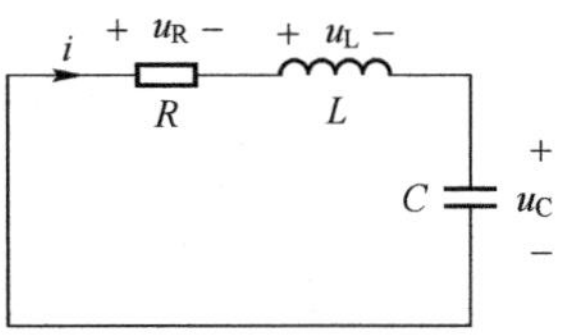

1）当 $\alpha>\omega_0$，即 $R>2\sqrt{\dfrac{L}{C}}$ 时，齐次方程有两个不等实根 p_1 和 p_2，齐次解 $y_\mathrm{h}(t)$ 由表 2-31 可得，方程解为 $A_1\mathrm{e}^{p_1 t}+A_2\mathrm{e}^{p_2 t}$，由初始值可以得到方程：

图 2-57　RLC 串联零输入响应电路

（$u_\mathrm{C}(0_-)=U_0$，$i_\mathrm{L}(0_-)=I_0$）

$$\begin{cases} u_\mathrm{C}(0_-)=U_0=A_1+A_2 \\ \left.\dfrac{\mathrm{d}u_\mathrm{C}(t)}{\mathrm{d}t}\right|_{t=0_-}=\dfrac{i_\mathrm{L}(0_-)}{C}=\dfrac{I_0}{C}=A_1 p_1+A_2 p_2 \end{cases}$$

求解方程可确定系数 A_1 和 A_2，可得零输入响应如式（2-8）和式（2-9）所示，响应是非振荡性的，称为过阻尼情况。

$$u_C(t) = \frac{U_0}{p_1 - p_2}(p_1 e^{p_2 t} - p_2 e^{p_1 t}) + \frac{I_0}{(p_1 - p_2)C}(e^{p_1 t} - e^{p_2 t}) \quad (t \geq 0) \quad\quad (2-8)$$

$$i_L(t) = U_0 \frac{p_1 p_2 C}{p_1 - p_2}(e^{p_2 t} - e^{p_1 t}) + \frac{I_0}{(p_1 - p_2)}(p_1 e^{p_1 t} - p_2 e^{p_2 t}) \quad (t \geq 0) \quad\quad (2-9)$$

2）当 $\alpha = \omega_0$，即 $R = 2\sqrt{\dfrac{L}{C}}$ 时，齐次方程有两个相等实根 $p_1 = p_2 = p = -\alpha$，齐次解 $y_h(t)$ 由表 2-31 可得，方程解为 $(A_1 + A_2 t)e^{pt}$，由初始值可以得到方程：

$$\begin{cases} u_C(0_-) = U_0 = A_1 \\ \left.\dfrac{du_C(t)}{dt}\right|_{t=0_-} = \dfrac{i_L(0_-)}{C} = \dfrac{I_0}{C} = A_1 p + A_2 = A_2 - A_1 \alpha \end{cases}$$

求解方程可确定系数 A_1，可得零输入响应如式（2-10）和式（2-11）所示，响应临近振荡，称为临界阻尼情况。

$$u_C(t) = U_0(1 + \alpha t)e^{-\alpha t} + \frac{I_0}{C}t e^{-\alpha t} \quad (t \geq 0) \quad\quad (2-10)$$

$$i_L(t) = -U_0 \alpha^2 C t e^{-\alpha t} + I_0(1 - \alpha t)e^{-\alpha t} \quad (t \geq 0) \quad\quad (2-11)$$

3）当 $\alpha < \omega_0$，即 $R < 2\sqrt{\dfrac{L}{C}}$ 时，齐次方程有两个共轭复根 $p_{1,2} = -\alpha \pm j\beta$，齐次解 $y_h(t)$ 由表 2-31 可得，方程解为 $e^{-\alpha t}(A_1 \cos\beta t + A_2 \sin\beta t)$ 或 $Ae^{-\alpha t}\cos(\beta t - \varphi)$，由初始值可以得到方程：

$$\begin{cases} u_C(0_-) = U_0 = A_1 \\ \left.\dfrac{du_C(t)}{dt}\right|_{t=0_-} = \dfrac{i_L(0_-)}{C} = \dfrac{I_0}{C} = A_2 \beta - A_1 \alpha \end{cases}$$

求解方程可确定系数 A_1 和 A_2，可得零输入响应如式（2-12）和式（2-13）所示，响应是振荡性的，称为欠阻尼情况，其衰减振荡角频率为 $\omega_d = \sqrt{\omega_0^2 - \alpha^2} = \sqrt{\dfrac{1}{LC} - \dfrac{R^2}{4L^2}}$。

$$u_C(t) = U_0 \frac{\omega_0}{\omega_d}e^{-\alpha t}\cos(\omega_d t - \theta) + \frac{I_0}{\omega_d C}e^{-\alpha t}\sin\omega_d t \quad (t \geq 0) \quad\quad (2-12)$$

$$i_L(t) = -U_0 \frac{\omega_0^2 C}{\omega_d}e^{-\alpha t}\sin\omega_d t + I_0 \frac{\omega_0}{\omega_d}e^{-\alpha t}\cos(\omega_d t - \theta) \quad (t \geq 0) \quad\quad (2-13)$$

式中，$\theta = \arccos\dfrac{\alpha}{\omega_0}$

4）当 $R = 0$ 时，齐次方程有两个共轭虚根 $p_{1,2} = \pm j\beta$，齐次解 $y_h(t)$ 由表 2-31 可得，方程解为 $A_1 \cos\beta t + A_2 \sin\beta t$ 或 $A\cos(\beta t - \varphi)$，由初始值可以得到方程：

$$\begin{cases} u_C(0_-) = U_0 = A_1 \\ \left.\dfrac{du_C(t)}{dt}\right|_{t=0_-} = \dfrac{i_L(0_-)}{C} = \dfrac{I_0}{C} = A_2 \beta \end{cases}$$

求解方程可确定系数 A_1 和 A_2，可得零输入响应如式（2-14）和式（2-15）所示，响应是等幅振荡性的，称为无阻尼情况。等幅振荡角频率即为谐振角频率 ω_0，满足 $\omega_0 = \beta$。

$$u_C(t) = U_0\cos\omega_0 t + \frac{I_0}{\omega_0 C}\sin\omega_0 t \quad (t \geq 0) \tag{2-14}$$

$$i_L(t) = -U_0\omega_0 C\sin\omega_0 t + I_0\cos\omega_0 t \quad (t \geq 0) \tag{2-15}$$

5) 当 $R<0$ 时，响应是发散振荡性的，称为负阻尼情况。

3. GCL 并联二阶电路分析

GCL 并联二阶电路如图 2-58 所示。

开关均闭合时，对图 2-58 所示电路列出 KCL 方程得

$$i_R(t) + i_C(t) + i_L(t) = i(t) \tag{2-16}$$

三个无源元件并联，电压是相同的，代入三个元件的伏安关系可得

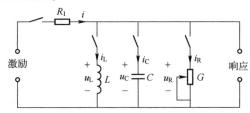

图 2-58　GCL 并联二阶电路

$$LC\frac{\mathrm{d}^2 i_L(t)}{\mathrm{d}t^2} + GL\frac{\mathrm{d}i_L(t)}{\mathrm{d}t} + i_L(t) = i(t) \quad (t \geq 0) \tag{2-17}$$

这是一个二阶常系数线性非齐次微分方程，其对应的全响应由对应的齐次微分方程的通解与微分方程的特解之和组成：

$$i_L(t) = i_{Lh}(t) + i_{Lp}(t)$$

其特征方程为

$$LCp^2 + GLp + 1 = 0 \tag{2-18}$$

特征根为 $p_{1,2} = -\dfrac{G}{2C} \pm \sqrt{\left(\dfrac{G}{2C}\right)^2 - \dfrac{1}{LC}}$（固有频率）。

当元件参数 G、C、L 取不同值时，固有频率可分为以下 4 种情况。

1) $G > 2\sqrt{\dfrac{C}{L}}$ 时，p_1、p_2 为两个不相等的负实根，称为过阻尼情况。

2) $G = 2\sqrt{\dfrac{C}{L}}$ 时，p_1、p_2 为两个相等的实根，称为临界阻尼情况。

3) $G < 2\sqrt{\dfrac{C}{L}}$ 时，p_1、p_2 为一对共轭复根，称为欠阻尼情况。

4) $G = 0$ 时，p_1、p_2 为一对共轭虚根，称为无阻尼情况。

GCL 并联电路与 RLC 串联电路的分析方法很相似，它们满足电路的对偶性。

4. 二阶电路的衰减系数

对于 RLC 串联欠阻尼情况，衰减振荡角频率 ω_d 和衰减系数 α 可以从响应波形中直接测量并计算出来。例如，响应 $i(t)$ 的波形如图 2-59 所示，利用示波器直接观察电阻元件对地的电压，就可以得到电流的变化波形。对于 α，由于有 $i_{1m} = Ae^{-\alpha t_1}$，$i_{2m} = Ae^{-\alpha t_2}$，则

$$\frac{i_{1m}}{i_{2m}} = e^{-\alpha(t_1 - t_2)} = e^{\alpha(t_2 - t_1)}$$

显然（$t_2 - t_1$）即为周期

$$T_d = \frac{2\pi}{\omega_d} \tag{2-19}$$

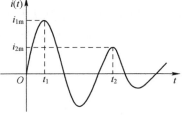

图 2-59　电流 $i(t)$ 衰减振荡曲线

所以

$$\alpha = \frac{1}{T_d} \ln \frac{i_{1m}}{i_{2m}} \qquad (2-20)$$

由此可见，用示波器测出周期 T_d 和幅值 i_{1m}、i_{2m} 后，就可以算出 ω_d 与 α 的值。

对于 GCL 并联情况，用示波器观察欠阻尼状态时响应端电压 u_0 的波形，计算公式与串联公式类似，有

$$\omega_d = \frac{2\pi}{T_d} \qquad (2-21)$$

$$\alpha = \frac{1}{T_d} \ln \frac{U_{2m}}{U_{1m}} \qquad (2-22)$$

其中，U_{1m} 是初始振荡峰值，U_{2m} 是衰减一个周期后的峰值。

5. 二阶电路的状态轨迹

对于图 2-56 所示的电路，也可以用两个一阶方程的联立（即状态方程）来求解：

$$\frac{du_C(t)}{dt} = \frac{i_L(t)}{C}$$

$$\frac{di_L(t)}{dt} = -\frac{u_C(t)}{L} - \frac{Ri_L(t)}{L} + \frac{U_S}{L}$$

初始值为　　　$u_C(0_-) = U_0$

　　　　　　　$i_L(0_-) = I_0$

其中，$u_C(t)$ 和 $i_L(t)$ 为状态变量。

对于所有 $t \geq 0$ 的不同时刻，由状态变量在状态平面上所确定的点的集合，就叫作状态轨迹。

示波器置于水平工作方式。当 Y 轴输入 $u_C(t)$ 波形，X 轴输入 $i_L(t)$ 波形时，适当调节 Y 轴和 X 轴幅值，即可在荧光屏上显现出状态轨迹的图形，如图 2-60 所示。

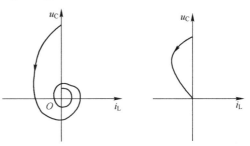

图 2-60　二阶电路的状态轨迹

a）零输入欠阻尼　b）零输入过阻尼

2.5.4　计算机仿真实验内容

1. RLC 串联二阶电路响应仿真

1）打开 Multisim 14 软件，绘制如图 2-61 所示电路图。具体步骤如下：单击 ⌇⌇⌇⌇⌇⌇ 分类图标，打开 "Select a Component" 窗口，选择需要的电阻、电源等元器件，放置到仿真工作区。

- 直流电压源：（Group）Sources→（Family）POWER _ SOURCES→（Component）DC_POWER。

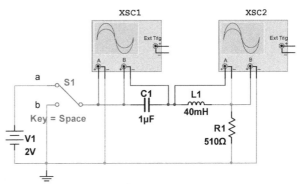

图 2-61　直流电源作用下 RLC 串联二阶电路仿真电路图（$R_1 = 510\,\Omega$）

- 电阻：（Group）Basic→（Family）RESISTOR。

- 电容：（Group）Basic→（Family）CAPACITOR。

- 电感：（Group）Basic→（Family）INDUCTOR。

- 单刀双掷开关：（Group）Basic→（Family）SWITCH→（Component）SPDT。

● 地 GND：（Group）Sources→（Family）POWER_SOURCES→（Component）GROUND。

2）找到主页面横排虚拟仪器图标 ▦▦▦▦▦▦▦▦▦，单击选择需要的虚拟仪器，如信号发生器（Function Generator）、双通道示波器（Oscilloscope）等。调整各元器件位置绘制电路。

3）单击"Place"→"Text"输入"a""b"，便于描述双掷开关的动作。

4）注意：仿真时为了区分输入输出信号，可将示波器 A、B 输入连线设置成不同的颜色，双击连线即可设置颜色。一开始将开关 S_1 接到"b"，仿真运行，观察示波器波形。将 S_1 接至"a"，电源通过 R_1 给电容、电感充电，观察两个示波器零状态响应波形，如图 2-62 所示。在"Timebase"选项组的"Scale"栏里调整时间灵敏度（水平扫描时每一格代表的时间），在 Channel A、Channel B 选项组的 Scale 文本框里调整 A、B 通道输入信号的电压灵敏度（每格表示的电压值）。为了更好地观察每个波形，需要调整两个波形的"Y pos."，将两个波形分开观察。

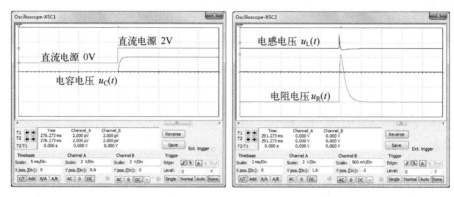

图 2-62　直流电源作用下 RLC 串联二阶电路零状态响应仿真电路图（$R_1 = 510\,\Omega$）

5）待电路稳定，再将开关接至"b"，观察两个示波器零输入响应波形，如图 2-63 所示。

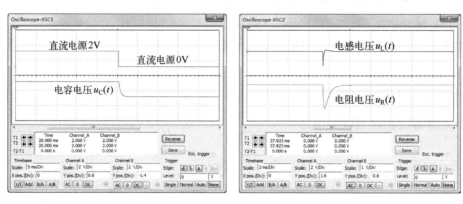

图 2-63　直流电源作用下 RLC 串联二阶电路零输入响应仿真电路图（$R_1 = 510\,\Omega$）

6）求出该电路谐振角频率 $\omega_0 = \dfrac{1}{\sqrt{LC}} = 5000\,\text{rad/s}$，衰减系数 $\alpha = \dfrac{R}{2L}$ 与阻值有关，$R_1 = 510\,\Omega$ 时衰减系数为 $6375\,\text{rad/s}$，满足 $\alpha > \omega_0$，响应是非振荡性的，是过阻尼的情况。由式（2-8）和式（2-9）求解电容电压方程为_____，电感电流方程为_____。应用 MATLAB 绘制电容电压与电感电流方程，与仿真波形对比，理解零输入响应过阻尼情况。

7）观测二阶电路的状态轨迹，参考实验原理 5 中的原理分析，主要观察 $u_C(t)$ 和 $i_L(t)$ 波形，因为 $u_R(t)$ 与 $i_L(t)$ 波形是线性关系，满足欧姆定律，所以用 $u_C(t)$ 和 $u_R(t)$ 波形的比值关系表示二阶电路状态轨迹 $u_C(t)$ 和 $i_L(t)$ 的关系，它们的轨迹是满足线性关系的。将 $u_C(t)$ 接入 XSC3 的 A 通道，$u_R(t)$ 接入 XSC3 的 B 通道，选择示波器显示模式 "A/B"，观察零输入与零状态响应的二阶电路状态轨迹，如图 2-64 所示，将其与实验原理中图 2-60 的轨迹对比。

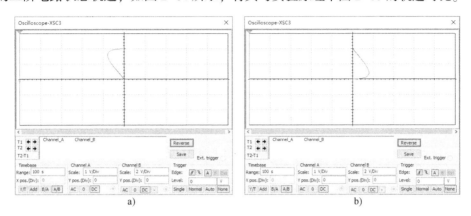

图 2-64　直流电源作用下 RLC 串联二阶电路的状态轨迹（$R_1 = 510\,\Omega$）

a) 零输入过阻尼状态轨迹　b) 零状态过阻尼状态轨迹

8）更改电阻 $R_1 = 400\,\Omega$，满足 $\alpha = \omega_0$，响应处于临界阻尼情况，仿真运行电路，在 "a" 和 "b" 之间拨动开关，观察两个示波器响应波形，如图 2-65 所示。分析当开关从 "a" 到 "b" 时，由式（2-10）和式（2-11）求解电容电压方程为_____，电感电流方程为_____。应用 MATLAB 绘制电容电压与电感电流方程，与仿真波形对比，理解零输入响应临界阻尼情况。

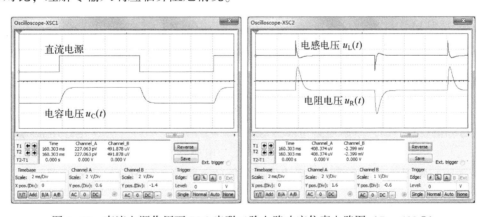

图 2-65　直流电源作用下 RLC 串联二阶电路响应仿真电路图（$R_1 = 400\,\Omega$）

9）重复上述步骤 7）观测临界阻尼的状态轨迹，与图 2-64 类似。

10）更改电阻 $R_1 = 100\,\Omega$，满足 $\alpha < \omega_0$，响应处于欠阻尼情况，仿真运行电路，在 "a" 和 "b" 之间拨动开关，观察两个示波器响应波形，如图 2-66 所示。分析当开关从 "a" 到 "b" 时，由式（2-12）和式（2-13）求解电容电压方程为_____，电感电流方程为_____。应用 MATLAB 绘制电容电压与电感电流方程，与仿真波形对比，理解零输入响应欠阻尼情况。

11）重复步骤 7）观测欠阻尼的状态轨迹，如图 2-67 所示，并与实验原理中图 2-60 的二阶电路状态轨迹对比。

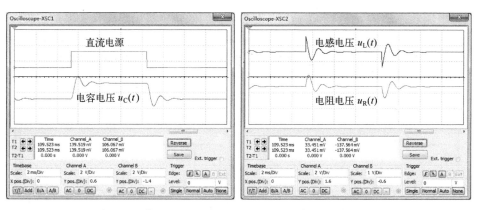

图 2-66　直流电源作用下 RLC 串联二阶电路响应仿真电路图 （$R_1 = 100\,\Omega$）

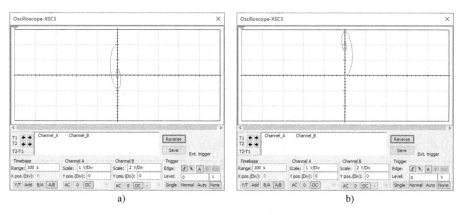

a)　　　　　　　　　　　　　　　　b)

图 2-67　直流电源作用下 RLC 串联二阶电路的状态轨迹 （$R_1 = 100\,\Omega$）

a）零输入欠阻尼状态轨迹　b）零状态欠阻尼状态轨迹

12）更改电阻 $R_1 = 0\,\Omega$，响应处于无阻尼情况，仿真运行电路，在 "a" 和 "b" 之间拨动开关，观察两个示波器响应波形，如图 2-68 所示。分析当开关从 "a" 到 "b" 时，由式（2-14）和式（2-15）求解电容电压方程为_____，电感电流方程为_____。应用 MATLAB 绘制电容电压与电感电流方程，与仿真波形对比，理解零输入响应无阻尼情况。重复步骤 7）观测无阻尼的状态轨迹，分析该轨迹的原理。

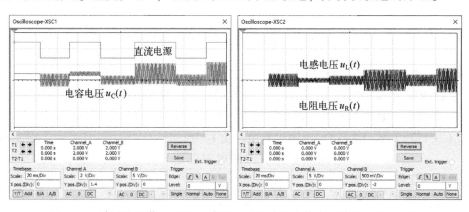

图 2-68　直流电源作用下 RLC 串联二阶电路响应仿真电路图 （$R_1 = 0\,\Omega$）

13）用信号发生器产生的方波替代开关S_1的作用，如图2-69所示。双击信号发生器，出现如图2-70所示属性对话框，按照图中显示选择参数。本例选择方波信号，设置频率为40 Hz，峰值为1 V，Offset选择1 V。

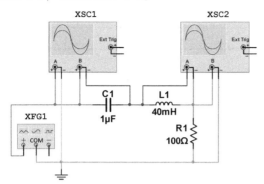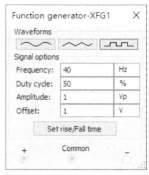

图2-69　信号源作用下RLC串联二阶电路仿真电路图　　　图2-70　信号源属性对话框

14）理论计算固有频率 $p_{1,2}$ = _____ ，确定电路工作状态为_____。

15）仿真运行，双击示波器XSC1和XSC2图标，观察信号发生器信号波形、电容两端电压、电感两端电压和电阻元件两端电压信号波形，如图2-71所示。

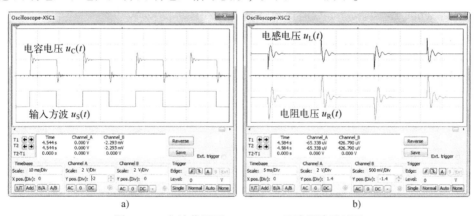

图2-71　方波作用下R_1 = 100 Ω示波器波形显示

a）示波器XSC1波形显示　b）示波器XSC2波形显示

16）通过观察波形，与理论分析对比，确定电路工作在_____工作状态（过阻尼、欠阻尼、临界阻尼、负阻尼）。

17）仅观察示波器XSC2显示的电阻R_1两端电压波形，如图2-72所示，根据电阻的伏安关系，将波形除以电阻R_1阻值就可以得到电流波形，移动游标1和2，确定振荡波形的幅值与时间差，根据式（2-19）和式（2-20）计算衰减振荡角频率ω_d和衰减系数α，记录数据到表2-33中。

18）重复步骤7），改变R_1观测方波作用下二阶电路的完全响应状态轨迹，并做记录。

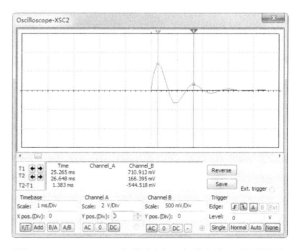

图2-72　R_1 = 100 Ω电阻电压（串联电流）波形显示

表 2-33　RLC 串联二阶电路数据记录表（$R_1 = 100\,\Omega$）

元 件 参 数			理 论 计 算					仿 真 计 算	
R_1	L_1	C_1	p_1	p_2	ω_0	α	ω_d	α	ω_d
$100\,\Omega$	$40\,mH$	$1\,\mu F$							
$100\,\Omega$	$40\,mH$	$0.1\,\mu F$							

19）更改电容值为 $0.1\,\mu F$，重复上述实验步骤 1）～18），分析容值改变对二阶电路的工作状态的影响。

20）自行更改阻值 R_1，重复上述实验步骤 1）～18），分析电阻值改变对二阶电路的工作状态的影响。

21）自行更改电感值 L_1，重复上述实验步骤 1）～18），分析电感值改变对二阶电路的工作状态的影响。

2. GCL 并联二阶电路的仿真

1）打开 Multisim 14 软件，绘制如图 2-73 所示电路图。

● 可变电阻器：（Group）Basic→（Family）POTENTIOMETER。

2）找到主页面横排虚拟仪器图标 ，单击选择需要的虚拟仪器，如信号发生器（Function Generator）、双通道示波器（Oscilloscope）等。

3）双击信号发生器，出现如图 2-74 所示属性对话框，按照图中显示选择参数。本例选择方波信号，设置频率为 $1\,kHz$，峰值为 $1\,V$，Offset 选择 $1\,V$。

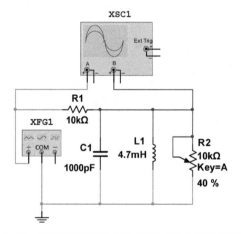

图 2-73　信号源作用下 GCL 并联二阶电路的仿真图　　图 2-74　信号源属性对话框

4）仿真运行，调节可变电阻器 R_2 的阻值，观察二阶 GCL 并联电路的零输入响应和零状态响应由过阻尼过渡到临界阻尼，最后过渡到欠阻尼的变化过渡过程，记录响应的典型变化波形。

5）调节 R_2 使示波器显示输出电压波形呈现稳定的欠阻尼响应波形即振荡波形，如图 2-75 所示，根据式（2-21）和式（2-22）测量计算此时电路的衰减常数 α 和振荡频率 ω_d。

6）按表 2-34 改变电路参数，重复上述步骤 5），并记录波形，测量计算衰减常数 α 和振荡频率 ω_d，并分析随着参数变化 α 和 ω_d 的变化趋势。（注意：调节 R_2 时，要细心，临界阻尼要找准，必要时请根据参数理论计算）。

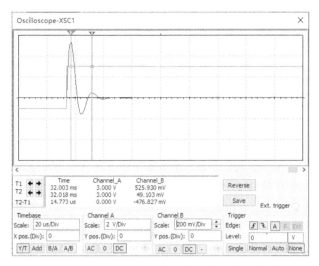

图 2-75　GCL 并联二阶电路的欠阻尼仿真图

表 2-34　GCL 并联二阶电路的欠阻尼衰减常数 α 和振荡频率 ω_d 数据记录表

电路参数 实验次数	元件参数				仿真测量值		理论计算 （确定 R_2 阻值）	
	R_1	R_2	L_1	C_1	α	ω_d	α	ω_d
1	10 kΩ		4.7 mH	1000 pF				
2	10 kΩ	调至某 一次欠 阻尼状态	4.7 mH	0.01 μF				
3	30 kΩ		4.7 mH	0.01 μF				
4	10 kΩ		10 mH	0.01 μF				

2.5.5　实验室操作实验内容

1）本实验主要研究 RLC 串联电路的零状态响应和零输入响应。实验电路如实验原理图 2-56 所示。

2）调节信号源选择 2 V 方波输入，频率为 40 Hz，输入低电平选择 0，高电平选择 2 V。选择 $L = 40\,\text{mH}$，$C = 1\,\mu\text{F}$，$R = 510\,\Omega$。

3）本实验需要用示波器观察电路各元件电压，最好选择 4 通道各输入信号可隔离的示波器如 FLUKE190-204，如果选择实验室常用示波器，则由于示波器的两个通道是共地的，因此观察每个器件波形需要手动调换器件位置，测电阻电压就要把电阻的一个端子与地相连，测电容电压则要换位置，将电容一端与地相连，同理，电感的电压也需要换器件位置观察。

4）当 $R = 510\,\Omega$ 时，理论计算此时电路处于过阻尼状态，观察电阻电压波形，根据欧姆定律可知道串联电路电流波形，根据示波器显示波形，画出 $u_R(t)$ 和 $i(t)$ 的波形。

5）调整元件位置，分别观察 $u_C(t)$ 和 $u_L(t)$ 的波形，与 $u_R(t)$ 和 $i(t)$ 的波形对比，观察电流波形与电压波形是否满足元件的伏安关系。

6）通过计算选择合适的阻值，使电路处于临界阻尼状态，此时 $R = $ ＿＿＿＿ Ω。重复步骤 4）和 5），记录临界阻尼状态电路各元件电压电流波形。

7）更换阻值 $R = 100\,\Omega$，此时电路处于欠阻尼状态，重复步骤 4）和 5），记录各元件欠阻尼状态下的电压电流波形。

8）根据得到的 $u_R(t)$ 或 $i(t)$ 波形，用示波器波形测算欠阻尼状态下的衰减常数 $\alpha =$ _____ 和振荡频率 $\omega_d =$ _____ ，与理论计算数值对比，验证示波器测算方法的正确性。

9）如果可以选择输入隔离的示波器，则可以同时观测 $u_C(t)$ 和 $u_R(t)$ （与 $i_L(t)$ 类似）的波形。将示波器置于水平工作方式，观察并描绘出上述各种情况下的状态轨迹。

10）自行改变 R 的取值，在过阻尼情况下增大 R 取值，观察阻值增大对过渡过程的影响。在欠阻尼情况下减小 R 取值，观察阻值减小对过渡过程的影响。

11）改变电容取值 $C = 0.1\ \mu F$，重复上述步骤 2）~9），描绘出各元件波形，与 $C = 1\ \mu F$ 时各波形对比，讨论 C 的取值对 RLC 串联电路过渡过程的影响。

12）自行改变电感 L，讨论 L 取值对 RLC 串联电路过渡过程的影响。

2.5.6 思考题

1. 当 RLC 串联电路处于过阻尼情况时，若再增加回路的电阻 R，对过渡过程有何影响？

2. 当 RLC 电路处于欠阻尼情况时，若再减小回路的电阻 R，对过渡过程有何影响？为什么？在什么情况下电路达到稳态的时间最短？

3. 当 RLC 串联电路处于欠阻尼的情况时，若再减小回路的电容 C，对过渡过程有何影响？

4. 不做实验，能否根据欠阻尼情况下 $u_C(t)$ 和 $i_L(t)$ 波形定性地画出其全响应的状态轨迹？

2.6 交流参数的测量

2.6.1 实验目的

1. 学习使用交流电压表、交流电流表和功率表测量元件的交流等效参数的方法。
2. 熟悉交流电路实验中的基本操作方法，加深对阻抗、阻抗角和相位角等概念的理解。
3. 验证交流电路中，相量形式的基尔霍夫定律。
4. 掌握应用 Multisim 14 软件研究交流参数测量的方法。

2.6.2 实验设备及材料

1. 装有 Multisim 14 的计算机
2. 交流电压表　　　　　0~500 V　　　　　　　　　　一只
3. 交流电流表　　　　　0~5 A　　　　　　　　　　　一只
4. 交流功率表　　　　　0~5 A，0~450 V　　　　　　一只
5. 白炽灯组　　　　　　25 W/220 V　　　　　　　　一组
6. 镇流器　　　　　　　　　　　　　　　　　　　　一只
7. 电容器　　　　　　　4.7 μF/500 V，2.2 μF/500 V　各一只

2.6.3 实验原理

1. 用交流电压表、交流电流表和功率表测量元件的等效参数

交流电路中，元件的阻抗值可以用交流电压表、交流电流表和功率表测出两端的电压 U、流过的电流 I 和它所消耗的有功功率 P 之后，再通过计算得出，这种测定交流参数的方法称为

"三表法"。三表法是用以测量 50 Hz 交流电参数的基本方法。三表法测量电路参数的原理图如图 2-76 所示。

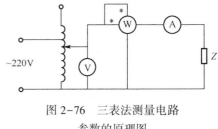

图 2-76　三表法测量电路
参数的原理图

由图 2-76 可得待测阻抗为 $Z = \dfrac{\dot{U}}{\dot{I}} = \dfrac{U}{I} \angle \varphi = R + jX$；

阻抗的模为 $|Z| = \dfrac{U}{I}$；阻抗角为 $\varphi = \arctan \dfrac{X}{R}$；

有功功率为 $P = UI\cos\varphi = I^2R = U^2G$；　　　功率因数 $\cos\varphi$ 为 $\cos\varphi = \dfrac{P}{UI}$；

等效电路 R 为 $R = \dfrac{P}{I^2} = |Z|\cos\varphi$；　　　等效电抗 X 为 $X = |Z|\sin\varphi$；

如果被测元件为一个电感线圈，则有 $X = X_{\mathrm{L}} = |Z|\sin\varphi = 2\pi fL$；

如果被测元件为一个电容器，则有 $X = X_{\mathrm{C}} = |Z|\sin\varphi = \dfrac{1}{2\pi fC}$。

如果被测元件不是一个元件，而是一个无源一端口网络，虽然也可以采用三表法从 U、I、P 三个量中求得 $R = \dfrac{P}{I^2} = |Z|\cos\varphi$，$X = |Z|\sin\varphi$，但是无法判断 X 是容性还是感性。

2. 阻抗性质的判别

为了能够判断被测元件是属于感性还是容性，需要采用其他实验手段来判断，一般采用在被测元件两端并联电容或串联电容的方法来加以判断，方法与原理如下。

在被测元件两端并联一只适当容量的小试验电容，若电流表读数增大，则被测元件属于容性；若电流表的读数减小，则被测元件属于感性。

图 2-77a 中，Z 为待测定的元件，C' 为试验电容器。图 2-77b 是图 2-77a 的等效电路，图中，G、B 为待测阻抗 Z 的电导和电纳，B' 为并联电容 C' 的电纳。在端电压有效值不变的条件下，按下面两种情况进行分析。

1) 设 $B + B' = B''$，若 B' 增大，B'' 也增大，则电路中电流 I 将单调地上升，故可判断 B 为容性元件。

2) 设 $B + B' = B''$，若 B' 增大，而 B'' 先减小而后再增大，电流 I 也是先减小后上升，如图 2-78 所示，则可判断 B 为感性元件。

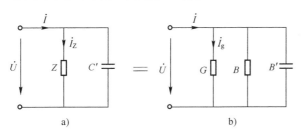

图 2-77　并联电容测量法
a) 原电路　b) 等效电路

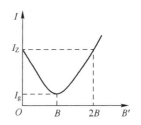

图 2-78　I–B' 关系曲线

由以上分析可见，当 B 为容性元件时，对并联电容值 B' 无特殊要求，而当 B 为感性元件时，$B' < |2B|$ 才有判定为感性的意义。$B' > |2B|$ 时，电流单调上升，与 B 为容性时相同，并不

能说明电路是感性的。因此 $B'<|2B|$ 是判断电路性质的可靠条件，由此得判定条件为

$$B'<\left|\frac{2B}{\omega}\right|$$

将被测元件串联一个适当的实验电容，若被测阻抗的端电压下降，则判为容性，端电压上升则为感性，判定条件为

$$\frac{1}{\omega C'}<|2X|$$

式中，X 为被测阻抗的电抗值；C' 为串联实验电容值。此关系式读者可自行证明。

判断待测元件的性质，除借助于上述实验电容 C' 测定法外，还可以利用该元件电流、电压间的相位关系，若 I 超前于 U 为容性，若 I 滞后于 U 则为感性。

3. RLC 串联电路与 GCL 并联电路

对正弦交流电作用下的 RLC 串联电路，应用相量法，列 KVL 方程：

$$\dot{U}=\dot{U}_{R}+\dot{U}_{L}+\dot{U}_{C}=\dot{I}\left[R+\mathrm{j}\left(\omega L-\frac{1}{\omega C}\right)\right]=Z\dot{I}$$

则 $Z=R+\mathrm{j}\left(\omega L-\frac{1}{\omega C}\right)=R+\mathrm{j}X=|Z|\angle\varphi$，其中，$|Z|=\sqrt{R^2+X^2}$，$\tan\varphi=\dfrac{X}{R}$。

正弦交流电作用下的 GCL 并联电路，应用相量法，列 KCL 方程：

$$\dot{I}=\dot{I}_{R}+\dot{I}_{L}+\dot{I}_{C}=\dot{U}\left[G+\mathrm{j}\left(\omega C-\frac{1}{\omega L}\right)\right]=Y\dot{U}$$

则 $Y=G+\mathrm{j}\left(\omega C-\frac{1}{\omega L}\right)=G+\mathrm{j}B$。

2.6.4 计算机仿真实验内容

1. 单一元件参数测试

1）打开 Multisim 14 软件，绘制如图 2-79 所示电路图。具体步骤如下：单击 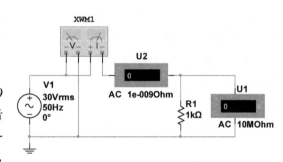 分类图标，打开 "Select a Component" 窗口，选择需要的电阻、电源等元器件，放置到仿真工作区。

图 2-79　单一电阻元件参数测试电路图

- 交流电源：（Group）Sources→（Family）POWER_SOURCES→（Component）AC_POWER。
- 电阻：（Group）Basic→（Family）RESISTOR。
- 电压表：（Group）Indicators→（Family）VOLTMETER。
- 电流表：（Group）Indicators→（Family）AMMETER。
- 地 GND：（Group）Sources→（Family）POWER_SOURCES→（Component）GROUND。

2）找到主页面竖排虚拟仪器图标，单击选择需要的虚拟仪器，如信号发生器（Function Generator）、功率表（Wattmeter）等。调整各元器件位置绘制电路。

3）双击交流电源图标 V_1，出现如图 2-80 所示属性对话框，在 "Value" 选项卡修改元件参数，本例设置频率为 50 Hz，有效值（平均值）为 30 V。

4）交流电源作用下，电路中的电压电流也是交流信号，因此电压表、电流表需设置为读

取交流数据。双击电压表 U_1 出现图 2-81 对话框，更改"Value"选项卡 Mode 为 AC，同理设置电流表读取模式为 AC。

5）仿真运行，记录三表数据到表 2-35 中，根据三表读数计算出单一电阻元件阻值，并与理论值对比。观察功率表读数，是否可以通过功率因数确定电路的性质？

6）按表 2-35 更改电源电压有效值输入，重复以上步骤 5），将多次仿真计算值取平均值，与理论阻值对比，理解应用三表法测量单一电阻元件参数的测量方法。

7）按表 2-35 将待测电阻更换为 12 V_25 W 的白炽灯，测量并计算单一白炽灯泡和 3 只白炽灯泡串联的电阻值，记录数据到表 2-35 中。

图 2-80 交流电源属性对话框图   图 2-81 电压表属性对话框

表 2-35 单一电阻元件参数测试数据记录表

被 测 元 件	交流电源电压 V_1/V	仿真测量值			仿真计算阻值 R/Ω	理论阻值 R/Ω
		电压表读数 U/V	电流表读数 I/A	功率表读数 P/mW		
电阻	30					
	40					
	50					
	平均值					
白炽灯 12 V_25 W	12 V					
3 只白炽灯串联						

8）将待测元件更换为电感线圈，电路如图 2-82 所示。

● 电感：（Group）Basic→（Family）INDUCTOR。

9）仿真运行，记录三表数据到表 2-36 中，根据三表读数计算出单一电感元件电感值 L，并与理论值对比。

10）按表 2-36 更改电源电压有效值输入，重复步骤 9），将多次仿真计算值取平均值，并与理论阻值对比，理解应用三表法测量单一电感元件参数的测量方法。

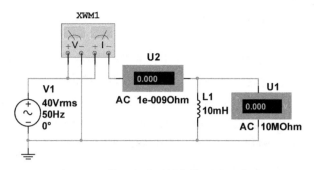

图 2-82　单一电感元件参数测试电路图

表 2-36　单一电感元件参数测试数据记录表

被测元件	交流电源电压 V_1	仿真测量值			仿真计算值 L/mH	理论电感值 L/mH
		电压表读数 U/V	电流表读数 I/A	功率表读数 P/mW		
电感线圈	40					
	80					
	120					
	平均值					

11）若不知元件性质，参考实验原理部分，仿真验证电路为感性。

12）将待测元件更换为电容器，电路如图 2-83 所示。

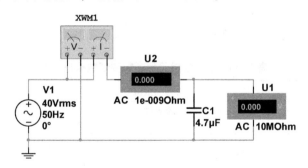

图 2-83　单一电容元件参数测试电路图

● 电容：（Group）Basic→（Family）CAPACITOR。

13）仿真运行，记录三表数据到表 2-37 中，根据三表读数计算出单一电感元件电容值 C，并与理论值对比。

表 2-37　单一电容元件参数测试数据记录表

被测元件	交流电源电压 V_1/V	仿真测量值			仿真计算值 $C/\mu\text{F}$	理论电容值 $C/\mu\text{F}$
		电压表读数 U/V	电流表读数 I/A	功率表读数 P/mW		
电容器	40					
	80					
	120					
	平均值					

14）按表2-37更改电源电压有效值输入，重复步骤13），将多次仿真计算值取平均值，并与理论阻值对比，理解应用三表法测量单一电容元件参数的测量方法。

15）若不知元件性质，参考实验原理部分，仿真验证电路为容性。

2. RC 串联元件参数测试

1）绘制如图2-84所示电路图，测量RC串联元件参数值，按表2-38更改电源电压有效值输入，仿真运行，记录数据到表2-38中。

表 2-38　RC 串联元件参数测试数据记录表

被测元件	交流电源电压 V_1/V	仿真测量值			仿真计算阻值 R/Ω	仿真计算容值 C/μF	理论阻值 R/Ω	理论容值 C/μF
		电压表读数 U/V	电流表读数 I/A	功率表读数 P/mW				
RC 串联元件	40							
	80							
	120							
	平均值							

2）若不知元件性质，参考实验原理部分，仿真验证电路为容性。

3. RL 串联元件参数测试

1）绘制如图2-85所示电路图，测量R_L串联元件参数值，按表2-39更改电源电压有效值输入，仿真运行，记录数据到表2-39中。

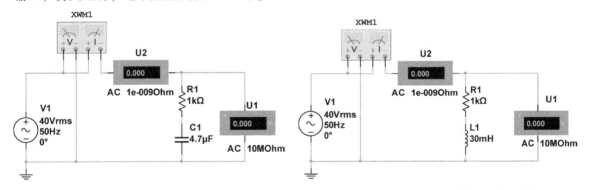

<table>
<tr><td align="center">图 2-84　RC 串联元件参数测试电路图</td><td align="center">图 2-85　RL 串联元件参数测试电路图</td></tr>
</table>

表 2-39　RL 串联元件参数测试数据记录表

被测元件	交流电源电压 V_1/V	仿真测量值			仿真计算阻值 R/Ω	仿真计算自感值 L/mH	理论阻值 R/Ω	理论自感值 L/mH
		电压表读数 U/V	电流表读数 I/A	功率表读数 P/mW				
RL 串联元件	40							
	80							
	120							
	平均值							

2）若不知元件性质，参考实验原理部分，仿真验证电路为感性。

4. RLC 串联元件参数测试

1）绘制如图2-86所示电路图，测量RLC串联元件参数值，按表2-40更改电源电压有效

73

值输入，仿真运行，记录数据到表 2-40 中。

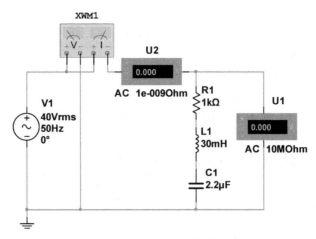

图 2-86　RLC 串联元件参数测试电路图

表 2-40　RLC 串联元件参数测试数据记录表

被测元件	交流电源电压 V_1/V	仿真测量值			仿真计算阻值 R/Ω	仿真计算电感值 L/mH	仿真计算电容值 C/μF	理论阻值 R/Ω	理论电感值 L/mH	理论计算电容值 C/μF
		电压表读数 U/V	电流表读数 I/A	功率表读数 P/mW						
RLC串联元件	40									
	80									
	120									
	平均值									

2）参考实验原理部分，仿真验证电路为_____性。三表法能否计算出电容与电感的值？自行设计电路仿真计算 L 和 C 的值，记录数据到表 2-40 中。

5. GCL 并联元件参数测试

1）绘制如图 2-87 所示电路图，测量 GCL 串联元件参数值，按表 2-41 更改电源电压有效值输入，仿真运行，记录数据到表 2-41 中。

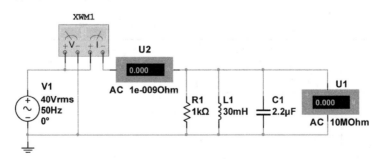

图 2-87　GCL 并联元件参数测试电路图

2）参考实验原理部分，仿真验证电路为_____性。三表法能否计算出电容与电感的值？自行设计电路仿真计算 L 和 C 的值，记录数据到表 2-41 中。

表 2-41 GCL 并联元件参数测试数据记录表

被测元件	交流电源电压 V_1/V	仿真测量值			仿真计算阻值 R/Ω	仿真计算电感值 L/mH	仿真计算电容值 $C/\mu F$	理论阻值 R/Ω	理论电感值 L/mH	理论计算电容值 $C/\mu F$
		电压表读数 U/V	电流表读数 I/A	功率表读数 P/mW						
RLC 串联元件	40									
	80									
	120									
	平均值									

2.6.5 实验室操作实验内容

1）按图 2-76 接线，经仔细检查后，方可接通电源，调节变压器输出电压为 220 V。

2）分别测量白炽灯（R），日光灯镇流器（L）和 4.7 μF 电容器（C）的等效参数。

3）测量 L、C 串联与并联后的等效参数。

4）测量以上几种情况下待测负载的电压、电流和功率，并将测量数据记入表 2-42 中。

表 2-42 测量不同负载电路的实验数据

负 载	测量值				计算值		
	U/V	I/A	P/W	$\cos\varphi$	R	L	C
白炽灯 R							
镇流器 L							
电容器 C							
L、C 串联							
L、C 并联							

5）验证用串、并实验电容法判别负载性质的正确性。

实验电路如图 2-76 所示，但不必接入功率表，结果记入表 2-43 中。

表 2-43 串、并联电容法判断负载阻抗性质实验数据记录

被测元件	串联 2.2 μF 电容		并联 2.2 μF 电容	
	串联前端电压	串联后端电压	并联前电流	并联后电流
$C(4.7\,\mu F)$				
镇流器 L				

注意：① 本实验用交流市电 220 V，实验中要特别注意人身安全，不可用手直接触碰通电线路的裸露部分，以免触电。

② 自耦调压器在接通电源前，应将其手柄置于零位上。调节时，使其输出电压从零开始逐渐升高。每次改接线路或实验完毕，必须先将其调回零位，再断电源。

③ 电感线圈 L 流过的电流不得超过 0.4 A。

2.6.6 思考题

1. 用三表法测参数时，试用相量图来说明通过在被测元件两端并联小试验电容 C' 的方法

可以判断被测元件的性质。如果改用一个电容 C'' 与被测元件串联，还能判断出被测元件的性质吗？若不能，试说明理由；若能，试计算出此时电容 C'' 所应满足的条件。设被测元件的参数 R、$|X|$ 已经测得（X 未知正负）。

2. 在仿真测量单一电感和电容元件时，功率表的读数是否为零？实验室测量单一电感和电容元件时，它们的功率表读数一样吗？为什么？

3. 在 50 Hz 的交流电路中，测得一只铁心线圈的 P、I 和 U，如何算得它的阻值及电感量？

4. 通过按比例画出的相量图，思考在 RLC 串联和 GCL 并联时如何验证基尔霍夫定律？

5. 对于某元件阻抗的虚部 X，如何根据 X 的取值确定电路的性质？对于某元件导纳的虚部 B，如何根据 B 的取值确定电路的性质？

2.7 正弦稳态交流电路相量的研究

2.7.1 实验目的

1. 研究正弦稳态交流电路中电压、电流相量之间的关系。
2. 通过 U、I、P 的测量计算交流电路的参数。
3. 了解荧光灯电路的组成、工作原理，掌握荧光灯线路的接线。
4. 理解改善电路功率因数的意义并掌握此方法。
5. 掌握应用 Multisim 14 软件验证交流电路中相量形式的基尔霍夫定律、伏安关系以及提高功率因数的方法。

2.7.2 实验设备及材料

1. 装有 Multisim 14 的计算机
2. 交流电压表　　　　0~500 V　　　　　　　　一只
3. 交流电流表　　　　0~5 A　　　　　　　　　一只
4. 交流功率表　　　　0~5 A，0~450 V　　　　一只
5. 白炽灯组　　　　　25 W/220 V　　　　　　两组
6. 荧光灯管　　　　　30 W/220 V　　　　　　一只
7. 镇流器　　　　　　　　　　　　　　　　　一只
8. 辉光启动器　　　　　　　　　　　　　　　一只
9. 电容器　　　　　　2.2 μF/500 V，4.7 μF/500 V　各一只

2.7.3 实验原理

1）在单相正弦交流电路中，用交流电流表测得各支路的电流值，用交流电压表测得回路各元件两端的电压值，它们之间的关系满足相量形式的基尔霍夫定律，即

$$\sum \dot{I} = 0 \text{ 和 } \sum \dot{U} = 0$$

2）如图 2-88 所示的 RC 串联电路，在正弦稳态信号 U 的激励下，U_R 与 U_C 保持有 90°的

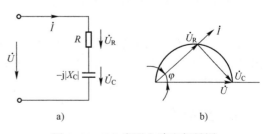

图 2-88　RC 串联电路和相量图

相位差，即当阻值 R 改变时，U_R 的相量轨迹是一个半圆，U、U_C、U_R 三者形成一个直角电压三角形。R 值改变时，可改变 φ 的大小，从而达到移相的目的。

3）功率因数的提高。供电系统的功率因数取决于负载的性质，例如白炽灯、电烙铁、电熨斗、电炉等用电设备，都可以看作是纯电阻负载，它们的功率因数为 1，但在工农业生产和日常生活中广泛应用的异步电动机、感应炉和荧光灯等用电设备，它们都属于感性负载，功率因数小于 1。

感性负载的电流 I 滞后于负载的电压 U 一个 φ 角度，负载吸收的功率为

$$P = UI\cos\varphi$$

如果负载的端电压恒定，功率因数越低，线路上的电流越大，输电线损耗越大，传输效率越低，发电机容量得不到充分利用。所以，提高输电线路系统的功率因数是很有意义的。

如何提高功率因数？工程上常利用电感、电容无功功率的互补特性，通过在感性的负载端并联电容来提高电路的功率因数。如图 2-89a 所示电感线圈与电容并联电路，接入电容后，未改变原电感线圈的工作状态，而利用电容发出的无功功率，部分补偿感性负载所吸收的无功功率，从而减轻了电源和传输系统无功功率的负担。假定功率因数从 $\cos\varphi$ 提高到 $\cos\varphi_1$，所需并联电容器的电容值可按下式计算：

$$C = \frac{P}{\omega U^2}(\tan\varphi - \tan\varphi_1)$$

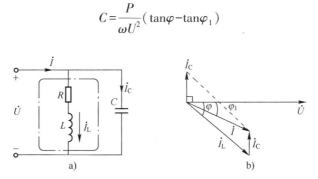

图 2-89　电感线圈与电容并联提高功率因数电路
a）原理图　b）相量图

4）荧光灯的组成及工作原理。荧光灯原理及电路图如图 2-90 所示，由灯管、镇流器和辉光启动器组成。荧光灯是一种气体放电管，当对管端电极间加以高压后，电极发射的电子能使汞气电离产生辉光，辉光中的紫外线射到管壁的荧光粉上，使其受到激励而发光。荧光灯在高压下才能发生辉光放电，在低压下（如 220 V）使用时，必须装有启动装置产生瞬时的高压。

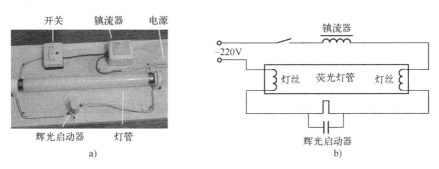

图 2-90　荧光灯电路图

77

启动装置包括辉光启动器及镇流线圈。辉光启动器是一个含有氖气的小玻璃泡，泡内有两个相距很近的电极，电极之一是由两片热膨胀系数相差很大的金属黏合而成的金属片。当接通电源时，泡内气体发生辉光放电，双金属片受热膨胀而弯曲，与另一电极碰接，辉光随之熄灭，待冷却后，两个电极立即分开。电路的突然断开，使镇流线圈产生一个很高的感应电压，此电压与电源电压叠加后足以使荧光灯发生辉光放电而发光。镇流线圈在荧光灯启动后起到降低灯管的端电压并限制其电流的作用。由于这个线圈的存在，所以荧光灯是一个感性负载。由于气体放电的非线性，以及铁心线圈的非线性，因此严格地说，荧光灯负载为非线性负载。

荧光灯点亮后，其等效电路如图 2-91 所示。点亮后灯管两端的工作电压很低，20W 的荧光灯工作电压约为 60 V，40W 的荧光灯约为 100 V，可以认为是一个电阻负载，即图 2-92 中的电阻 R_1。在此低压下，辉光启动器不再起作用，而镇流器是一个铁心线圈，电源电压大部分降在镇流器线圈上，此时镇流器起到降低灯管的端电压并限制其电流的作用，可以认为是一个电感较大的感性负载，二者串联构成一个感性电路，即图 2-91 中的 R_2 和电感 L 的串联。

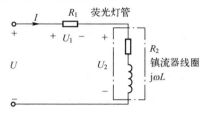

图 2-91　荧光灯点亮后的等效电路图

由于荧光灯电路的功率因数较低，大概只有 0.4 左右，为提高功率因数，可在电路两端并联一个适当大小的电容，如图 2-92 所示。

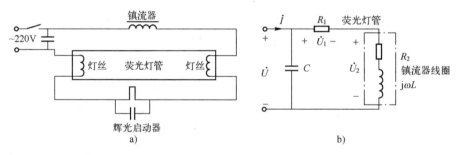

图 2-92　提高功率因数的荧光灯电路图

a）原理图　b）等效电路图

2.7.4　计算机仿真实验内容

1. 动态元件的伏安关系（验证电压三角形关系）

1）打开 Multisim 14 软件，绘制如图 2-93 所示电路图。具体步骤如下：单击 ⌷⌷⌷⌷⌷⌷⌷⌷ 分类图标，打开 "Select a Component" 窗口，选择需要的白炽灯、电源等元器件，放置到仿真工作区。

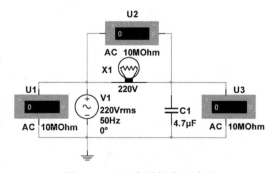

图 2-93　RC 串联仿真电路图

- 交流电源：（Group）Sources→（Family）POWER_SOURCES→（Component）AC_POW-ER。
- 白炽灯：（Group）Indicators→（Family）VIRTUAL_LAMP。
- 电容：（Group）Basic→（Family）CAPACITOR。

- 电压表：（Group）Indicators→（Family）VOLTIMETER。
- 地 GND：（Group）Sources→（Family）POWER_SOURCES→（Component）GROUND。

2）双击白炽灯图标，在"Value"选项卡可以改变灯泡的额定电压和额定功率，如图 2-94 所示，将其额定电压设为 220 V，额定功率设为 25 W。更改交流电源 V_1 的电压平均值为 220 V，频率为 50 Hz；将电压表读数模式改为"AC"。

图 2-94　虚拟白炽灯参数设置

3）仿真运行，记录电压表读数到表 2-44 中。

表 2-44　RC 串联电路仿真测量记录表

灯泡盏数	仿真测量值			理论计算值	
	电源电压/V	灯泡电压/V	电容电压/V	总电压/V	阻抗角 φ
1					
2					

4）将图 2-93 中灯泡盏数改为 2 盏串联，仿真运行，记录电压表读数到表 2-44 中。

5）用示波器观察灯泡与电容上电压的波形，记录相位差值，并与理论分析与计算值比较，理解交流电路中相量形式的基尔霍夫定律和伏安关系。

2. 功率因数的改善

1）打开 Multisim 14 软件，按照荧光灯点亮后的原理图 2-91 绘制如图 2-95 所示电路图。

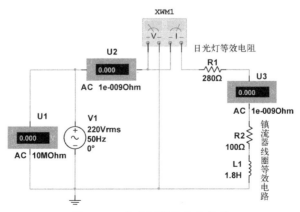

图 2-95　荧光灯等效电路仿真

- 电阻：（Group）Basic→（Family）RESISTOR。
- 电感：（Group）Basic→（Family）INDUCTOR。
- 电流表：（Group）Indicators→（Family）AMMETER。

2）找到主页面竖排虚拟仪器图标，单击选择需要的虚拟仪器，如功

79

率表（Wattmeter）、双通道示波器（Oscilloscope）等。改变电压表与电流表的测量模式为"AC"，调整各元器件位置绘制电路。

3）仿真运行电路，双击功率表，记录数据到表2-45中。

表 2-45　改善功率因数的仿真实验记录

$C/\mu F$	仿真数据					理论计算值
	功率表 P/W	功率表 $\cos\varphi$	电流表 U_2/mA	电流表 U_3/mA	电流表 U_4/mA	总电流 I/mA
0（未接电容）						
1						
2						
3						
4						
5						
6						
7						
8						

4）为提高功率因数，不改变原荧光灯的工作状态，对感性负载并联电容，如图2-96所示。

5）仿真运行图2-96电路，记录数据到表2-45中。

6）双击电容C_1，按表2-45修改并联电容的电容值。仿真运行，记录不同电容值时的仿真数据。

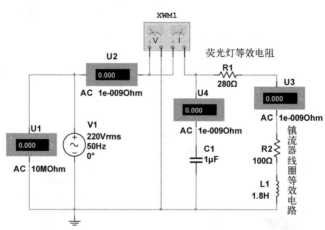

图 2-96　并联电容提高功率因数的荧光灯等效电路仿真

7）根据表2-45测量值，通过Excel软件，绘制总电流（U_2表的读数）随并联电容值大小变化的关系曲线$I=f(C)$和功率因数随并联电容值大小变化的关系曲线$\cos\varphi=f(C)$。

2.7.5　实验室操作实验内容

1. 验证电压三角形关系

1）用一盏25 W的白炽灯和4.7 μF电容器组成如图2-88a所示的实验电路，将自耦调压器输出调至220 V（用交流电压表测量），然后测量电压U_R、U_C。

2）改变电阻值（用两盏 25 W 的白炽灯串联），重复上述步骤 1），将数据记入表 2-46 中。观测 U_R 相量轨迹，验证电压三角形关系。

表 2-46　电压测量记录表

灯泡盏数	测量值			计算值	
	U/V	U_R/V	U_C/V	U'/V	φ
1					
2					

2. 电路功率因数的改善

按图 2-97 接线，接通电源，将自耦调压器的输出电压调至 220 V（实验中保持此电压不变）。这时荧光灯管应该亮，如果不亮，先关闭电源，仔细检查接线是否正确。记录电流表、功率表及功率因数表的读数，分别改变电容值进行测量，数据记入表 2-47 中。

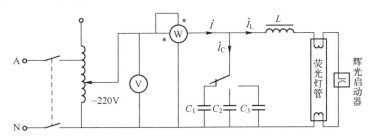

图 2-97　改善功率因数实验电路图

表 2-47　改善功率因数的实验记录

$C/\mu F$	测量数据					计算值
	P/W	$\cos\varphi$	I/mA	I_L/mA	I_C/mA	I/mA
0						
2.2						
4.7						
6.9						

注意：① 本实验用交流市电 220 V，实验中要特别注意人身安全。

② 自耦调压器在接通电源前，应将其手柄置于零位上。

2.7.6　思考题

1. 在日常生活中，当荧光灯上缺少了辉光启动器时，人们常用一根导线将辉光启动器的两端短接一下，然后迅速断开，使荧光灯点亮；或用一只辉光启动器去点亮多盏同类的荧光灯，这是为什么？

2. 为什么要提高功率因数？

3. 对感性负载提高电路的功率因数为什么多采用并联电容器法，而不用串联法？并联的电容器是否越大越好？

4. 分析功率因数变化对负载的影响。

5. 对于容性负载，如何提高功率因数？

2.8 单相变压器实验

2.8.1 实验目的

1. 通过空载实验确定单相变压器的参数。
2. 通过负载实验测量单相变压器的运行特性。
3. 掌握应用 Multisim 14 软件验证理想变压器变压、变流、变阻抗的性质。
4. 掌握应用 Multisim 14 软件验证理想变压器传递功率的特性。
5. 掌握应用 Multisim 14 软件仿真验证最大功率传输定理。

2.8.2 实验设备及材料

1. 装有 Multisim 14 的计算机
2. 数字万用表   一只
3. 交流电压表   0~500 V   一只
4. 交流电流表   0~5 A   一只
5. 交流功率表   0~5 A，0~450 V   一只
6. 单相变压器   220 V/36 V，50 V·A   一台
7. 白炽灯组   25 W/220 V   三组

2.8.3 实验原理

1. 单相变压器

如图 2-98 所示测试变压器参数的电路，负载取纯阻性负载 R_L，由各仪表读得变压器一次（AX 为高压侧）的 U_1、I_1、P_1、$\cos\varphi_1$ 及二次（ax 为低压侧）的 U_2、I_2，并用万用表电阻档测出一次、二次绕组的电阻 R_1 和 R_2，即可计算出变压器的各项参数。

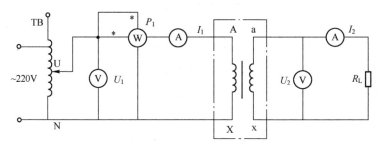

图 2-98 测试变压器参数电路

电压比：$K=\dfrac{U_1}{U_2}$； 一次阻抗：$|Z_1|=\dfrac{U_1}{I_1}$； 二次阻抗：$|Z_2|=\dfrac{U_2}{I_2}$；

阻抗比：$N_Z=\dfrac{|Z_1|}{|Z_2|}$； 输出功率：$P_2=U_2I_2$； 效率：$\eta=\dfrac{P_2}{P_1}$；

一次绕组铜损：$P_{Cu1}=I_1^2R_1$； 二次绕组铜损：$P_{Cu2}=I_2^2R_2$；

铁损：$P_{Fe}=P_0-(P_{Cu1}+P_{Cu2})$；

当 $R_L = \infty$、$U_1 = U_{1N}$ 时，变压器的一次功率 P_1 称为空载损耗 P_0。

2. 单相理想变压器

由理想化的条件得出理想变压器的主要参数为电压比 n，因此可以推得理想变压器的模型如图 2-99 所示。

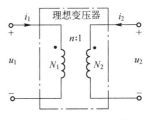

图 2-99　理想变压器模型

（1）变压关系

由 $k = 1$，可以推得 $\dfrac{u_1}{u_2} = \dfrac{N_1}{N_2} = n$ 或 $\dfrac{u_1}{u_2} = -\dfrac{N_1}{N_2} = -n$。对于变压关系式取正"+"还是取负"−"，仅取决于电压参考方向与同名端的位置。当 u_1、u_2 参考方向在同名端极性相同时，该式冠以"+"号，如图 2-99 所示；反之，若 u_1、u_2 参考方向一个在同名端为"+"，一个在异名端为"+"，则该式冠以"−"号。

（2）变流关系

由理想变压器特性推得 $\dfrac{i_1}{i_2} = \dfrac{1}{n}$ 或 $\dfrac{i_1}{i_2} = -\dfrac{1}{n}$。对于变流关系式取正"+"还是取负"−"，仅取决于电流参考方向与同名端的位置。当一、二次电流 i_1、i_2 分别从同名端同时流入（或同时流出）时，该式冠以"−"号，如图 2-99 所示；反之，若 i_1、i_2 一个从同名端流入，一个从异名端流入，则该式冠以"+"号。

（3）变阻抗关系

如图 2-100 所示理想变压器变阻抗等效电路图，有

$$Z_{eq} = \frac{\dot{U}_1}{\dot{I}_1} = \frac{n\dot{U}_2}{-1/n\dot{I}_2} = n^2 \left(-\frac{\dot{U}_2}{\dot{I}_2} \right) = n^2 Z$$

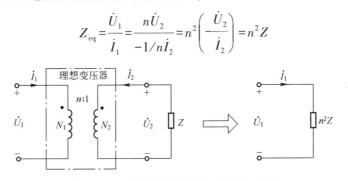

图 2-100　理想变压器变阻抗等效电路图

理想变压器的阻抗变换性质只改变阻抗的大小，不改变阻抗的性质。

（4）功率关系

如图 2-99 所示理想变压器模型，变压关系有 $u_1 = nu_2$；变流关系有 $i_1 = -\dfrac{1}{n}i_2$；所以瞬时功率有

$$p = u_1 i_1 + u_2 i_2 = u_1 i_1 + \frac{1}{n}u_1 \times (-ni_1) = 0$$

由瞬时功率和值为零可知，理想变压器既不储能，也不耗能，在电路中只起传递信号和能量的作用。理想变压器的特性方程为代数关系，因此它是无记忆的多端元件。

2.8.4　计算机仿真实验内容

1. 理想变压器变压、变流、变阻抗仿真

1）打开 Multisim 14 软件，绘制如图 2-101 所示电路图。具体步骤如下：单击 ✦ ✦ ✦ ✦ ⟋ ⤢ ⟳ ▦

分类图标，打开"Select a Component"窗口，选择需要的变压器、电源等元器件，放置到仿真工作区。

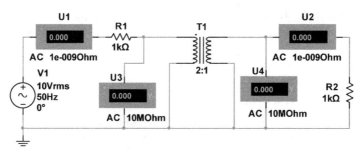

图 2-101　理想变压器仿真电路图

- 交流电压源：（Group）Sources→（Family）POWER_SOURCES→（Component）AC_POWER。
- 电阻：（Group）Basic→（Family）RESISTOR。
- 变压器：（Group）Basic→（Family）TRANSFOMER→（Component）1P1S。
- 电压表：（Group）Indicators→（Family）VOLTIMETER。
- 电流表：（Group）Indicators→（Family）AMMETER。
- 地 GND：（Group）Sources→（Family）POWER_SOURCES→（Component）GROUND。

2）选择在一、二次绕组回路中串入电流表，并入电压表，测量一、二次电流与电压。双击电流表和电压表，在属性对话框中选择"AC"，测量交流电流和电压的有效值。

3）双击交流电压源，在属性对话框中选择频率为 50 Hz，值为 10 V。

4）双击变压器 T_1，在属性对话框中将匝数比设为 2:1。

5）仿真运行电路，记录电流表、电压表数据到表 2-48 中。

6）计算 I_1/I_2，填入表 2-48 中，验证变流比与匝数比的关系。

7）计算 U_1/U_2，填入表 2-48 中，验证变压比与匝数比的关系。

8）计算 U_1/I_1，填入表 2-48 中，验证阻抗变换与匝数比的关系。

9）改变变压器匝数比，重复上述步骤 5）~8），验证理想变压器的特性。

10）改变交流电压源及电阻值，重复上述步骤 5）~8），验证理想变压器的特性。

表 2-48　理想变压器仿真电路数据记录表

测量项目	I_1（U_1表读数）/A	I_2（U_2表读数）/A	U_1（U_3表读数）/V	U_2（U_4表读数）/V	$\dfrac{I_1}{I_2}$	$\dfrac{U_1}{U_2}$	$Z_{eq}=\dfrac{U_1}{I_1}$	$P_1=U_1I_1$	$P_2=U_2I_2$
理论计算									
仿真测量									

2. 理想变压器功率传输特性仿真

1）计算一、二次绕组输入输出功率，填入表 2-48 中，验证理想变压器功率关系。

2）将 R_2 回路开路，重复上述实验内容 1，并计算一、二次绕组输入输出功率，理解变压器功率传输特性。

3）利用戴维南定理和阻抗变换性质，计算当 $R_2=\underline{\qquad}$ Ω 时，R_2 取得最大功率，并仿真验证。

4）改变变压器匝数比，重新仿真电路，验证理想变压器的功率特性。

5）改变交流电压源及电阻值，重新仿真电路，验证理想变压器的特性。

2.8.5 实验室操作实验内容

1. 降压空载实验

将自耦调压器 TB 旋至零位（逆时针旋至底），按图 2-102 所示连接实验电路，注意将变压器的高压侧（AX）作为一次侧，低压侧（ax）作为二次侧。合上电源，调节自耦调压器 TB 旋钮，按表 2-49 设置待测变压器的输入电压 U_1，测取待测变压器的 I_1、P_1、$\cos\varphi_1$、U_2，将测量数据记入表 2-49 中，并计算电压比 n。

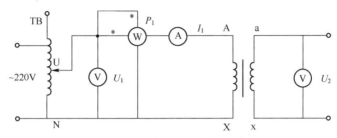

图 2-102 降压空载实验电路

表 2-49 降压空载实验数据

序　号	实验数据					计算值
	U_1/V	I_1/A	P_1/W	$\cos\varphi_1$	U_2/V	电压比 n
1	20					
2	30					
3	50					
4	100					
5	150					
6	200					
7	220					

2. 降压负载实验

将自耦调压器 TB 旋至零位（逆时针旋至底），按图 2-103 所示连接实验电路，负载 R_L 选用 25 W/220 V 的白炽灯并联或串联组成。合上电源，将待测变压器的输入电压缓慢调至变压器高压侧的额定电压 $U_1 = U_{1N} = 220V$，在保持 $U_1 = U_{1N} = 220V$ 的条件下，改变白炽灯的盏数。测取变压器的 U_2、I_2、P_1、$\cos\varphi_1$，记入表 2-50 中，并计算变压器输出功率 $P_2 = U_2 I_2$ 以及变压器损耗 $\Delta P = P_1 - P_2$（包括铜损和铁损）。

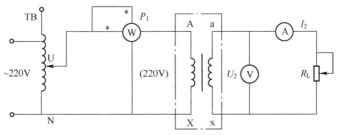

图 2-103 降压负载实验电路

表 2-50　降压负载实验数据

白炽灯盏数	实验数据				计算值	
	U_2/V	I_2/mA	P_1/W	$\cos\varphi_1$	P_2/W	$\Delta P/\text{W}$
0						
1						
2 并						
3 并						
2 串						
3 串						

3. 升压空载实验

将自耦调压器 TB 旋至零位（逆时针旋至底），按图 2-104 所示连接实验电路，注意将变压器的低压侧（ax）作为一次侧，高压侧（AX）作为二次侧。合上电源，调节自耦调压器 TB 旋钮，按表 2-51 设置待测变压器的输入电压 U_1，测取待测变压器的 I_1、P_1、$\cos\varphi_1$、U_2，将测量数据记入表 2-51 中，并计算电压比 n。

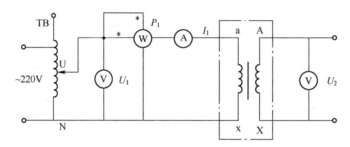

图 2-104　升压空载实验电路

表 2-51　升压空载实验数据

序　号	实验数据					计算值
	U_1/V	I_1/A	P_1/W	$\cos\varphi_1$	U_2/V	电压比 n
1	5					
2	10					
3	15					
4	20					
5	25					
6	30					
7	36					

4. 升压负载实验

将自耦调压器 TB 旋至零位（逆时针旋至底），按图 2-105 所示连接实验电路，负载 R_L 选用 25 W/220 V 的白炽灯并联或串联组成。合上电源，将待测变压器的输入电压缓慢调至变压器低压侧的额定电压 $U_1 = U_{1\text{N}} = 36\text{V}$，在保持 $U_1 = U_{1\text{N}} = 36\text{V}$ 的条件下，改变白炽灯的盏数，测取变压器的 U_2、I_2、P_1、$\cos\varphi_1$，记入表 2-52 中，并计算变压器输出功率 $P_2 = U_2 I_2$，变压器损耗 $\Delta P = P_1 - P_2$（包括铜损和铁损）。

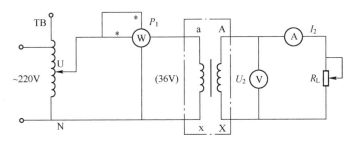

图 2-105　升压负载实验电路

表 2-52　升压负载实验数据

白炽灯盏数	实验数据				计算值	
	U_2/V	I_2/mA	P_1/W	$\cos\varphi_1$	P_2/W	$\Delta P/W$
0						
1						
2 并						
2 串						
3 串						

注意：① 本实验用交流市电 220 V，实验中要特别注意人身安全。

② 自耦调压器在接通电源前，应将其手柄置于零位上。

2.8.6　思考题

1. 理想变压器的模型和实际变压器模型的区别在哪里？

2. 理想变压器变压、变流与匝数比的公式为什么有时取正有时取负？

3. 如果把变压器二次侧开路，一次侧还有输入电流吗？

4. 在降压空载实验中，U_1 取不同值时，电压比 n 有什么规律？

5. 在降压负载实验中，随着负载电流 I_2 增大，变压器损耗 ΔP 有什么规律？

6. 在降压负载实验中，有满载工作状态吗？若有请指出。

7. 在升压负载实验中，哪一种情况最接近满载工作状态？

2.9　三相交流电路的电压和电流

2.9.1　实验目的

1. 熟悉三相负载的星形联结和三角形联结，验证对称三相电路的线电压和相电压、线电流和相电流之间的关系。

2. 了解三相四线制系统的中性线的作用及三相供电方式中三线制和四线制的特点。

3. 掌握应用 Multisim 14 软件验证对称三相电路的线电压和相电压、线电流和相电流之间的关系。

2.9.2　实验设备及材料

1. 装有 Multisim 14 的计算机

2. 数字万用表		一只
3. 交流电压表	$0 \sim 500\ \text{V}$	一只
4. 交流电流表	$0 \sim 5\ \text{A}$	一只
5. 白炽灯组	$25\ \text{W}/220\ \text{V}$	三组
6. 电容器	$4.7\ \mu\text{F}/500\ \text{V}$	一只
7. 三相调压器	$\text{TSGC2}{-}1.5\ \text{kV} \cdot \text{A}$	一台

2.9.3 实验原理

三相交流电路主要由三相电源、三相负载和三相输电线路三部分组成。对称三相电源是由 3 个同频率、等幅值、相位依次相差 120°的正弦电压源按一定连接方式组成的电路。三相负载的基本联结方式有星形联结和三角形联结两种。三相交流电路有三相四线制和三相三线制两种结构。

1. 三相负载的星形联结

在三相电路中当负载星形联结时，如图 2-106 所示，不论三线制或四线制，相电流恒等于线电流，在四线制情况下，中性线电流等于三个线电流的相量和，即

$$\dot{I}_{\text{N}} = \dot{I}_{\text{A}} + \dot{I}_{\text{B}} + \dot{I}_{\text{C}}$$

当电源和负载都对称时，线电压和相电压在数值上的关系为

$$U_{\text{线}} = \sqrt{3}\ U_{\text{相}}$$

在四线制情况下，由于电源对称，当负载对称时，中性线电流等于零；当负载为不对称时，中性线电流不等于零。

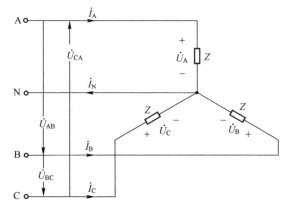

图 2-106 负载星形联结的三相四线制

在三线制星形联结中，若负载不对称，将出现中性线位移现象。中性点位移后，各相负载电压将不对称。当有中性线（三相四线制）时，若中性线的阻抗足够小，则各相负载电压仍将对称，从而可看出中性线的作用，但这时的中性线电流将不为零。

2. 三相负载的三角形联结

在负载三角形联结中，如图 2-107 所示，相电压等于线电压，当电源和负载都对称时，线电流与相电流之间有下列关系：

$$I_{\text{线}} = \sqrt{3}\ I_{\text{相}}$$

3. 三相电源的相序

对称三相电源的相序有正序和反序的区别，实际电力系统中一般采用正序。但有时会遇到要判断三相电源相序的情况，这时可以利用相序指示器测得，即三相电源的相序可根据中性线位移的原理用实验方法来测定。实验所用的无中性线星形不对称负载（相序器）如图 2-108 所示。负载的一相是电容器，另外两相是两个完全相同的白炽灯。适当选择电容器 C 的值，可使两个灯泡的亮度有明显的差别。根据理论分析可知，灯泡较亮的一相相位超前于灯泡较暗的一相，而滞后于接电容的一相。

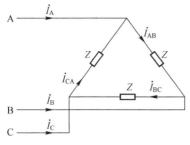

图 2-107 负载对称三角形联结

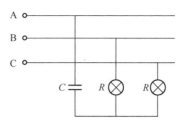

图 2-108 负载不对称星形联结

4. 中性线的作用

对于采用星形联结的三相负载，当其不对称时，若没有中性线，则负载的三个相电压将不再对称。如果负载是白炽灯，则白炽灯的亮度将不同。如果负载极不对称，则负载较轻的一相的相电压将可能大大超过负载的额定电压值，以致会损坏该相负载；而负载较重一相的相电压则会远低于负载的额定电压，使该负载不能正常工作。因此，对于不对称的星形负载应该连接其中性线，即采用三相四线制。

接中性线后，负载中性点与电源中性点直接用导体相连，被强制为等电位，各相负载的相电压与相应的电源电压相等。因此电源电压是对称的，所以负载的相电压也是对称的，从而可以保证各相负载能够正常工作。在实际应用中，中性线上不允许装开关和熔丝。

2.9.4 计算机仿真实验内容

1. 测定三相电源的相序

1）打开 Multisim 14 软件，绘制如图 2-109 所示电路图。具体步骤如下：单击 ┼ ┅ ┉ ┄ ▷ ▣▦ 分类图标，打开 "Select a Component" 窗口，选择需要的白炽灯、电源等元器件，放置到仿真工作区。

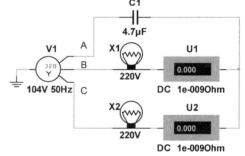

图 2-109 测定三相电源
相序的仿真电路图

- 三相星形联结电源：（Group）Sources→（Family）POWER_SOURCES→（Component）THREE_PHASE_WYE。
- 白炽灯：（Group）Indicators→（Family）VIRTUAL_LAMP。
- 电容：（Group）Basic→（Family）CAPACITOR。
- 电流表：（Group）Indicators→（Family）AMMETER。
- 地 GND：（Group）Sources→（Family）POWER_SOURCES→（Component）GROUND。

2）双击白炽灯，在 "Value" 选项卡可以改变灯泡的额定电压和额定功率，如图 2-110 所示，将其额定电压设为 220 V，额定功率设为 25 W。

3）双击三相交流电压源，在属性对话框中更改电压为 104 V、频率为 50 Hz。单击 "Place" → "Text" 输入 "A" "B" "C"，便于描述三相电源。

4）双击电流表在属性对话框中选择 "AC"，测量交流电流有效值。

5）仿真运行，观察白炽灯 X_1 和 X_2 的亮度，也可以通过电流表读数判别，电流小的灯泡亮度较暗。

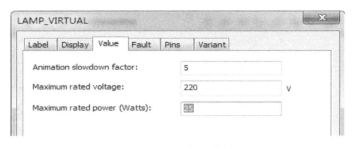

图 2-110　虚拟白炽灯参数设置

6）根据实验原理，灯泡较亮的一相相位超前于灯泡较暗的一相，而滞后于接电容的一相。可以判定 A、B、C 三相的相序为_____。

7）自行接入四通道示波器，观察三相交流电源的相序与测定结果是否相符。

2. 三相负载的星形联结

（1）对称星形负载，有中性线（三相四线制供电）

1）打开 Multisim 14 软件，绘制如图 2-111 所示电路图。

● 单刀单掷开关：（Group）Basic→（Family）SWITCH→（Component）SPST。

● 电压表：（Group）Indicators→（Family）VOLTIMETER。

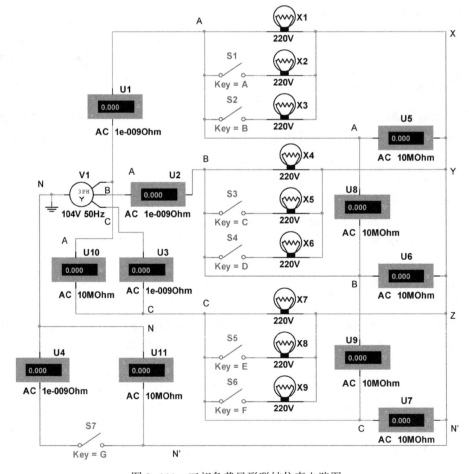

图 2-111　三相负载星形联结仿真电路图

2）双击三相交流电压源，在属性对话框中选择频率为 50 Hz，电压值为 104 V。选择在三相支路中串入电流表测量总电流，并入电压表测量负载的相电压和线电压。分别双击电流表和电压表，在属性对话框中选择 "AC"，测量交流电流、电压有效值。

3）单击 "Place" → "Text" 输入 "A" "B" "C" "N" "X" 等，便于描述三相电源接星形负载时的电压与电流。

4）闭合开关 S_7，每相电源只接一个灯泡，仿真运行电路，记录数据到表 2-53 的第 1 行。

5）闭合所有开关，每相电源接三个灯泡，仿真运行电路，记录数据到表 2-53 的第 2 行。

6）与负载星形联结负载的相线电流、相线电压的理论计算值对比，深刻理解相线电流、相线电压之间的关系。

7）自行接入示波器，观察每相负载上相线电压的相位关系。

表 2-53　负载星形联结仿真数据记录表

三相负载星形联结	各相灯数/盏			负载相电压（电压表 U_5、U_6、U_7 读数）			负载线电压（电压表 U_8、U_9、U_{10} 读数）			负载相电流（电流表读数）			中性线电流、电压	
	A	B	C	$U_{AN'}$	$U_{BN'}$	$U_{CN'}$	U_{AB}	U_{BC}	U_{CA}	I_A	I_B	I_C	$I_{NN'}$	$U_{NN'}$
对称星形，有中性线	1	1	1											
	3	3	3											
对称星形，无中性线	1	1	1											
	3	3	3											
不对称星形，有中性线	1	2	3											
	1	2	断开											
不对称星形，无中性线	1	2	3											
	1	2	断开											
	1	2	短路											

（2）对称星形负载，无中性线（三相三线制供电）

1）打开开关 S_7，不接中性线。

2）每相电源只接一个灯泡，仿真运行电路，记录数据到表 2-53 的第 3 行。

3）闭合开关 $S_1 \sim S_6$，每相电源接三个灯泡，仿真运行电路，记录数据到表 2-53 的第 4 行。

4）与有中性线时的仿真结果对比，说明负载对称时，是否可以不连中性线？

（3）不对称星形负载，有中性线（三相四线制供电）

1）闭合开关 S_7，接入中性线。

2）按照表 2-53 第 5 行分别接入不对称负载，仿真运行电路，记录数据。

3）按照表 2-53 第 6 行将 C 相负载全断开，仿真运行电路，记录数据。

4）分析负载不对称时，中性线的作用是什么？是否可以不连中性线？

（4）不对称星形负载，无中性线（三相三线制供电）

1）打开开关 S_7，不接中性线。

2）按照表 2-53 第 7 行分别接入不对称负载，仿真运行电路，记录数据。

3）按照表 2-53 第 8 行将 C 相负载全断开，仿真运行电路，记录数据。

4）按照表2-53第9行将C相短路，仿真运行电路，记录数据，此时接入中性线对其他两相是否有作用。

5）分析不对称负载无中性线时，电路是否存在危险。

6）通过以上仿真总结中性线的作用。

3. 三相负载的三角形联结（三相三线制供电）

1）打开 Multisim 14 软件，绘制如图2-112所示电路图。

- 三相三角形联结电源：（Group）Sources→（Family）POWER_SOURCES→（Component）THREE_PHASE_DELTA。

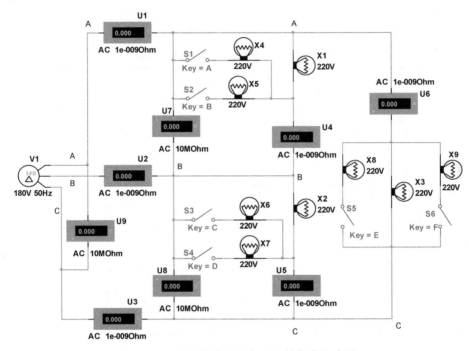

图2-112 三相负载的三角形联结仿真电路图

2）双击三相交流电压源，在属性对话框中选择频率为50 Hz，电压值为180 V。选择在三相支路中串入电流表测量总电流，并入电压表测量负载的相电压和线电压。分别双击电流表和电压表，在属性对话框中选择"AC"，测量交流电流、电压的有效值。

3）单击"Place"→"Text"输入"A""B""C"，便于描述三相电源接三角形负载时的电压与电流。

4）按表2-54接入灯泡个数，仿真运行电路，记录数据到表2-54中。

5）分析表2-54负载对称时的数据，与对称负载三角形联结的相线电流、相线电压的理论计算值对比，深刻理解对称负载相线电流、相线电压之间的关系。

6）当负载不对称时，测量此时的相线电压，分析实际负载不对称三角形联结时，负载的相线电压是否有改变？

7）当负载有一相断开时，测量此时的相线电压，分析实际负载采用三角形联结时，可否断开某一相负载？为什么？

8）将三相三角形联结的电源替换为值相同的三相星形电源，即

- 三相三角形联结电源：（Group）Sources→（Family）POWER_SOURCES→（Component）THREE_PHASE_DELTA。

替换为：

- 三相星形联结电源：（Group）Sources→（Family）POWER_SOURCES→（Component）THREE_PHASE_WYE。

9）设置三相星形电源的相电压为104 V、频率50 Hz，仿真运行电路，记录数据到表2-54中，与电源三角形联结数据进行对比，说明电流值之间的关系。

表2-54 负载三角形联结的仿真数据记录表

测量项目	各相灯数/盏			线电流/A			相电流/A		
	A-B	B-C	C-A	I_A	I_B	I_C	I_{AB}	I_{BC}	I_{CA}
电源三角形联结	1	1	1						
	3	3	3						
	1	2	3						
	断开	2	3						
电源星形联结	1	1	1						
	3	3	3						
	1	2	3						
	断开	2	3						

2.9.5 实验室操作实验内容

1. 测定相序

首先调节自耦调压器的输出，使输出的相电压为104 V（线电压为180 V），以下所有实验均使用此电压，然后关断电源开关。按图2-108接线，使其中一相为电容（4.7 μF/500 V），另两相为灯泡（25W/220 V），组成相序器电路，打开电源开关，测定相序为 ＿＿＿＿＿＿＿＿。

2. 三相负载星形联结（三相四线制供电）

按图2-113接线，三相负载星形联结，有中性线（三相四线制供电）。分别按三相负载对称、不对称及C相开路等情况，测量线电压、相电压、线电流及中性线电流。将实验数据记入表2-55中。

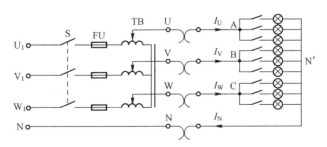

图2-113 负载星形联结三相四线制电路

93

表 2-55 负载星形联结的实验数据

三相负载星形联结	各相灯数/盏			负载相电压			负载相电流			中性线电流	中性线电压
	A	B	C	$U_{AN'}$	$U_{BN'}$	$U_{CN'}$	I_U	I_V	I_W	$I_{NN'}$	$U_{NN'}$
有中性线情况	3	3	3								
	1	2	3								
	1	2	断开								
无中性线情况	3	3	3								
	1	2	3								
	1	2	断开								
	1	2	短路								

3. 三相负载星形联结（三相三线制供电）

按图 2-114 接线，三相负载星形联结，无中性线（三相三线制供电）。分别按三相负载对称、不对称、C 相开路和 C 相短路等情况，测量线电压、相电压、线电流及中性线电压。将数据记入表 2-55 中。

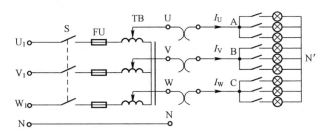

图 2-114　负载星形联结三相制电路

4. 负载三角形联结（三相三线制供电）

按图 2-115 接线，负载三角形联结（三相三线制供电）。分别按三相负载对称、不对称及 AB 相开路等情况，保持三相线电压为 180 V，测量三相负载对称、不对称及其中一相断开时的线电流、相电流。将数据记入表 2-56 中。

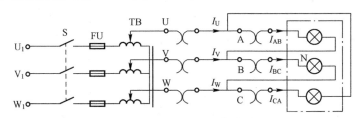

图 2-115　负载三角形联结电路

表 2-56 负载三角形联结的实验数据

各相灯数/盏			线电流/A			相电流/A		
A-B	B-C	C-A	I_U	I_V	I_W	I_{AB}	I_{BC}	I_{CA}
3	3	3						
1	2	3						
断开	2	3						

注意：本实验的电源电压为 180 V 和 104 V，远高于人体安全电压 36 V，实验中不可触及带电金属体，谨防触电，且必须断开电源方可接线、换线、拆线。

2.9.6　思考题

1. 三相四线制连线中，三相负载不对称时，中性线中是否有电流？是否有电压降？若断开中性线，会出现什么情况？是否可以安装熔丝，为什么？
2. 本实验为什么选择相电压 104 V，而不选择相电压为 220 V？
3. 三相负载根据什么条件作星形或三角形联结？
4. 在三相四线制电路中，如果将中性线与一条相线接反了，将会出现什么现象？

2.10　三相交流电路的功率测量

2.10.1　实验目的

1. 掌握用三瓦计法（一瓦计法）测量三相电路有功功率的方法。
2. 掌握用二瓦计法测量三相电路有功功率的方法。
3. 了解用功率表测量三相对称电路无功功率的方法。
4. 掌握应用 Multisim 14 软件验证三相交流电路的功率测量方法。

2.10.2　实验设备及材料

1. 装有 Multisim 14 的计算机		
2. 交流电压表	0~500 V	一只
3. 交流功率表	0~5 A，0~450 V	三只
4. 白炽灯组	25 W/220 V	三组
5. 电容器	4.7 μF/500 V	一只
6. 三相调压器	TSGC2-1.5 kV·A	一台

2.10.3　实验原理

1. 三瓦计法（一瓦计法）

在不对称三相四线制电路中，各相负载吸收的功率不再相等。这时可用三只功率表直接测出每相负载吸收的功率 P_A、P_B 和 P_C，或用一只功率表分别测出各相负载吸收的功率 P_A、P_B 和 P_C，然后再相加，即 $\sum P = P_A + P_B + P_C$，可得到三相负载的总功率，这种测量方法称为三瓦计法（三表法），其接线如图 2-116 所示。显然，这种方法也适用于对称三相四线制电路。

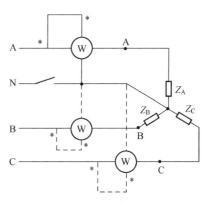

在对称三相四线制中，因各相负载所吸收的功率相等，故可用一只功率表测出任一相负载的功率，再乘以 3，即得三相负载吸收得总功率，这种方法称为一瓦计法（一表法）。

图 2-116　三瓦计法电路图

2. 二瓦计法

三相三线制供电系统中，不论三相负载是否对称，也不论负载是星形联结还是三角形联结，都可用二瓦计法测量三相负载的总有功功率。测量电路如图 2-117 所示。功率表的读数分别为 P_1 和 P_2，三相电路的总功率等于 P_1 和 P_2 的和。其中，$P_1 = U_{AC}I_A\cos\varphi_1$，$P_2 = U_{BC}I_B\cos\varphi_2$，有 $\sum P = P_1 + P_2$。其中，φ_1 是 U_{AC} 和 I_A 的相位差，φ_2 是 U_{BC} 和 I_B 的相位差。

若三相负载是对称的，令 $\dot U_A = U_A \angle 0°$，$\dot I_A = I_A \angle -\varphi$，则有 $P_1 = U_{AC}I_A\cos(\varphi - 30°)$，$P_2 = U_{BC}I_B\cos(\varphi + 30°)$，式中，$\varphi$ 为负载的阻抗角。

若负载为感性或容性，且当相位差 $|\varphi| > 60°$ 时，线路中的一只功率表指针将反偏（数字式功率表将出现负读数），这时应将功率表电流线圈的两个端子调换（不能调换电压线圈端子），其读数应记为负值。而三相总功率 $\sum P = P_1 + P_2$（P_1、P_2 本身不含任何意义）。除图 2-117 的 I_A、U_{AC} 与 I_B、U_{BC} 接法外，还有 I_B、U_{AB} 与 I_C、U_{AC} 以及 I_A、U_{AB} 与 I_C、U_{BC} 两种接法。

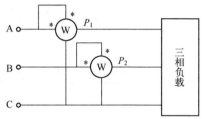

图 2-117　二瓦计法电路

二瓦计法测量三相电路有功功率时，单只功率表的读数无物理意义。当负载为对称的星形联结时，由于中性线中无电流流过，所以也可用二瓦计法测量有功功率。但是二瓦计法不适用于不对称的三相四线制电路。

3. 一瓦计法测三相对称负载的无功功率

三相三线制供电系统中，三相负载对称，可由一只功率表测出负载的无功功率，如图 2-118 所示。

根据功率表的工作原理，可得 $P = U_{BC}I_A\cos(\varphi_{BC} - \varphi_A) = U_lI_l\cos(\varphi_{BC} - \varphi_A)$，三相负载对称，画出相量图如图 2-119 所示，可得 $\varphi_{BC} - \varphi_A = 90° \pm \varphi$，代入功率公式有

$$P = U_{BC}I_A\cos(\varphi_{BC} - \varphi_A) = U_{BC}I_A\cos(90° \pm \varphi) = U_lI_l\sin\varphi$$

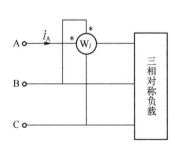

图 2-118　一瓦计法测无功功率

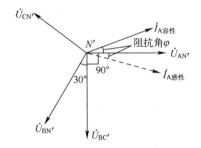

图 2-119　三相对称电路相量图

可得功率表的读数为 $U_lI_l\sin\varphi$，根据无功功率公式 $Q = \sqrt3 U_lI_l\sin\varphi$ 可知，将功率表读数乘以 $\sqrt3$ 即可得到三相对称负载的总的无功功率，即 $Q = \sqrt3 U_lI_l\sin\varphi = \sqrt3 P$。

2.10.4　计算机仿真实验内容

1. 白炽灯有功功率的测量

1）打开 Multisim 14 软件，绘制如图 2-120 所示电路图。具体步骤如下：单击 分类图标，打开 "Select a Component" 窗口，选择需要的电阻、电源等元器件，放置到仿真工作区。

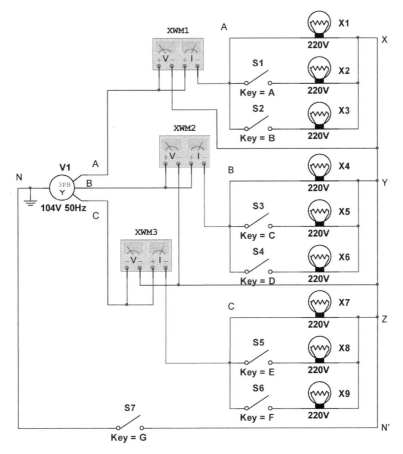

图 2-120　三瓦计法测白炽灯星形联结有功功率仿真电路图

● 三相星形联结电源：（Group）Sources→（Family）POWER_SOURCES→（Component）THREE_PHASE_WYE。

● 白炽灯：（Group）Indicators→（Family）VIRTUAL_LAMP。

● 单刀单掷开关：（Group）Basic→（Family）SWITCH→（Component）SPST。

● 地 GND：（Group）Sources→（Family）POWER_SOURCES→（Component）GROUND。

2）双击三相交流电压源，在属性对话框中选择频率为 50 Hz，电压值为 104 V，单击"Place"→"Text"输入"A""B""C""X""Y"等，便于描述各相负载。

3）找到主页面横排虚拟仪器图标，单击选择功率表（Wattmeter），注意功率表的连接。

4）闭合 S_7 有中性线，分别按照表 2-57 改变各相灯的盏数，记录三个功率表的读数，并计算总功率，记录数据到表 2-57"三瓦计法"一栏第 1、2 行和第 5、6 行。

5）断开 S_7 无中性线，分别按照表 2-57 改变各相灯的盏数，记录三个功率表的读数，并计算总功率，记录数据到表 2-57"三瓦计法"一栏第 3、4 行和 7、8、9 行。

6）掌握应用三个功率表测量三相电路有功功率的方法，加深理解中性线的作用。

7）采用二瓦计法测量电路有功功率，如图 2-121 所示，两个功率表的电压线圈非同名端接电源 C 端线。

表 2-57 白炽灯星形联结有功功率测量仿真数据记录表

三相负载 星形联结	各相灯数/盏			三瓦计法（一瓦计法）			二瓦计法			
	A	B	C	P_A/W	P_B/W	P_C/W	$P_总$/W	P_1/W	P_2/W	$P_总$/W
对称星形，有中性线	1	1	1							
	3	3	3							
对称星形，无中性线	1	1	1							
	3	3	3							
不对称星形，有中性线	1	2	3							
	1	2	断开							
不对称星形，无中性线	1	2	3							
	1	2	断开							
	1	2	短路							

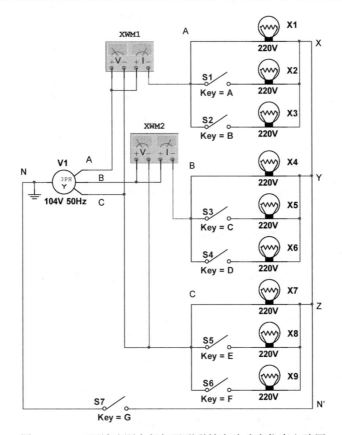

图 2-121 二瓦计法测白炽灯星形联结有功功率仿真电路图

8）重复步骤 4）和 5）记录数据到表 2-57 中。

9）对比三瓦计法和二瓦计法测量功率结果，比较说明两种方法的适用情况。

10）若负载为三角形联结呢？请自行连线仿真，记录数据并验证步骤 9）的结论。

2. 容性不对称负载的有功功率测量

1）打开 Multisim 14 软件，绘制如图 2-122 所示电路图。

● 电容：（Group）Basic→（Family）CAPACITOR。

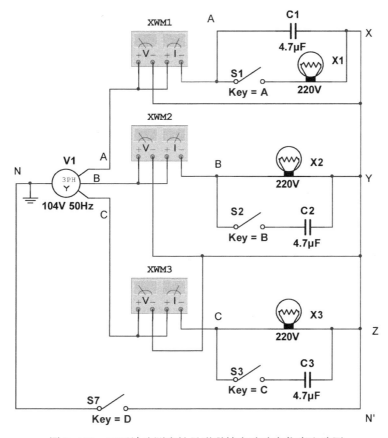

图 2-122　三瓦计法测容性星形联结有功功率仿真电路图

2）双击三相交流电压源，在属性对话框中选择频率为 50 Hz，电压值为 104 V，单击"Place"→"Text"输入"A""B""C""X""Y"等，便于描述各相负载。

3）找到主页面横排虚拟仪器图标□□□□□□□□□□□□，单击选择功率表（Wattmeter），注意功率表的连接方式。

4）按表 2-58 要求闭合或打开各开关，仿真电路并记录数据，计算总功率。

表 2-58　容性星形联结有功功率测量仿真数据记录表

三相负载 星形联结	各相负载			三瓦计法（一瓦计法）				二瓦计法		
	A	B	C	P_A/W	P_B/W	P_C/W	$P_总$/W	P_1/W	P_2/W	$P_总$/W
对称星形，有中性线	S_1、S_2、S_3 均闭合									
对称星形，无中性线	S_1、S_2、S_3 均闭合									
不对称星形，有中性线	S_1、S_2、S_3 均打开									
	S_1 闭合									
	S_1 和 S_2 闭合									
不对称星形，无中性线	S_1、S_2、S_3 均打开									
	S_1 闭合									
	S_1 和 S_2 闭合									

5）采用二瓦计法测量电路有功功率，如图 2-123 所示，两个功率表的电压线圈非同名端接电源 C 端线。

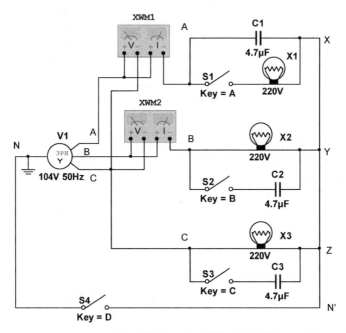

图 2-123 二瓦计法测容性星形联结有功功率仿真电路图

6）按表 2-58 要求闭合或打开各开关，仿真电路并记录数据，计算总功率。

7）仿真时，闭合开关 S_2 或者 S_3 对功率的读数是否有影响？闭合 S_1 呢？说明理由。

8）加深理解三瓦计法和二瓦计法测量功率的原理，总结各种方法的优缺点及适用条件。

9）自行将负载改变为三角形联结，验证结论。

10）自行改变电路为感性，仿真运行，加深理解中性线的作用。

3. 三相无功功率的测量

1）打开 Multisim 14 软件，绘制如图 2-124 所示电路图。

● 电感：（Group）Basic→（Family）INDUCTOR。

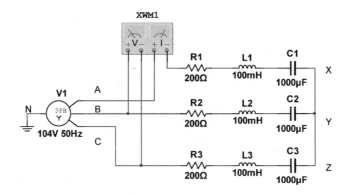

图 2-124 三相对称负载的无功功率仿真电路图

2）双击三相交流电压源，在属性对话框中选择频率为 50 Hz，电压值为 104 V。单击"Place"→"Text"输入"A""B""C"等，便于描述各相负载。

3）找到主页面横排虚拟仪器图标 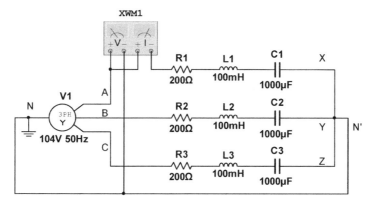，单击选择功率表（Wattmeter），注意功率表测量无功功率的连接。

4）仿真运行电路，记录功率表的读数为 $P=$ _____ W。

5）根据公式 $Q=\sqrt{3}\,U_l I_l \sin\varphi=\sqrt{3}P=$ _____ var。

6）绘制图 2-125，将电路连接为对称的三相四线制（自行接入中性线），用一瓦计法测量有功功率和功率因数。

图 2-125　一瓦计法测量三相对称电路有功功率仿真电路图

7）根据有功功率和功率因数理论计算视在功率和无功功率，与步骤 6）仿真结果对比，验证一瓦计法测量对称三相负载无功功率的方法。

8）仿真结果无功功率为负值，说明什么？自行改变参数，使无功功率取值为正值。

9）若负载不对称，上述方法是否可行？仿真验证。

10）比较一瓦计法测量有功功率和无功功率连接方式的不同。

2.10.5　实验室操作实验内容

1. 三相有功功率的测量

1）为保证负载工作的安全，采用三相调压器，选择相电压 104 V（线电压 180 V）完成实验。实验过程中，注意每次接线完成后再打开电源开关，以防触电。

2）用三只白炽灯作为三相对称负载，按图 2-116 连线，即在三相四线制星形联结时，用一瓦计法和二瓦计法测量负载功率，计算总功率，将实验数据记入表 2-59 第 1 行。

3）将中性线断开，分别用一瓦计法和二瓦计法测量负载功率，计算总功率，将数据记入表 2-59 第 2 行。

4）将三相负载中 A 相接 4.7 μF 的电容，B 相和 C 相分别接一只 25W 白炽灯，按图 2-122（注意负载不同）连线。中性线 N 闭合时为三相四线制，用三瓦计法测量功率，将实验数据记入表 2-59 第 3 行。断开时为三相三线制，分别用三瓦计法和二瓦计法测量功率，将实验数据记入表 2-59 第 4 行。

5）将中性线 N 断开，即在三相三线制星形联结方式下，先将 A 相断路，B 相和 C 相分别接一只 25 W 白炽灯，分别用三瓦计法和二瓦计法测量功率，将实验数据记入表 2-59 第 5 行。再将 A 相短路，B 相和 C 相分别接一只 25 W 白炽灯，分别用三瓦计法和二瓦计法测量功率，将实验数据记入表 2-59 第 6 行。

6) 用三只白炽灯作为负载，接成三角形联结，如图 2-107 所示，分别用三瓦计法和二瓦计法测量负载功率，将实验数据记入表 2-59 第 7 行。

7) 将三相负载中 AB 相接 4.7 μF 的电容，BC 相和 CA 相分别接一只 25 W 白炽灯，接成三角形联结。分别用三瓦计法和二瓦计法测量负载功率，将实验数据记入表 2-59 第 8 行。

8) 将上述步骤 6) 中 AB 相断路，BC 相和 CA 相分别接一只 25 W 白炽灯，分别用三瓦计法和二瓦计法测量负载功率，将实验数据记入表 2-59 第 9 行。

9) 自行改变电容器的电容值、白炽灯串联的个数，比较测量结果。

表 2-59　三相功率测量实验数据记录表

负载情况	测量项目	三瓦计法（一瓦计法）				二瓦计法		
		P_A/W	P_B/W	P_C/W	$P_总$/W	P_1/W	P_2/W	$P_总$/W
星形联结	负载对称有中性线							
	负载对称无中性线							
	负载不对称有中性线 （A 相为 4.7 μF 电容）							
	负载不对称无中性线 （A 相为 4.7 μF 电容）							
	负载不对称无中性线 （A 相断路）							
	负载不对称无中性线 （A 相短路）							
三角形联结	负载对称							
	负载不对称 （AB 相为 4.7 μF 电容）							
	负载不对称（AB 相断路）							

2. 三相无功功率的测量

自行设计实验步骤，完成三相三线制对称负载无功功率的测量。

注意：本实验的电源电压为 180 V 和 104 V，远高于人体安全电压 36 V，实验中不可触及带电金属体，谨防触电，且必须断开电源方可接线、换线、拆线。

2.10.6　思考题

1. 二瓦计法测量三相电路有功功率时，有功功率表中的读数为负值，为什么？
2. 本实验为什么选择相电压 104 V，而不选择相电压为 220 V？
3. 比较一瓦计法测有功功率和无功功率连线的区别。
4. 总结一瓦计法、二瓦计法与三瓦计法应注意的问题及各自的适用范围。

第 3 章　模拟电子技术基础实验

3.1　常用电子仪器的使用

3.1.1　实验目的

1. 学习并掌握常用电子仪器的正确使用方法。
2. 掌握用示波器观察波形和读取波形参数的方法。
3. 掌握函数信号发生器输出信号的使用方法。

3.1.2　实验设备及材料

1. 装有 Multisim 14 的计算机。
2. 函数信号发生器。
3. 双踪示波器。
4. 数字万用表。
5. 模拟电路实验箱。
6. 电阻 $10\,k\Omega$；电容 $0.01\,\mu F$（103）。

3.1.3　实验原理

1. 常用电子仪器的连接

在模拟电子电路中，经常使用的电子仪器有示波器、函数信号发生器、直流稳压电源、频率计等。它们和万用表一起，可以完成对模拟电子电路的静态和动态工作情况的测试。

实验中要对各种电子仪器进行综合使用，可按照信号流向，以连线简捷、调节顺手、观察与读数方便等原则进行合理布局，各仪器与被测实验装置之间的布局与连线如图 3-1 所示。接线时应注意，为防止外界干扰，各仪器的接地端应连接在一起，称为共地。信号源的引线通常用屏蔽线或电缆线，示波器接线使用专用电缆线，直流电源的接线用普通导线。

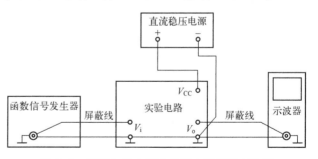

图 3-1　模拟电子电路中常用电子仪器布局图

为了防止过载而损坏，测量前一般把量程开关置于量程最大位置上，然后在测量中逐渐减小量程。

2. RC 串联交流电路相位差原理

如图 3-2a 所示 RC 串联交流电路中，阻抗 $Z = R - jX_C = R - j\dfrac{1}{2\pi fC}$。

阻抗角 $\varphi = -\arctan\dfrac{1}{2\pi fRC}$。

由图 3-2b 所示的相量分析图可知，$\dot{U}_R$ 与 $\dot{U}_i$ 的相位差为 $|\varphi|$ 角度。

在实际的电路测量中，可以利用示波器直接测出其相位差，根据两波形在水平方向差距格数 X 及信号周期的格数 X_T，可求得两波形相位差，如图 3-3 所示。

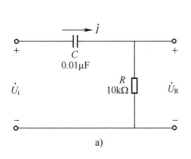
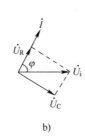

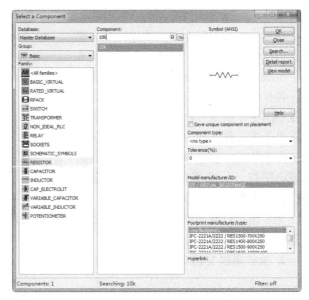

图 3-2　RC 串联交流电路及相量分析图

a）RC 串联交流电路　b）相量分析图

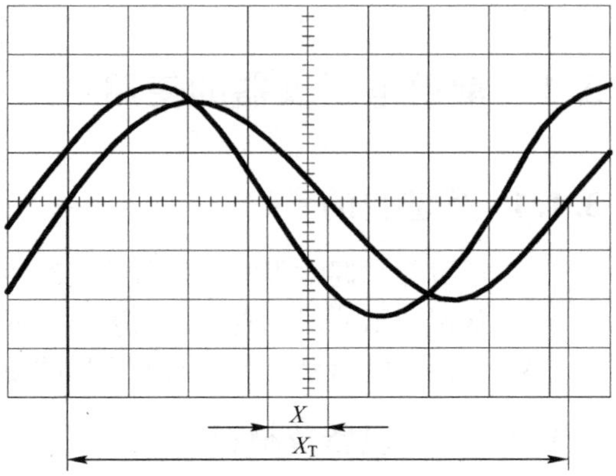

图 3-3　双踪示波器显示两相位不同的正弦波

$$\theta_{测量值} = \frac{X(\mathrm{Div})}{X_T(\mathrm{Div})} \times 360°$$

式中，X_T 为信号一周期所占格数；X 为两波形在 X 轴方向差距格数。

因为在示波器上的时间差值与其格数总是成比例的，所以也可以直接读出其时间差 t 和周期 T，用同样的方法计算出相位差：

$$\theta_{测量值} = \frac{t}{T} \times 360°$$

3.1.4　计算机仿真实验内容

计算机仿真实验具体步骤如下：

1）创建 RC 高通电路相位差电路。执行菜单命令"Place"→"Component"或从元器件工具条的基本元器件库"BASIC 〰"中选择电阻"RESISTOR"，并在"Component"栏中输入电阻值"10k"，如图 3-4 所示。单击"OK"按钮即可把电阻放入仿真平台，使用同样的方法调出电容"CAPACITOR"，将电容值设置为 0.01 μF。

2）双击元件，即可打开元件的属性对话框，"Label"页可修改元件的标号如 C1，"Value"页可修改元件参数如 0.01 μF，

图 3-4　调入电阻

如图 3-5 所示。"Display"页则可修改元件的参数显示与否，选择"Use sheet visibility settings"则运用图纸的默认设置，选择"Use component-specific visible settings"，则可自主设置参数的显示与否，下边的"Show ×××"前面打"√"，则表示该参数显示，如图 3-6 所示。

3）在仪器仪表栏调出函数信号发生器"Function Generator"，双击函数信号发生器，选择正弦波，设置其频率为 1 kHz，幅度设置为 $V_P = 0.5$ V，如图 3-7 所示。

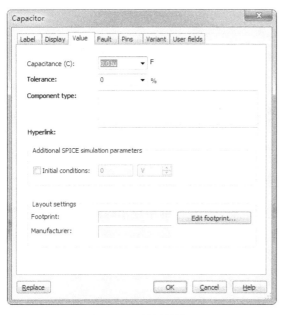

图 3-5　元件属性设置　　　　　　　　　　图 3-6　参数显示设置

4）在仪器仪表栏调出双踪示波器"Oscilloscope"，按图 3-8 所示连线。用通道 A 测试函数信号发生器的信号，用通道 B 测试经电容移相过后的信号，把鼠标定位到通道 A 的连线，单击右键，选择"Segment Color（线段颜色）"，把 A 通道连线改成绿色，用同样的方法把 B 通道的连线改成蓝色，如图 3-9 所示。

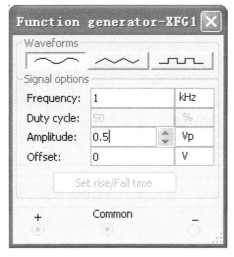

图 3-7　函数信号发生器参数设置

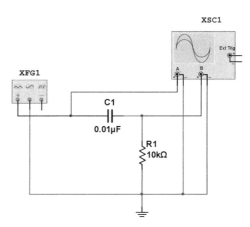

图 3-8　相位差测试仿真电路图

5）执行菜单命令"Simulate"→"Run"或单击仿真运行开关 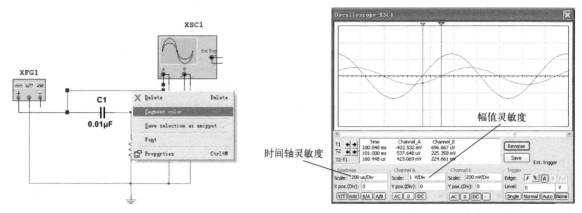，仿真运行。双击虚拟示波器图标，时间轴灵敏度设置为 $200\,\mu s/Div$，通道 A 的幅值灵敏度设置为 $1\,V/Div$，通道 B 的幅值灵敏度设置为 $200\,mV/Div$，可以观察到如图 3-10 所示的波形。

图 3-9　修改导线颜色　　　　　图 3-10　相位差仿真波形图

6）移动游标 1 和游标 2 处于两个信号的电压过零点，从数据框中读出时间差，再移动游标，测出周期，填入表 3-1 中。

7）改变参数为 $f=1.59\,kHz$、$f=100\,kHz$，再测相位差和 u_R 峰值，并填入表 3-1 中。

表 3-1　相位差仿真记录表

u_i 频率	周期 T	两波形 X 轴时间差 t	相 位 差		u_R 峰值
			仿真值	计算值	
$f=1\,kHz$					
$f=1.59\,kHz$					
$f=100\,kHz$					

3.1.5　实验室操作实验内容

1. 万用表的使用

（1）直流电压的测量

将数字万用表置于直流电压档"V-"，红表笔置"VΩ"插孔，将黑表笔插入地"⊥"，测量分别模拟电路实验箱的直流电源"+12 V""-12 V""+5 V""-5 V"，将测试数据填入表 3-2 中。注意在所有的测量过程中不要把"HOLD（锁屏键）"按下。

表 3-2　直流电压测试记录表

标　准　值	+12 V	-12 V	+5 V	-5 V
测　量　值				

（2）电流的测量

将数字万用表置于直流电流档"A-"，红表笔置"μAmA"插孔，将电源+5 V、1 kΩ 电阻、万用表、地串联起来，如图 3-11 所示，测试电阻上的电流，将测试数据填入表 3-3 中。

表 3-3　电流测试记录表

电阻值	510 Ω	1 kΩ	2 kΩ	10 kΩ
电流理论值/mA				
电流测量值/mA				

2. 示波器自检

将示波器的 CH1 的探头接至"校正信号"金属环，在示波器屏幕上观察到方波，将基准线调至 $Y=0$ 的位置，将耦合方式设置为"直流"。用读取格数的方式读取相关数据并记录于表 3-4 中。注意，不同型号示波器标准值有所不同，请按所使用示波器将标准值填入表 3-4 中。

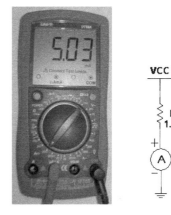

图 3-11　万用表测量直流电流

表 3-4　示波器自检测试数据记录表

测 量 项 目	标 准 值	实 测 值
电压峰峰值 U_{p-p}/V	3 V	
周期 T/ms	1 ms	
上升沿时间/μs	约 2 μs	
下降沿时间/μs	约 2 μs	

3. 示波器观察信号发生器输出的正弦信号

1）将信号发生器 CH1 的信号按表 3-5 参数设置，输出正弦波，无偏移。

2）将信号发生器 CH1 的输出线的黑色夹子与示波器 CH1 的黑色夹子相接，红色夹子与示波器的 CH1 探头相接。

3）在示波器屏幕上观察到正弦波，将基准线调至 $Y=0$ 的位置，将耦合方式设置为"交流"。用读取格数的方式读取相关数据并记录于表 3-5 中。

4）改变频率、幅值，再次测量，将测量的数据记录于表 3-5 中。

表 3-5　示波器观察正弦波数据记录表

信号发生器 输出频率 f	信号发生器 输出幅值 V_{pp}	示波器测量值			
		峰峰值	有效值	周期	频率
1 kHz	100 mV				
10 Hz	2 V				
100 Hz	1 V				

5）信号发生器按表 3-6 设置脉冲波和三角波，示波器采用"直流"耦合方式，从示波器上读取相应数值，记录于表 3-6 中。

表 3-6　示波器观察脉冲波和三角波数据记录表

信号发生器设置			示波器测量值			
波形	频率 f	幅值	最大值	最小值	周期	频率
脉冲波	100 Hz	高电平 5 V 低电平 0 V				
三角波	1 kHz	高电平 3 V 低电平 −3 V				

4. 测量两波形间相位差

按图 3-12 连接实验电路，从信号发生器输出峰峰值为 1 V、频率为 1 kHz 的正弦波 u_i，经 RC 移相网络获得频率相同但相位不同信号 u_R，将 u_i 和 u_R 分别加到示波器的 CH1 和 CH2 探测端。测量两波形的周期 T 和时间差 t（t 用光标测量方式读取），算出两波形相位差，记录于表 3-7 中。

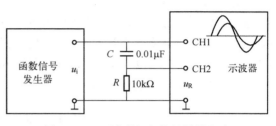

图 3-12　两波形间相位差测量电路

改变频率进行测试，并记录于表 3-7 中。

表 3-7　相位差实验记录表（ $u_{ipp}=1$ V）

u_i 频率	周期 T	两波形 X 轴时间差 t	相 位 差		u_R 峰峰值
			实测值	计算值	
$f=1$ kHz					
$f=1.59$ kHz					
$f=100$ kHz					

3.1.6　思考题

1. 用万用表测量电流，红色表笔应插在哪个插孔？接入电路时采用串联还是并联方式？

2. 用万用表测量直流电压时，如拨盘开关指到"200 m"的位置，显示屏显示为 4.8，则正确读数为多少？

3. 函数信号发生器有哪几种输出波形？它的输出端红色和黑色夹子能否短接？

4. 用示波器测量观察脉冲波时，一般选用直流耦合方式，用直流耦合与交流耦合方式观察，有什么区别？

5. 相位差测试实验中，$f=1.59$ kHz 时，相位差约为多少度？与理论值差别有多大？

3.2　单管放大电路

3.2.1　实验目的

1. 学会利用 Multisim 14 测量和调试放大电路的静态工作点。

2. 学会利用 Multisim 14 测量放大电路的电压放大倍数、输入电阻和输出电阻。

3. 改变静态工作点，观察对放大电路的参数及波形失真的影响。

4. 改变输入信号大小，观察对放大电路参数及波形失真的影响。

5. 掌握对放大电路幅频特性测量的方法。

3.2.2　实验设备及材料

1. 装有 Multisim 14 的计算机。
2. 函数信号发生器。
3. 双踪示波器。
4. 数字万用表。
5. 模拟电路实验箱。

3.2.3　实验原理

1. 实验电路

实验电路如图 3-13 所示，为电阻分压式单管放大电路，该电路具有稳定的静态工作点，是交流放大电路中最常用的一种基本电路。当在放大器的输入端加入输入信号后，在放大器的输出端便可得到一个与输入信号相位相反、幅值被放大了的输出信号，从而实现了电压放大。

（1）静态分析

静态分析在直流通路中完成，在图 3-13 电路中，当流过偏置电阻 R_{B1} 和 R_{B2} 的电流远大于晶体管的基极电流 I_B 时（一般为 5~10 倍），则它的静态工作点估算式为

$$U_B \approx \frac{R_{B1}}{R_{B1}+R_{B2}} V_{CC}$$

$$I_E \approx I_C \approx \frac{U_B-U_{BE}}{R_E}$$

$$U_{CE} = V_{CC} - I_C(R_C+R_E)$$

（2）动态分析

动态分析在交流通路中完成，主要是计算电压放大倍数、输入电阻、输出电阻等指标。

1）电压放大倍数为

$$A_u = \frac{u_o}{u_i} = -\beta \frac{R_C // R_L}{r_{be}+(1+\beta)R_{E1}}$$

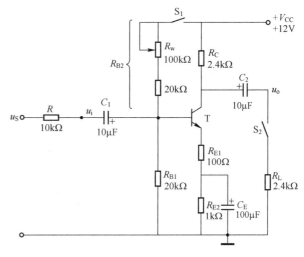

图 3-13　电阻分压式单管放大电路

一般用公式估算：$r_{be} = r'_{bb} + (1+\beta)\dfrac{26(\mathrm{mV})}{I_{EQ}(\mathrm{mA})}$

对于低频小功率管： $r'_{bb} \approx 200\,\Omega$

2）输入电阻为

$$R_i = R_{B1} // R_{B2} // [r_{be}+(1+\beta)R_{E1}]$$

3）输出电阻为 $\qquad R_o \approx R_C$

2. 静态工作点测量与调试

（1）静态工作点测量

测量放大电路的静态工作点，应在输入交流信号为零（$u_i=0$ 或 $i_i=0$）的情况下进行，即

109

将输入端与地短接，选用量程合适的直流毫安表、直流电压表或万用表，分别测试晶体管的集电极电流 I_C 以及各电极对地的电位 U_B、U_C 和 U_E。

实际操作中，直接测量 I_C 需要断开集电极，为避免麻烦，可以选用测量电压的方法换算电流，先测量 U_E，再利用公式 $I_C \approx I_E = \dfrac{U_E}{R_E}$，算出 I_C；为了减小误差，提高测量精度，应选用内阻较高的直流电压表。

（2）静态工作点调试

为了得到不失真的电压放大输出信号，需设置合适的静态工作 Q 点，Q 点过高或过低都会引起输出波形的失真。输入信号的幅度对输出信号也有影响，若输入信号过大，即使有合适的静态工作 Q 点，也会引起输出信号失真。因此需要在输入信号合适的幅度范围内，调整合适的静态工作点，以满足无失真放大输出电压的要求。此时，静态工作点最好尽量靠近交流负载线的中点。具体调整归纳见表 3-8。

表 3-8 静态工作点调整表

具体现象	截止失真 （Q 点过低）	饱和失真 （Q 点过高）	双向失真	不失真
调整动作	减小 R_w	增大 R_w	减小输入信号	增大输入信号

3. 放大电路动态指标测试

（1）电压放大倍数测量

电压放大倍数是反映电路对信号放大能力的一个参数，低频放大器的电压放大倍数是指输入、输出电压有效值（或峰值）之比。即

$$A_u = \frac{U_o}{U_i}$$

放大倍数必须在波形无失真的情况下测量，通常有两种测量方法。

1）直接用交流毫伏表测得输入、输出电压的有效值，然后求它们的比值即为电压放大倍数，此方法一般适用于正弦信号时的测量。

2）也可用示波器测出 u_o 和 u_i 的峰值，求比值即为电压放大倍数，此法不但适用于正弦信号，也同样适用于非正弦信号。

（2）输入电阻测量

输入电阻是指从放大器输入端看进去的等效电阻，它表明放大器对信号源的影响程度。输入电阻的定义为输入信号的电压与电流之比。

工程上常采用如图 3-14 所示的串接电阻法来测量放大电路的输入电阻，在被测放大器的输入端与信号源之间串入一已知电阻 R，在放大器正常工作的情况下，即输出波形不失真的情况下，用示波器（或交流毫伏表）测出 U_S 和 U_i，则根据输入电阻的定义可得

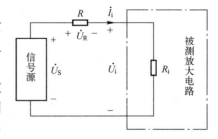

图 3-14 输入电阻测量示意图

$$R_i = \frac{U_i}{I_i} = \frac{U_i}{\dfrac{U_S - U_i}{R}} = \frac{U_i}{U_S - U_i} R$$

（3）输出电阻的测量

放大电路的输出端可以等效为一个理想电压源和输出电阻 R_o 的串联。输出电阻 R_o 大小决

定了它带负载的能力。

电路输出电阻的测试原理如图 3-15 所示，在不接负载时测量输出开路电压为 U_o，然后接上负载 R_L，再测量负载上电压为 U_L，则有

$$U_L = \frac{R_L}{R_o + R_L} U_o，可推出 R_o = \frac{U_o - U_L}{U_L} R_L = \left(\frac{U_o}{U_L} - 1\right) R_L。$$

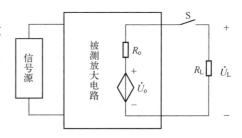

图 3-15　输出电阻测量示意图

（4）幅频特性曲线的测量

放大电路的幅频特性是指放大电路的电压放大倍数 A_u 的幅度与输入信号频率 f 之间的关系曲线，主要是对电路进行交流频率响应分析。一般规定，A_u 的幅度下降到中频值的 70.7% 即 $0.707A_u$，用分贝表示时下降了 3 dB，所对应的频率分别称为下限截止频率 f_L 和上限截止频率 f_H，求通频带有 BW $=f_H - f_L$，如图 3-16 所示。

放大电路的幅频特性就是测量不同频率信号时的电压放大倍数 A_u。一般采用逐点测量法测量，在高频段和低频段多测几个点，中频段可以少测几个点，用对数坐标值画出特性曲线。测量过程中要保证改变频率时，输入信号幅度不变，且输出波形不得失真。

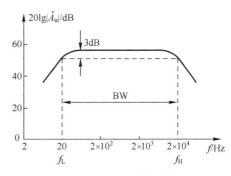

图 3-16　幅频特性曲线

4. Multisim 14 软件的使用

（1）静态工作点测量

静态工作点可以直接在直流电路中测量得到，即令交流信号为零的直接测量法。它是利用电压表、电流表、万用表或测量探针测出相关电路的电压和电流，从而判断静态工作点。具体操作如下。

1）探针测量法。在整个电路仿真过程中，探针（Probe）既可以在直流通路中对电压电流进行静态测试，也可以用在交直流通路中，对电路的某个点的电位或某条支路的电流以及频率特性进行动态测试，使用方式灵活方便。执行菜单命令"Place"→"Probe"→"Voltage"或在工具栏中选择电压探针（Voltage Probe），其使用方法有动态测试和放置测试两种。动态测试是在仿真过程中，将测量探针指向电路任何点时，会自动显示该点的电信号信息（电压和频率）；放置测试是在仿真前或仿真过程中，将多个测量探针放置在测试位置上，在仿真时，会自动显示该节点的电信号特性（电压、电流和频率等）。在 Multisim 14 中采用放置测试的方法，测试结果如图 3-17 所示。

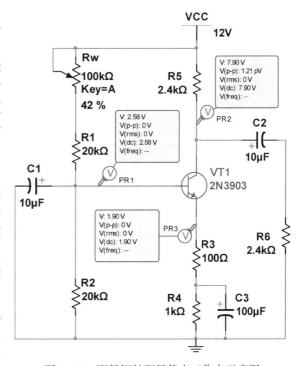

图 3-17　测量探针测量静态工作点示意图

2）万用表测量。在虚拟仪器栏中选择 Multimeter，将万用表接入电路，如图 3-18 所示。仿真运行，此时万用表显示的直流数值即为放大电路的静态工作点。

3）电压表、电流表测量。电压表和电流表存放在指示元器件库（Indicators）中，在使用中数量没有限制。在"Indicators"→"VOLTMETER"或"Indicators"→"AMMETER"的四个选项中选择具有合适的引出线方向的模型，注意极性；或单击"旋转"按钮，可以改变引出线的方向。将电压表并联，电流表串联接入电路，仿真运行，此时电压表、电流表显示的数值即为放大电路的静态工作点，如图 3-19 所示。

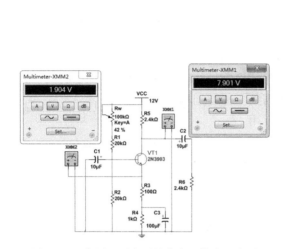

图 3-18　使用万用表测量静态工作点示意图

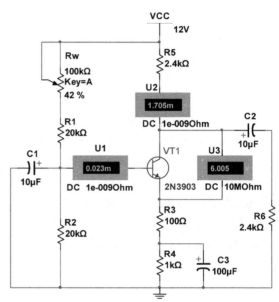

图 3-19　使用电压表、电流表测量静态工作点示意图

（2）直流工作点分析

直流工作点分析（DC Operating Point Analysis）主要用来计算电路的静态工作点。当放大电路参数确定后，放大电路的静态工作点随着电位器 R_w 阻值的改变在负载线上移动。当电路输出电压值为最大不失真输出时，放大电路的静态工作点为最佳静态工作点。接通 +12 V 直流电源，在输入端加入 $f=1\text{kHz}$ 正弦信号 u_i，用示波器监测输出波形，反复调整 R_w 及信号源的输出幅度，使示波器观察到一个最大不失真波形。

在输出波形不失真情况下，采用直流分析法对静态工作点进行分析。直流分析法的假设条件是电路中的交流源被置零，电容开路，电感短路。操作方法：单击"Options"→"Sheet Properties"→"Show all"使仿真图显示节点编号，如图 3-20 所示，然后单击"Simulate"→"Analyses"→"DC Operating Point Analysis"，弹出如图 3-21 所示对话框，单击"Output"选项卡，选择用来仿真的变量，单击"Simulate"按钮，得到图 3-22 所示的结果。

（3）交流分析

交流分析（AC Analysis）用于对模拟电子线路进行交流频率响应分析，即获得模拟电子线路的幅度频率响应和相位频率响应。在 Multisim 14 中测量放大电路频率特性的方法有两种：扫描分析法和直接测量法。以图 3-20 为例分别分析这两种方法。

1）扫描分析法。单击"Simulate"→"Analysis"→"AC Analysis"，出现如图 3-23 所示对话框。其中"Frequency Parameters"中的起始频率设为 1 Hz，终止频率设为 10 GHz；扫描方

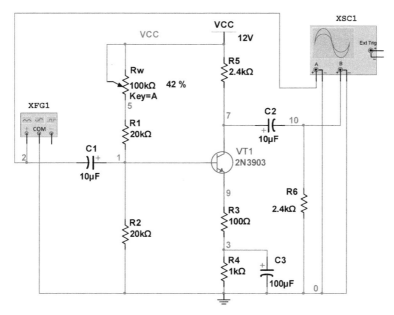

图 3-20　直流工作点分析电路图

式设为 10 倍频，每 10 倍频中计算的频率点数设为 10；纵坐标设为对数。

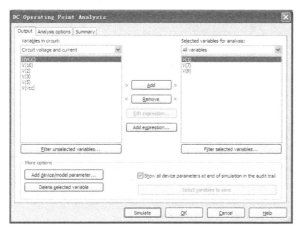

图 3-21　"DC Operating Point Analysis"对话框

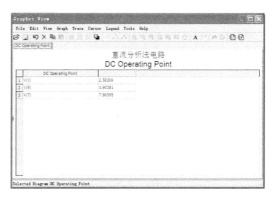

图 3-22　直流分析法分析结果

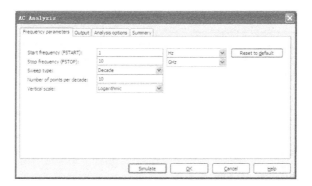

图 3-23　"AC Analysis"对话框

单击图 3-23 对话框中"Output"选项卡，选择输出节点 10 作为分析对象，可得图 3-24 所示放大电路的幅频特性和相频特性。

2）直接测量法。用波特图仪可直接测量得到电路的交流频率特性。将波特图仪连入电路的输入端与被测节点，如图 3-25 所示，输入端连入 IN，被测节点连入 OUT，仿真运行，可直接观察放大电路的幅频特性和相频特性，如图 3-26 所示。

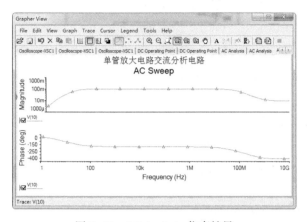

图 3-24　AC Analysis 仿真结果

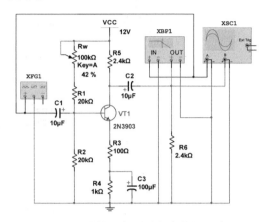

图 3-25　波特图仪测量频率特性电路图

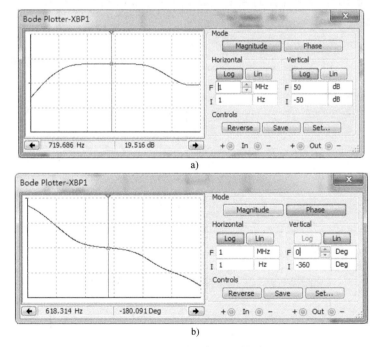

图 3-26　波特图仪测量结果

a）幅频特性　b）相频特性

3.2.4　计算机仿真实验内容

1. 绘制单管放大电路仿真电路图

绘制单管放大电路仿真电路图流程如下。

1）打开 Multisim 14，绘制电路如图 3-27 所示。具体步骤如下：单击 ÷ ⌇⌇ ⊅⊦ ⊀ ⊹ ⊺⊺ ⊫ 分类图标，打开 Select a Component 窗口，选择需要的电阻、电容、晶体管、电源等元器件，放置到仿真工作区。各元器件所在位置如下。

- 电阻：（Group）Basic→（Family）RESISTOR。
- 极性电容：（Group）Basic→（Family）CAP_ELECTROLIT。
- 电位器：（Group）Basic→（Family）POTENTIONMETER。
- 晶体管：（Group）Transistors→（Family）BJT_NPN→（Component）2N3903。
- 电源 V_{CC}：（Group）Sources→（Family）POWER_SOURCES→（Component）VCC。
- 地 GND：（Group）Sources→（Family）POWER_SOURCES→（Component）GROUND。

2）找到主页面竖排虚拟仪器图标 🔧 📊 📊 🔲 🔲 🔲 🔲 🔲 🔲 🔲 🔲，单击需要的虚拟仪器，如信号发生器（Function Generator）、双通道示波器（Oscilloscope）等。调整各元器件位置绘制电路。

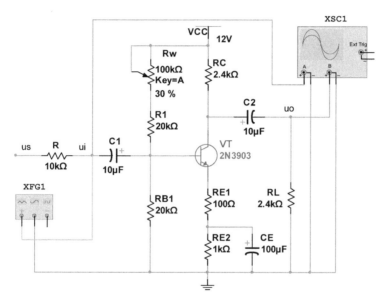

图 3-27　电阻分压式单管放大电路仿真电路图

3）单击菜单命令"Place"→"Junction"在输入电阻 R 右端放置节点；单击"Place"→"Text"文本输入"us""ui"和"uo"，便于分辨和观察信号。

4）双击函数信号发生器 XFG1 图标，出现如图 3-28 所示属性对话框，改变对话框上的相关设置，可以改变输出电压信号的波形类型、大小、占空比或偏置电压等。本例选择正弦信号，设置频率为 1 kHz，峰值为 10 mV。

5）用双通道示波器（XSC1）同时观察输入输出信号波形。注意：仿真时为了区分输入输出信号，可将示波器 A、B 输入连线设置成不同的颜色，双击连线即可设置颜色。

6）电位器 R_w 参数设置。双击电位器 R_w 出现如图 3-29 所示对话框，单击"Label"选项卡，可以改变电阻的名称；单击"Value"选项卡，可以改变电位器的阻值、快捷键以及增量百分比。电位器的调节可以通过旁边的"Key=键值"中的"键值"调节，如"Key=A"，表示按〈A〉键百分比增加，按〈Shift+A〉组合键百分比减小；增大和减小的梯度由对话框中的"Increment"栏决定，系统默认值为 5%，本例设置增大和减小的梯度均为阻值的 1%。

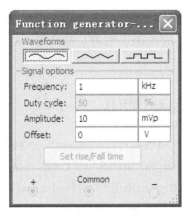

图 3-28 函数信号发生器参数设置   图 3-29 电位器 R_w 参数设置

2. 静态工作点的测量、分析与记录

（1）静态工作点测量方法

静态工作点测量见 3.2.3 节实验原理中的介绍。

（2）R_w 对静态工作点的影响

将放大器的输入端与地短接，调整 R_w 阻值，对直流通路进行仿真，测量并记录静态工作点；把 R_w 取值代入公式，理论计算静态工作点（β 取 75），记录数据到表 3-9 中，并与仿真结果比较。

表 3-9 静态工作点仿真记录表

$R_w/k\Omega$	$R_{B2}/k\Omega$	U_{EQ}/V		U_{CEQ}/V		$I_{BQ}/\mu A$		$I_{CQ}/\mu A$		直流放大倍数
百分比（%）	取值	取值	理论计算	仿真测量	理论计算	仿真测量	理论计算	仿真测量	理论计算	仿真测量	仿真测量
5											
20											
40											
50											
60											
80											
100											

（3）采用动态调试方法调整静态工作点

1）将输入信号加在 u_i 处，如图 3-27 所示，双击函数信号发生器 XFG1 图标，设置输入正弦信号频率为 1 kHz，峰值为 10 mV。

2）单击仿真开关 ▷，仿真运行。双击示波器 XSC1 图标，在 Timebase 区的"Scale"栏里调整时间灵敏度（水平扫描时每一格代表的时间），在 Channel A、B 区的"Scale"栏里调整 A、B 通道输入信号的电压灵敏度（每格表示的电压值），如图 3-30 所示，观察输入、输出信号波形。

3）为了观察到最大不失真波形，先将输入信号增大，本例设置输入信号峰值为 1 V，观察输出信号波形。若出现双向失真，则适当减小 u_i 幅度；若出现单边失真，则调整 R_w，使输出最大不失真，找到最佳静态工作点。记录此时的最大不失真输入峰值 $U_i =$ _____，输出峰值 $U_o =$ _____。

4）置 $U_i = 0$，测量并记录数据到表 3-10 中。

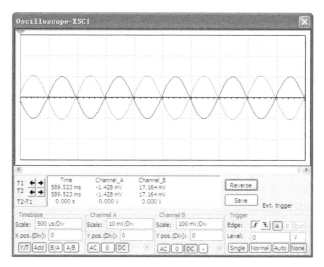

图 3-30　输入、输出信号波形

表 3-10　最佳静态工作点仿真记录

$R_w/\text{k}\Omega$		$R_{B2}/\text{k}\Omega$	U_{EQ}/V		U_{CEQ}/V		$I_{BQ}/\mu\text{A}$		I_{CQ}/mA	
百分比	取值	取值	理论计算	仿真测量	理论计算	仿真测量	理论计算	仿真测量	理论计算	仿真测量

3. 测量电压放大倍数

1）在图 3-27 输入端 $f=1\,\text{kHz}$ 处加入频率为 $1\,\text{kHz}$、峰值为 $10\,\text{mV}$ 的正弦信号，R_C、R_L 分别按表 3-11 取值，用示波器观察 u_i、u_o，在输出波形不失真的条件下测出 u_i、u_o 的峰值，记录数据到表 3-11 中。

表 3-11　电压放大倍数测量记录表

$R_C/\text{k}\Omega$	$R_L/\text{k}\Omega$	U_i/V	U_o/V	A_u	一组波形	
2.4	∞					
2.4	2.4				u_i	
1.2	2.4				u_o	

2）观察 u_i、u_o 的相位关系，记录 u_i、u_o 波形到表 3-11 中。

4. 测量输入电阻

在图 3-27 输入端 U_S 处加入频率为 $1\,\text{kHz}$、峰值为 $100\,\text{mV}$ 的正弦信号，用示波器观察 u_i、u_o，在输出电压不失真的情况下测出 u_S 和 u_i 的峰值。代入公式 $R_i=\dfrac{U_i}{U_S-U_i}R$，计算输入电阻仿真值；代入公式 $R_i=R_{B1}//R_{B2}//[r_{be}+(1+\beta)R_{E1}]$，计算输入电阻理论值，记录数据到表 3-12 中。

表 3-12　输入电阻仿真测量记录表

$R/\text{k}\Omega$	U_S/mV	U_i/V	$R_i/\text{k}\Omega$	
			仿真测量	理论计算
10				

5. 测量输出电阻

在图 3-27 输入端 u_i 处加入频率为 1 kHz、峰值为 10 mV 的正弦信号，不接负载 R_L，仿真运行，记录空载输出电压峰值 U_o；接入负载 R_L，仿真运行，记录带载输出电压峰值 U_L。代入公式 $R_o = \left(\dfrac{U_o}{U_L} - 1\right) R_L$，计算输出电阻仿真值；代入公式 $R_o \approx R_C$，计算输出电阻理论值，记录到表 3-13 中。

表 3-13　输出电阻仿真测量记录表

$R_L/\text{k}\Omega$	U_o/V	U_L/V	$R_o/\text{k}\Omega$	
			仿真测量	理论计算
1.2				
2.4				

6. 测量放大电路幅频特性

在图 3-27 输入端 u_i 加入频率为 1 kHz、峰值为 10 mV 的正弦信号，保持输入信号的幅度不变，利用扫描分析法或直接测量法，测量放大电路的幅频特性曲线。根据曲线确定 f_L、f_o、f_H，计算通频带 BW，记录数据到表 3-14 中。

表 3-14　幅频特性记录表

测量项目	f_L	f_o	f_H	BW
f/kHz				
U_o/V				
$A_u = U_o/U_i$				

3.2.5　实验室操作实验内容

实验操作电路板如图 3-31 所示，单管放大电路只用第一级电路完成。电位器 R_{w1}（对应图 3-13 中 R_w）上端开关拨到"通"，R_{C1} 上方毫安表短接，连接+12V 电源。

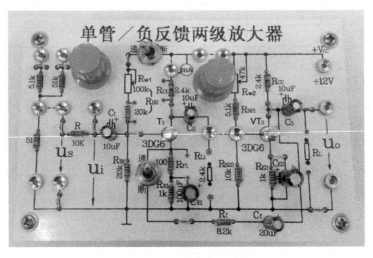

图 3-31　实验操作电路板

将各仪器按照实验电路在实验箱和实验电路板上连接好，为防止干扰，各仪器的公共端必须连接在一起。

1. 调试静态工作点

置 $R_C = 2.4\,\text{k}\Omega$，$R_L = 2.4\,\text{k}\Omega$，采用动态调试法调试静态工作点，即在 u_i 输入 $1\,\text{kHz}$ 的正弦波，用示波器观察 u_o 波形，调节输入信号幅值和 R_{w1}，将 u_o 调成最大不失真的状态。用示波器测量 u_i 和 u_o 的峰峰值，记入表 3-15 中。

表 3-15　测量最大不失真电压

U_i/mV	U_o/V	A_u

2. 测量静态工作点

1）置 $u_i = 0$，将万用表调至直流电压档，测量晶体管三个极的电位 U_B、U_C、U_E，记录数据到表 3-16 中。

2）断开电源，将电位器 R_{w1} 上端开关拨到"断"，用万用表的欧姆档，量程选择 $2\,\text{M}\Omega$，测量 R_{B2} 的阻值。将测量结果记入表 3-16 中。

3）根据实验结果，代入公式 $I_C \approx I_E = \dfrac{U_E}{R_E}$ 或 $I_C = \dfrac{V_{CC} - U_C}{R_C}$，计算 I_C，记入表 3-16 中。

表 3-16　静态工作点实验记录表

测　量　值				计　算　值		
U_B/V	U_E/V	U_C/V	$R_{B2}/\text{k}\Omega$	U_{BE}/V	U_{CE}/V	I_C/mA

3. 测量电压放大倍数

1）断开输入端与地的短接线，在输入端 u_i 处加入频率为 $1\,\text{kHz}$、峰峰值为 $100\,\text{mV}$ 的正弦交流信号，用双踪示波器观察输入、输出电压波形。

2）在波形不失真的条件下，用双踪示波器观察输入输出波形，分别读取以下三种情况下的输入 u_i 和输出 u_o 的峰峰值，记录数据到表 3-17 中。

表 3-17　基本放大电路实验记录表

$R_C/\text{k}\Omega$	$R_L/\text{k}\Omega$	U_i/mV	U_o/V	A_u	一组波形
2.4	2.4				u_i
2.4	∞				
1.2	∞				u_o

3）用双踪示波器观察输入和输出波形的相位关系，并描绘它们的波形，记入表 3-17 中。

4）根据相位关系，确定放大倍数取正值，还是负值，负号表示的意义是什么？

4. 测量输入电阻

置 $R_C = 2.4\,\text{k}\Omega$，$R_L = 2.4\,\text{k}\Omega$，在 u_S 处加入频率为 $1\,\text{kHz}$、峰峰值为 $1\,\text{V}$ 的正弦交流信号，用示波器同时观察 u_S 和 u_i，在输出波形不失真的情况下，测出 u_S 和 u_i 的峰峰值。代入公式

$R_{\mathrm{i}} = \dfrac{U_{\mathrm{i}}}{U_{\mathrm{S}} - U_{\mathrm{i}}} R$，计算输入电阻值，与理论计算值比较，记录数据到表 3-18 中。

表 3-18　输入电阻实验测量记录表

\multirow{R/k\Omega}	\multirow{U_S/mV}	\multirow{U_i/mV}	$R_{\mathrm{i}}/\mathrm{k}\Omega$	
$R/\mathrm{k}\Omega$	$U_{\mathrm{S}}/\mathrm{mV}$	$U_{\mathrm{i}}/\mathrm{mV}$	实验测量	理论计算
10				

5. 测量输出电阻

1）置 $R_{\mathrm{C}} = 2.4\,\mathrm{k}\Omega$，$R_{\mathrm{L}} = \infty$，在输入端 u_{i} 处加入频率为 1 kHz、峰峰值为 100 mV 的正弦交流信号，用示波器观察输出电压波形，在输出波形不失真的情况下，测出 u_{o} 的峰峰值，记录数据到表 3-19 中。

2）置 $R_{\mathrm{C}} = 2.4\,\mathrm{k}\Omega$，$R_{\mathrm{L}} = 2.4\,\mathrm{k}\Omega$，即接入负载 R_{L}，用示波器观察输出电压波形，在输出波形不失真的情况下，测出 u_{L} 的峰峰值；代入公式 $R_{\mathrm{o}} = \left(\dfrac{U_{\mathrm{o}}}{U_{\mathrm{L}}} - 1\right) R_{\mathrm{L}}$，计算输出电阻值，与理论计算输出电阻，记录数据到表 3-19 中。

表 3-19　输出电阻实验测量记录表

\multirow{R_C/k\Omega}	$u_{\mathrm{o}}/\mathrm{V}$		$u_{\mathrm{L}}/\mathrm{V}$		$R_{\mathrm{o}}/\mathrm{k}\Omega$	
$R_{\mathrm{C}}/\mathrm{k}\Omega$	$R_{\mathrm{L}}/\mathrm{k}\Omega$	$U_{\mathrm{o}}/\mathrm{V}$	$R_{\mathrm{L}}/\mathrm{k}\Omega$	$U_{\mathrm{L}}/\mathrm{V}$	实验测量	理论计算
2.4	∞		2.4			
2.4	∞		1.2			

3）置 $R_{\mathrm{C}} = 2.4\,\mathrm{k}\Omega$，$R_{\mathrm{L}} = 1.2\,\mathrm{k}\Omega$，即改变负载 R_{L} 取值，重复实验步骤 2），记录数据到表 3-19 中，观察负载改变对输出电阻有无影响。

6. 测量幅频特性曲线

1）置 $R_{\mathrm{C}} = 2.4\,\mathrm{k}\Omega$，$R_{\mathrm{L}} = 2.4\,\mathrm{k}\Omega$，在 u_{i} 处加入频率为 1 kHz、峰峰值为 100 mV 的正弦交流信号，在输出波形不失真的条件下，同时观察示波器输入、输出波形，测量输出电压峰峰值，计算中频段 A_{u} 值，记录数据到表 3-20 中。

表 3-20　幅频特性记录表

测量项目	f_{L}	f_{o}	f_{H}	BW
f/kHz		1		
$U_{\mathrm{o}}/\mathrm{V}$				
$A_{\mathrm{u}} = U_{\mathrm{o}}/U_{\mathrm{i}}$				

2）保持输入信号幅度不变，改变信号源频率（增大或减小），当测得输出电压幅度为中频段输出电压幅度的 0.707 倍时，此时信号源所对应的频率即为上限截止频率 f_{H} 和下限截止频率 f_{L}。

3）计算不同频率对应的放大倍数 A_{u}、通频带 BW。

4）应用三点法绘制电路的幅频特性曲线。

3.2.6　思考题

1. R_{B2}包含电位器R_w，实验中如何测量？

2. 饱和失真和截止失真是怎样产生的？如果输出波形既出现饱和失真又出现截止失真是否说明静态工作点设置不合理？

3. 改变静态工作点对放大器的输入电阻R_i是否有影响？改变负载电阻R_L对输出电阻R_o是否有影响，对电压放大倍数有无影响？

4. 通过调试，你觉得哪个器件的数值对放大倍数A_u影响最大？为什么？

5. 为什么信号频率一般选$1\,kHz$，而不选$100\,kHz$或更高？

3.3　射极跟随器

3.3.1　实验目的

1. 掌握射极跟随器的特性及测试方法。

2. 进一步学习放大器静态工作点、电压放大倍数、输入电阻、输出电阻的仿真和测试方法。

3. 进一步熟悉 Multisim 14 虚拟仪表的使用方法。

3.3.2　实验设备及材料

1. 装有 Multisim 14 的计算机。
2. 函数信号发生器。
3. 双踪示波器。
4. 数字万用表。
5. 模拟电路实验箱。

3.3.3　实验原理

射极跟随器的原理图如图 3-32 所示，输出取自发射极，故又称为射极输出器。它是一个电压串联负反馈放大电路，具有输入电阻高、输出电阻低、电压放大倍数接近于 1、输出电压在较大范围内跟随输入电压进行线性变化以及输入输出信号同相等特点。

1. 静态分析

由图 3-32 可知，由于电阻R_E对静态工作点的自动调节（负反馈）作用，该电路的Q点基本稳定。由直流通路可得静态工作点计算式为

$$U_{CEQ} = V_{CC} - I_{EQ}R_E$$

$$I_{BQ} = \frac{V_{CC} - U_{BEQ}}{R_B + (1+\beta)R_E}$$

$$I_{EQ} \approx I_{CQ} = \beta I_{BQ}$$

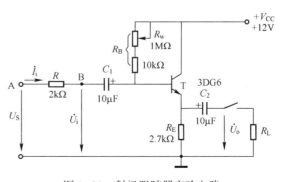

图 3-32　射极跟随器实验电路

2. 输入电阻

图 3-32 电路，输入电阻为

$$R_i = r_{be} + (1+\beta)R_E$$

如考虑偏置电阻 R_B 和负载电阻 R_L 的影响，则 $R_i = R_B // [r_{be} + (1+\beta)(R_E/R_L)]$。

由上式可知射极跟随器的输入电阻 R_i 比共射极单管放大器的输入电阻 $R_i = R_B // r_{be}$ 要高得多，但由于偏置电阻 R_B 的分流作用，输入电阻难以进一步提高。

输入电阻的测试方法同单管放大电路，需要测得 A、B 两点的对地电位，代入公式 $R_i = \dfrac{U_i}{U_S - U_i} R$，即可计算出 R_i。

3. 输出电阻

图 3-32 所示电路，输出电阻为

$$R_o = \frac{r_{be}}{\beta} // R_E \approx \frac{r_{be}}{\beta}$$

如考虑信号源内阻 R_S，则 $R_o = \dfrac{r_{be} + (R_S // R_B)}{\beta} // R_B \approx \dfrac{r_{be} + (R_S // R_B)}{\beta}$。

由上式可知，射极跟随器的输出电阻 R_o 比共射极单管放大器的输出电阻 $R_o \approx R_C$ 低很多。晶体管的 β 越高，输出电阻越小。

输出电阻 R_o 的测试方法亦同单管放大电路，即先测出空载输出电压 U_o，再测接入负载 R_L 后的输出电压 U_L，根据 $U_L = \dfrac{R_L}{R_o + R_L} U_o$，即可求出 R_o：$R_o = \left(\dfrac{U_o}{U_L} - 1 \right) R_L$。

4. 电压放大倍数

图 3-32 电路，电压放大倍数为

$$A_u = \frac{(1+\beta)(R_E // R_L)}{r_{be}(1+\beta)(R_E // R_L)} \leqslant 1$$

上式说明射极跟随器的电压放大倍数小于但近似等于 1，且为正值。这是深度电压负反馈的结果。但它的射极电流仍比基极大 $(1+\beta)$ 倍，所以射极跟随器具有一定的电流和功率放大作用。

3.3.4 计算机仿真实验内容

1. 绘制射极跟随器仿真电路

1）打开 Multisim 14，画出电路如图 3-33 所示。具体步骤：单击 ➕ ∿ ⊣⊢ ⊀ ⊕ 🝢 🝢 分类图标，打开 Select a Component 窗口，选择需要的电阻、电容、晶体管、电源等元器件，放置到仿真工作区。各元器件所在位置如下。

- 电阻：（Group）Basic→（Family）RESISTOR。
- 极性电容：（Group）Basic→（Family）CAP_ELECTROLIT。
- 电位器：（Group）Basic→（Family）POTENTIONMETER。
- 晶体管：（Group）Transistors→（Family）BJT_NPN→（Component）2N3903。
- 单刀单掷开关：（Group）Basic→（Family）SWITCH→（Component）SPST。
- 电源 V_{CC}：（Group）Sources→（Family）POWER_SOURCES→（Component）VCC。
- 地 GND：（Group）Sources→（Family）POWER_SOURCES→（Component）GROUND。

2）找到主页面竖排虚拟仪器图标 📊 📊 📊 📊 📊 📊 📊 📊 📊 📊，单击需要的虚拟仪器，如信号发生器（Function Generator）、双通道示波器（Oscilloscope）等。调整各元器件位置绘制电路。

3）单击"Place"→"Junction"在输入电阻 R 左端放置节点；单击"Place"→"Text"输入"us""ui"和"uo"，便于分辨和观察信号。

4）双击电位器 R_w，将弹出的对话框Value中的Increment栏改为0.1%；双击开关 S_1，将Key栏改为B。

2. 静态工作点分析与测量

（1）R_w 对静态工作点的影响

将放大器的输入端与地端短路，滑动 R_w 对直流通路进行仿真，测量并记录

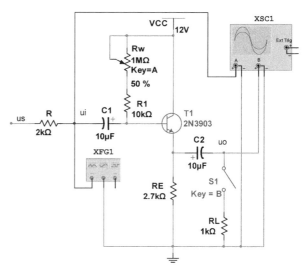

图3-33　射极跟随器仿真电路

静态工作点，测量方法参考3.2节实验原理中的三种方法；把 R_w 代入公式，理论计算静态工作点（A_1 取75），记录数据到表3-21中，并与仿真结果比较。

表3-21　静态工作点仿真记录

$R_w/k\Omega$		U_{BQ}/V		U_{EQ}/V		U_{CEQ}/V		$I_{BQ}/\mu A$		I_{CQ}/mA		直流放大倍数 β
百分比（%）	取值	理论计算	仿真测量	理论计算	仿真测量	理论计算	仿真测量	理论计算	仿真测量	理论计算	仿真测量	仿真测量
5												
20												
40												
50												
60												
80												
100												

（2）采用动态调试法调整静态工作点

打开 S_1，将输入信号加在 u_i 处，如图3-33所示，双击函数信号发生器XFG1图标，设置输入正弦信号频率为1kHz，峰值为1V。仿真运行，用示波器观察输出波形，逐渐增加输入信号峰值，反复调整 R_w，使示波器观察到一个最大不失真波形，然后置 $u_i=0$，测量并记录静态工作点取值，记录数据到表3-22中。

表3-22　最佳静态工作点仿真记录

$R_w/k\Omega$		$R_{B2}/k\Omega$	U_{EQ}/V		U_{CEQ}/V		$I_{BQ}/\mu A$		I_{CQ}/mA	
百分比（%）	取值	取值	理论计算	仿真测量	理论计算	仿真测量	理论计算	仿真测量	理论计算	仿真测量

3. 电压放大倍数的测量

1）在图3-33输入端 u_i 处加入频率为1kHz、峰值为1V的正弦信号，闭合 S_1，R_L 按表格

内取值，用示波器观察 u_i、u_o，在输出波形不失真的条件下测出 u_i、u_o 的峰值，记录数据到表 3-23 中。

表 3-23　电压放大倍数记录表

$R_L/\text{k}\Omega$	U_i/V	U_o/V	A_u
∞			
1			
2			

2）观察输入输出波形相位关系，比较与单管放大电路的区别。

4. 测量输入电阻

在图 3-33 输入端 u_S 处加入频率为 1 kHz、峰值为 1 V 的正弦信号，闭合 S_1，用示波器观察 u_i、u_o 波形，在输出电压不失真的情况下测出 u_s 和 u_i 的峰值。代入公式 $R_i = \dfrac{U_i}{U_S - U_i} R$，计算输入电阻仿真值；代入公式 $R_i = R_B // [r_{be} + (1+\beta)(R_E // R_L)]$，计算输入电阻理论值，记录数据到表 3-24 中。

表 3-24　输入输出电阻测量记录表

$R_S/\text{k}\Omega$	$R_L/\text{k}\Omega$	U_S/V	U_i/V	$R_i/\text{k}\Omega$	
				仿真测量	理论计算
2	1				

5. 测量输出电阻

在图 3-33 输入端 u_i 处加入频率为 1 kHz、峰值为 1 V 的正弦信号，打开 S_1，不接负载 R_L，仿真运行，记录空载输出电压峰值 U_o；闭合 S_1，接入负载 R_L，仿真运行，记录带载输出电压峰值 U_L。代入公式 $R_o = \left(\dfrac{U_o}{U_L} - 1\right) R_L$，计算测量输出电阻值，并与理论计算数值比较，记录数据到表 3-25 中。

表 3-25　输出电阻测量记录表

$R_L/\text{k}\Omega$	U_o/V	U_L/V	$R_o/\text{k}\Omega$	
			仿真测量	理论计算
1				
2				

6. 测试跟随特性

在图 3-33 输入端 u_i 处加入频率为 1 kHz、峰值为 1 V 的正弦信号，闭合 S_1，逐渐增大输入信号 u_i 幅度，用示波器观察输出波形 u_o 直至输出波形达到最大不失真，测量对应的 u_L 峰值，记入表 3-26 中。

表 3-26　仿真跟随特性记录表

U_i/V									
U_L/V									

7. 测试幅频特性曲线

在图 3-33 输入端 u_i 处加入频率为 1 kHz、峰值为 1 V 的正弦信号，闭合 S_1，保持输入信号的幅度不变，改变信号源频率，利用扫描分析法或直接测量法，测量放大电路的幅频特性和相频特性曲线。根据曲线确定 f_L、f_o、f_H 的取值，计算通频带 BW，记录到表 3-27 中。

表 3-27 幅频特性记录表

被 测 量	f_L	f_o	f_H	BW
f/kHz				
U_o/V				
$A_u = U_o/U_i$				

3.3.5 实验室操作实验内容

实验电路如图 3-32 所示，实验操作电路板如图 3-34 所示。将各仪器按照实验电路在实验箱和实验电路板上连接好，为防止干扰，各仪器的公共端必须连接在一起。

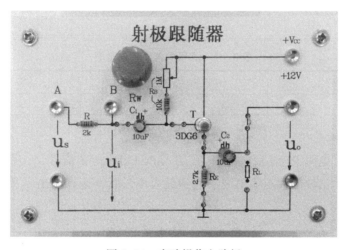

图 3-34 实验操作电路板

1. 调试静态工作点

通电前，接好电源与地。检查电路无误，接通电源。在输入端 B 点加入 $f = 1$ kHz 的正弦信号 u_i，采用动态调试法调整静态工作点，使示波器观察到一个最大不失真输出波形，然后置 $u_i = 0$，测量静态参数，记录数据到表 3-28 中。

表 3-28 静态工作点记录表

U_B/V	U_E/V	U_C/V	I_E/mA

2. 测量电压放大倍数

在输出端接入负载 $R_L = 1$ kΩ，输入端 B 点加入 $f = 1$ kHz、峰峰值为 2 V 的正弦信号 u_i，调节输入信号幅度，用示波器观察输入波形 u_i 和输出波形 u_o，在输出最大不失真情况下，测出 u_i 和 u_o 的峰峰值，记录数据到表 3-29 中。

表 3-29　输入、输出电压值记录表

U_i/V	U_o/V	A_u

3. 测量输出电阻 R_o

在输入端 B 点加入 $f=1\,kHz$、峰峰值为 2 V 的正弦信号 u_i，输出端断开负载电阻，用示波器观察和测量空载输出电压 u_o 的峰峰值；输出端接入负载 $R_L=1\,k\Omega$，用示波器观察和测量有负载时输出电压 u_L 的峰峰值，代入公式计算输出电阻，记录数据到表 3-30 中。

表 3-30　测量输出电阻记录表

U_o/V	U_L/V	$R_o/k\Omega$

4. 测量输入电阻 R_i

在 A 点加入 $f=1\,kHz$、峰峰值为 2 V 的正弦信号 u_S，输出端断开负载 $R_L=1\,k\Omega$，用示波器观察 A、B 两点对地的信号 u_S 和 u_i，测量峰峰值，代入公式计算输入电阻，记录数据到表 3-31 中。

表 3-31　测量输入电阻记录表

U_S/V	U_i/V	$R_i/k\Omega$

5. 测试跟随特性

输出端接入负载电阻 $R_L=1\,k\Omega$，在 B 点加入 $f=1\,kHz$ 正弦信号 u_i，逐渐增大信号 u_i 的幅度，用示波器观察输出波形直至输出波形达到最大不失真，逐点测出 u_i 和 u_L 的峰峰值，记入表 3-32 中。

表 3-32　跟随特性记录表

U_i/V						
U_L/V						

6. 测试幅频特性曲线

1）置 $R_L=\infty$，在 u_i 处加入频率为 $1\,kHz$、峰峰值为 2 V 的正弦交流信号，在输出波形不失真的条件下，同时观察示波器输入、输出波形，测量输出电压峰峰值，计算中频段 A_u 值，记录数据到表 3-33 中。

表 3-33　幅频特性记录表

被 测 量	f_L	f_o	f_H	BW
f/kHz		1		
U_o/V				
$A_u=U_o/U_i$				

2）保持输入信号幅度不变，改变信号源频率（增大或减小），当测得输出电压幅度为中频段输出电压幅度的 0.707 倍时，此时信号源所对应的频率即为上限截止频率 f_H 和下限截止频率 f_L。

3）计算不同频率对应的放大倍数 A_u、通频带 BW。

4）应用三点法绘制电路的幅频特性曲线。

3.3.6 思考题

1. 射极跟随器具有电压放大功能吗？输出信号与输入信号反相吗？

2. 根据射极跟随器的特点，说明它在多级放大电路中的作用。

3. 射极跟随器引入了什么反馈，反馈的作用是什么？

3.4 负反馈放大器

3.4.1 实验目的

1. 掌握应用 Multisim 14 软件对负反馈放大电路进行开环和闭环仿真分析。

2. 理解放大电路引入负反馈的原因及方法。

3. 研究负反馈对放大电路各项性能指标的影响。

4. 学习引入负反馈的两级放大电路各项指标参数的测量方法。

3.4.2 实验设备及材料

1. 装有 Multisim 14 的计算机。

2. 函数信号发生器。

3. 双踪示波器。

4. 数字万用表。

5. 模拟电路实验箱。

6. 负反馈实验操作电路板。

3.4.3 实验原理

实验原理如图 3-35 所示。断开 S_2 为基本两级阻容耦合放大电路，由于耦合电容 C_1、C_2、C_3 的隔直作用，各级之间的直流工作状态是完全独立的，因此可以分别单独调整。但是，对于交流信号，各级之间有着密切的联系，前级的输出信号就是后级的输入信号，因此两级放大器的总电压放大倍数等于各级放大倍数的乘积，即 $A_u = A_{u1} \cdot A_{u2}$，同时后级的输入阻抗也就是前级的负载。

图 3-35 闭合 S_2 就构成了

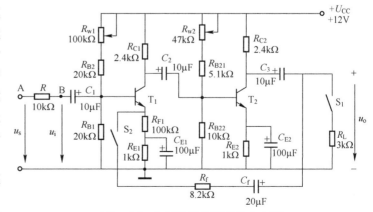

图 3-35 电压串联负反馈放大电路

负反馈放大电路，在电路中通过 R_f、C_f 把输出电压 U_o 引回到输入端，加在晶体管 T_1 的发射极，在发射极 R_{E1} 上形成反馈电压 U_f，根据反馈的判别法可知，它属于电压串联负反馈。主要性能指标如下。

1）闭环电压放大倍数：$A_{uf} = \dfrac{A_u}{1 + A_u F_u}$，其中，$A_u = \dfrac{U_o}{U_i}$ 为开环电压放大倍数。

2）反馈系数：$F_u = \dfrac{R_{F1}}{R_f + R_{F1}}$。

3）输入电阻：$R_{if} = (1 + A_u F_u) R_i$。

4）输出电阻：$R_{of} = \dfrac{R_o}{1 + A_{uo} F_u}$，其中，$A_{uo}$ 为负载开路时的电压放大倍数。

5）通频带：$f_{BWf} = (1 + A_u F_u) f_{BW}$。

本次实验以电压串联负反馈为例，分析验证负反馈对放大器各项性能指标的影响。

3.4.4　计算机仿真实验内容

1. 绘制负反馈放大器仿真电路

1）打开 Multisim 14，画出电路如图 3-36 所示。具体步骤：单击 ✛ ⌇⌇⌇ ⊣⊢ ⊁ ⊹⊱ ⊡ ⊞⊟ 分类图标，打开 Select a Component 窗口，选择需要的电阻、电容、晶体管、电源等元器件，放置到仿真工作区。各元器件所在位置如下。

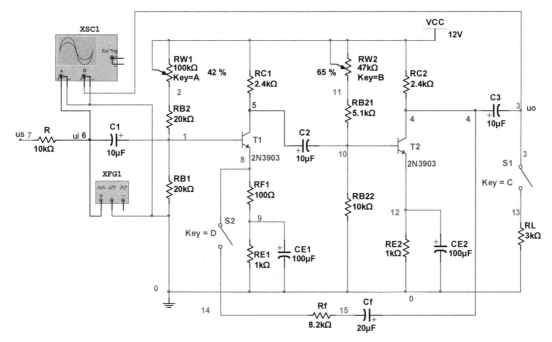

图 3-36　负反馈放大电路

- 电阻：（Group）Basic→（Family）RESISTOR。
- 极性电容：（Group）Basic→（Family）CAP_ELECTROLIT。
- 电位器：（Group）Basic→（Family）POTENTIONMETER。

- 晶体管：（Group）Transistors→（Family）BJT_NPN→（Component）2N3903。
- 单刀单掷开关：（Group）Basic→（Family）SWITCH→（Component）SPST。
- 电源 V_{cc}：（Group）Sources→（Family）POWER_SOURCES→（Component）VCC。
- 地 GND：（Group）Sources→（Family）POWER_SOURCES→（Component）GROUND。

2）找到主页面竖排虚拟仪器图标 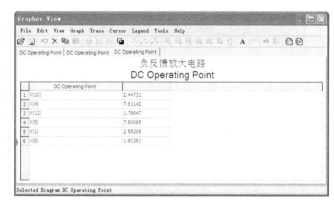，单击需要的虚拟仪器，如信号发生器（Function Generator）、双通道示波器（Oscilloscope）等。调整各元器件位置绘制电路。

3）双击电位器 R_{w1}，将弹出的对话框 Value 中的"Increment"栏改为 1%；双击电位器 R_{w2}，将弹出的对话框 Value 中的"Key"栏改成 B，"Increment"栏改为 1%；将开关 S_1 的"Key"栏改为 C，开关 S_2 的"Key"栏改为 D。

4）单击"Options"→"Sheet Properties"→"Show all"使仿真图显示节点编号，方便对电路做测量与分析。

5）单击"Place"→"Junction"放置节点 7；单击"Place"→"Text"文本输入"us""ui"和"uo"，便于分辨和观察信号。

2. 静态工作点调试与测量

图 3-36 是带有负反馈的两级阻容耦合放大电路，调节 R_{w1} 和 R_{w2} 可分别调节各级静态工作点。当调整 R_{w1} 为 42%，R_{w2} 为 65% 时，选择菜单命令"Simulate"→"Analyses"→"DC Operating Point"，选择节点 1、4、5、8、10、12 为输出分析点，分析结果如图 3-37 所示。

由以上结果发现，$U_{CE1} = V_5 - V_8 = (7.90095 - 1.90381)\,\text{V} = 5.99714\,\text{V}$。

图 3-37 负反馈电路"DC Operating Point"窗口

$$U_{CE2} = V_4 - V_{12} = (7.81142 - 1.76847)\,\text{V} = 6.04295\,\text{V}$$

可见静态工作点合适，两级放大电路均处于放大状态，记录数据到表 3-34 中。

表 3-34 静态工作点记录表

测量项目	U_{BQ}/V	U_{CQ}/V	U_{EQ}/V	I_{BQ}/mA	I_{CQ}/mA
第一级					
第二级					

3. 负反馈放大电路开环、闭环放大倍数的测试

（1）开环电路测试

断开 S_1 和 S_2，即不接入 R_L、R_f 和 C_f，使电路工作在无负反馈（开环）、无负载（开路）的状态下。将输入信号加在 u_i 处，即不加信号源内阻 R（10 kΩ 电阻），双击函数信号发生器 XFG1 图标，设置输入正弦信号频率为 1 kHz，峰值为 1 mV。仿真运行，观察示波器输入、输出波形如图 3-38 所示。记录数据到表 3-35 中，并计算负载开路情况下的开环放大倍数 A_u。

闭合 S_1，接上负载 R_L，仿真运行并记录数据到表 3-35 中。

（2）闭环电路测试

闭合 S_2，接入 R_f 和 C_f，使电路工作在有负反馈（闭环）的状态下。重做（1）中实验内容，分别仿真有负载和无负载时的闭环电路，观察示波器输入、输出信号波形，记录数据到表 3-35 中，并计算出闭环放大倍数 A_{uf}。

表 3-35　放大倍数数据记录表

测量项目	$R_L/\text{k}\Omega$	U_i/mV	$U_o/U_L/\text{mV}$	A_u/A_{uf}
开环（无反馈）	∞	1		
	3	1		
闭环（有反馈）	∞	1		
	3	1		

记录电路有反馈、无负载的示波器仿真输入、输出波形，如图 3-39 所示，与图 3-38 比较，观察引入负反馈后输出波形的变化，验证引入负反馈后放大倍数的变化。将表 3-35 记录的数据代入公式 $A_{uf} = \dfrac{A_u}{1 + A_u F_u}$，计算反馈深度 $1 + A_u F_u = $ _____ 。

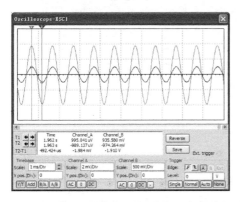
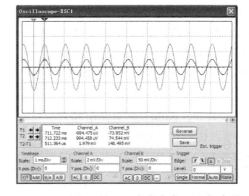

图 3-38　电路无反馈、无负载条件下的仿真结果　　图 3-39　电路有反馈、无负载条件下的仿真结果

4. 负反馈放大电路输入、输出电阻的测试

（1）开环电路输入电阻 R_i 测量

断开 S_1 和 S_2，即不接入 R_L、R_f 和 C_f，使电路工作在无负反馈（开环）、无负载（开路）的状态下。将输入信号加在 u_S 处，接入信号源内阻（10 kΩ 电阻），双击函数信号发生器 XFG1 图标，设置输入正弦信号频率为 1kHz，峰值为 10 mV。仿真电路如图 3-40 所示。

仿真运行，观察示波器波形，如图 3-41 所示。读取 u_S、u_i 峰值，记录数据到表 3-36 中。

表 3-36　测量输入电阻记录表

测量项目	$R_S/\text{k}\Omega$	U_S/mV	U_i/mV	输入电阻/kΩ	反馈深度 $= R_{if}/R_i$
开环（无反馈）	10			$R_i =$	
闭环（有反馈）	10			$R_{if} =$	

（2）闭环电路输入电阻 R_{if} 测量

闭合图 3-40 开关 S_2，仿真运行，观察示波器波形，如图 3-42 所示。读取 u_S、u_i 峰值，记录数据到表 3-36 中。

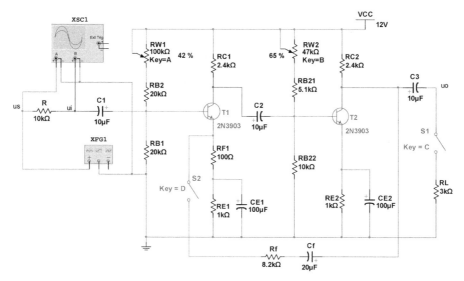

图 3-40 开环测量输入电阻仿真电路

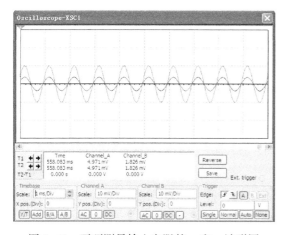

图 3-41 开环测量输入电阻的 u_s 和 u_i 波形图

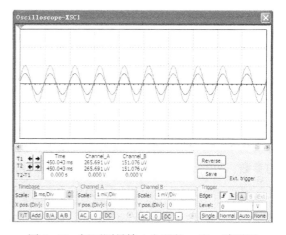

图 3-42 闭环测量输入电阻的 u_s 和 u_i 波形图

将表 3-36 记录的数据代入公式 $R_{if}=(1+A_uF_u)R_i$，计算反馈深度 $1+A_uF_u=$ _____。

（3）开环电路输出电阻 R_o 测量

如图 3-36 所示，断开 S_1 和 S_2，不接入 R_L、R_f 和 C_f，使电路工作在无负反馈（开环）、无负载（开路）的状态下。将信号加在 u_i 处，不加入信号源内阻（10 kΩ 电阻），双击函数信号发生器 XFG1 图标，设置输入正弦信号频率为 1 kHz，峰值为 1 mV。

1）S_1 打开，不接入负载，仿真运行，读取输出电压 u_o 的峰值，记录数据到表 3-37 中。

2）S_1 闭合，接入负载，仿真运行，读取输出电压 u_L 的峰值，记录数据到表 3-37 中。

（4）闭环电路输出电阻测量

如图 3-36 所示，闭合 S_2，重复开环电路输出电阻 R_o 的测量，读取输出电压 u_o、u_L 的峰值，记录数据到表 3-37 中。

将表 3-37 记录的数据代入

表 3-37 测量输出电阻记录表

测量项目	U_o/V	U_L/V	$R_o/kΩ$	两次输出电阻比值	反馈深度
开环（无反馈）					
闭环（有反馈）					

公式 $R_{of} = \dfrac{R_o}{1+A_{uo}F_u}$，计算反馈深度 $1+A_{uo}F_u =$ _____ 。

5. 负反馈对放大电路输出波形非线性失真的影响

如图 3-36 所示，将输入信号加在 u_i 处，不加入信号源内阻（10 kΩ 电阻），断开 S_1、S_2，加入输入正弦信号频率为 1 kHz，峰值为 10 mV。仿真发现输出波形幅度大但严重失真，如图 3-43a 所示；闭合开关 S_2，即接入负反馈后，输出波形幅度变小，但失真消失，如图 3-43b 所示。验证引入负反馈后，减小了非线性失真的程度。

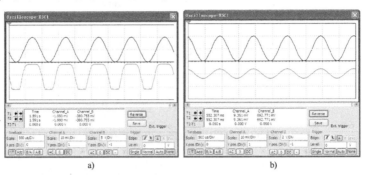

图 3-43　输入信号较大时引入负反馈前后输出波形对比

6. 负反馈对放大电路通频带的影响

（1）开环电路频率特性测量

如图 3-36 所示，不加入信号源内阻，闭合 S_1，即接入负载，断开 S_2，即不接入 R_f 和 C_f，删除虚拟示波器，接入波特图仪（即扫描仪，第 6 个图标），设置输入正弦信号频率为 1 kHz，峰值为 1 mV。仿真运行，双击波特图仪，出现如图 3-44 所示对话框，设置波特仪对话框右边的参数，可得开环带载的放大电路频率特性曲线。

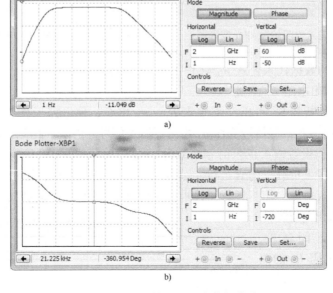

图 3-44　无反馈时的频率特性曲线

a）开环幅频特性曲线　b）相频特性曲线

对于幅频特性曲线，拉动屏幕上的游标，将其置于曲线的水平段，这时屏幕下方显示该点的频率和增益大小。通过游标读出放大电路开环中频段的频率范围和增益大小。增益下降 3 dB 对应的频率即为上、下限截止频率，记录数据到表 3-38 中，并计算通频带。

（2）闭环电路频率特性测量

闭合 S_2，重复步骤（1）中实验步骤，记录数据到表 3-38 中，计算通频带，比较引入负反馈后，通频带的变化。

将表 3-38 记录的数据代入公式 $f_{BWf} = (1 + A_u F_u) f_{BW}$，计算反馈深度 $1 + A_u F_u = $ _____ 。

表 3-38　频率特性记录表

测量项目	f_L/Hz	f_H/kHz	通频带 BW	反馈深度
开环（无反馈）				
闭环（有反馈）				

上述分析是借助波特图仪的直接测量法，也可以采用直接分析法，借助软件中 AC Analysis 直接对频率特性进行分析。

3.4.5　实验室操作实验内容

实验电路原理如图 3-35 所示，实验操作电路板如图 3-45 所示。将各仪器按照实验电路在实验箱和实验电路板上连接好，为防止干扰，各仪器的公共端必须连接在一起。

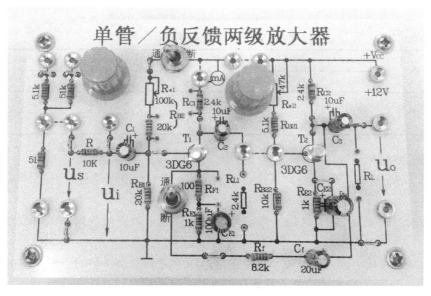

图 3-45　实验操作电路板

1. 测量静态工作点

1）按图 3-35 在实验电路板接线，把实验板的电源和地与实验箱对应相接，第一级是单管放大电路，滑动变阻器 R_{w1} 上端开关拨到"通"，R_{C1} 上方毫安表短接，R_{B1} 右边引入反馈的开关拨到"断"。将滑动变阻器 R_{w1} 和 R_{w2} 阻值调至最大，检查电路，无误则打开电源。

2）第一级静态工作点按"单管放大电路"动态调试法进行调节。

3）把第一级与第二级之间的虚线短接，在 u_i 处加入 $f = 1\ kHz$、峰峰值为 15 mV 的正弦交流信号，用示波器观察输出 u_o 的波形。若出现双向失真，则适当减小 u_i 幅度；若出现单边失真，则调整 R_{w2}，使输出最大不失真。

4）置 $u_i = 0$，用数字万用表测量第一级、第二级的静态工作点，计算 I_C，记入表 3-39 中。

表 3-39　静态工作点记录表

测量项目	U_B/V	U_E/V	U_C/V	I_C/mA
第一级				
第二级				

2. 测量基本放大电路与负反馈放大电路的各项性能指标

（1）测量中频电压放大倍数、输入电阻和输出电阻

1）如图 3-35 所示，断开 S_2，使电路处于开环即基本放大电路状态。

2）闭合 S_1，接入负载 R_L，在输入端 u_S 处加入 $f = 1\,kHz$，峰峰值为 50 mV 的正弦交流信号，用示波器观察 u_i 和 u_L 波形，调整滑动变阻器 R_{w1} 和 R_{w2}，使得输出波形 u_o 不失真。测量输入、输出波形峰峰值，观察输入、输出波形相位关系，记录数据到表 3-40 中。

3）断开 S_1，观察输出 u_o 的波形，测量输出波形峰峰值，记录数据到表 3-40 中。

4）闭合 S_2，使电路处于闭环即负反馈放大电路状态，重复实验步骤 2）、3），记录数据到表 3-40 中。

5）根据测量结果，代入公式，计算中频电压放大倍数、输入电阻和输出电阻，记录数据到表 3-40 中。

表 3-40　放大电路各参数记录表

基本放大电路	U_S/mV	U_i/mV	U_L/V	U_o/V	A_u	$R_i/k\Omega$	$R_o/k\Omega$
负反馈放大电路	U_S/mV	U_i/mV	U_L/V	U_o/V	A_{uf}	$R_{if}/k\Omega$	$R_{of}/k\Omega$

（2）测量通频带

1）如图 3-35 所示，断开 S_1，不接负载 R_L。断开 S_2，使电路处于开环即基本放大电路状态。

2）在输入端 u_i 处加入 $f = 1\,kHz$、峰峰值为 10 mV 的正弦交流信号，用示波器观察输出峰峰值 $u_o = $ _____。

3）分别增加和减小输入信号频率，使输出电压下降到 0.707 倍时，所对应的频率即为基本放大器的上、下限频率 f_H 和 f_L，计算通频带 BW，记录数据到表 3-41 中。

4）闭合 S_2，使电路处于闭环即负反馈放大电路状态，重复实验步骤 2）、3），记录数据到表 3-41 中。

表 3-41　频率测试记录表

测量项目	f_L/Hz	f_o/kHz	f_H/kHz	BW/kHz
基本放大电路		1		
负反馈放大电路		1		

3. 观察负反馈对非线性失真的改善

1）实验电路接成基本放大电路，在输入端 u_i 加入 $f=1\,kHz$ 的正弦信号，打开 S_1，不接入负载 R_L，用示波器观察输出波形，逐渐增大输入信号的幅度，使输出波形开始出现失真，记下此时的输出波形和最大不失真输出电压的峰峰值。闭合 S_1，观测带有负载的基本放大电路的最大不失真输出电压峰峰值，记录数据到表 3-42 中。

2）再将实验电路接成负反馈放大电路的形式，重复上述步骤 1），记下负载开路和接入负载两种情况下的输出波形和最大不失真输出电压的峰峰值。

表 3-42　最大不失真电压测量记录表

测 量 项 目	U_i/mV	U_o/mV	U_L/mV
基本放大电路			
负反馈放大电路			

3.4.6　思考题

1. 估算放大电路的静态工作点（取 $\beta_1=\beta_2=75$）。
2. 如果为深度负反馈，理论计算 A_{Vf}，比较与测量结果是否一致，为什么？
3. 若输入信号存在失真，能否用负反馈来改善？

3.5　差动放大电路

3.5.1　实验目的

1. 掌握典型差动和恒流源差动放大电路静态工作点的设置及调试方法。
2. 掌握典型差动和恒流源差动放大电路差模、共模放大倍数的测试方法。
3. 掌握典型差动和恒流源差动放大电路共模抑制比的计算方法。
4. 比较典型差动和恒流源差动放大电路性能的差异。
5. 加深对差动放大电路性能及特点的理解。

3.5.2　实验设备及材料

1. 装有 Multisim 14 的计算机。
2. 函数信号发生器。
3. 双踪示波器。
4. 数字万用表。
5. 模拟电路实验箱。
6. 差动放大电路实验操作电路板。

3.5.3　实验原理

直接耦合方式带来最大的问题就是零点漂移，即当没有输入信号时，由于温度变化或者电源电压不稳定，使得输出端电压偏离零点，存在输出误差。采用差动放大电路可以较好地解决这个问题。

图 3-46 所示为差动放大电路的基本结构。由两个元件参数相同的基本共射极放大电路组成，有两个输入信号端 A、B，分别对应两个集电极输出端 u_{C1} 和 u_{C2}。当 A、B 点加数值相等、极性相反的两个信号时，称为差模输入信号；当 A、B 点加数值相等、极性相同的两个信号时，称为共模输入信号。

当开关 S 拨向左边时，构成典型的差动放大电路。调零电位器 R_w 用来调节 T_1、T_2 晶体管的静态工作点，使得输入信号 $u_i = 0$ 时，双端输出电压 $u_o = 0$。R_E 为两管共用的发射极电阻，它对差模输入信号无反馈作用，因而不影响差模

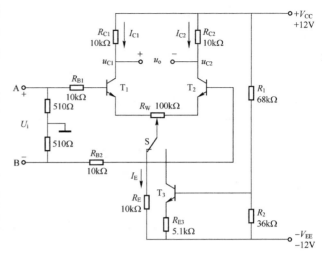

图 3-46 差动放大电路实验电路

电压放大倍数，但对共模输入信号有较强的反馈作用，故可有效地抑制零漂，稳定静态工作点。

当开关 S 拨向右边时，构成具有恒流源的差动放大电路。它用晶体管恒流源代替发射极电阻 R_E，可以进一步提高差动放大电路抑制共模输入信号的能力。

1. 输入输出信号的连接方式

单端输入：在一个输入端与地之间加有输入信号，另一个输入端接地。

双端输入：在两个输入端与地之间都加有输入信号。

单端输出：在 T_1 或 T_2 管集电极与地之间输出。

双端输出：在 T_1 和 T_2 管集电极之间输出。

差动放大器共有 4 种输入输出信号的连接方式：单端输入-单端输出、单端输入-双端输出、双端输入-单端输出、双端输入-双端输出。

2. 静态工作点的估算

典型电路
$$I_E \approx \frac{|V_{EE}| - U_{BE}}{R_E} \quad (认为 U_{B1} = U_{B2} \approx 0)$$

$$I_{C1} = I_{C2} = \frac{1}{2} I_E$$

恒流源电路
$$I_{C3} \approx I_{E3} \approx \frac{\dfrac{R_2}{R_1 + R_2}(V_{CC} + |V_{EE}|) - U_{BE}}{R_{E3}}$$

$$I_{C1} = I_{C2} = \frac{1}{2} I_{C3}$$

3. 差模电压放大倍数和共模电压放大倍数

（1）差模电压放大倍数

当差动放大器的射极电阻 R_E 足够大，或采用恒流源电路时，差模电压放大倍数 A_d 由输出端方式决定，而与输入方式无关。

双端输出：$R_E = \infty$，R_w在中心位置时，有

$$A_d = \frac{u_o}{u_i} = -\frac{\beta R_C}{R_B + r_{be} + \frac{1}{2}(1+\beta)R_w}$$

单端输出：

$$A_{d1} = \frac{u_{C1}}{u_i} = \frac{1}{2}A_d = \frac{-\beta R_C}{2\left(R_B + r_{be} + \frac{1}{2}(1+\beta)R_w\right)}$$

$$A_{d2} = \frac{u_{C2}}{u_i} = -\frac{1}{2}A_d = \frac{\beta R_C}{2\left(R_B + r_{be} + \frac{1}{2}(1+\beta)R_w\right)}$$

（2）共模电压放大倍数

单端输出：

$$A_{c1} = A_{c2} = \frac{u_{C1}}{u_i} = \frac{u_{C2}}{u_i} = \frac{-\beta R_C}{R_B + r_{be} + (1+\beta)\left(\frac{1}{2}R_w + 2R_E\right)} \approx -\frac{R_C}{2R_E}$$

双端输出：$A_c = \frac{u_o}{u_i} = \frac{u_{C1} - u_{C2}}{u_i} = 0$（实际上由于元件不可能完全对称，因此$A_c$也不会绝对等于零）。

由于差动放大器的差模电压放大倍数很大，共模放大倍数很小，因此可以认为放大器只放大输入信号中的差模分量。

（3）共模抑制比

差动放大器的共模抑制比为差模电压放大倍数与共模放大倍数之比。对于图3-46所示电路，有

单端输出

$$K_{CMRR} = \left|\frac{A_{d1}}{A_{c1}}\right| = \left|\frac{A_{d2}}{A_{c2}}\right|$$

双端输出

$$K_{CMRR} = \left|\frac{A_d}{A_c}\right| = \infty$$

工程上共模抑制比一般采用分贝（dB）表示，即

$$CMRR = 20\log\left|\frac{A_d}{A_c}\right| (\text{dB})$$

3.5.4 计算机仿真实验内容

1. 绘制仿真电路

1）打开 Multisim 14，画出电路如图3-47所示。具体步骤：单击 ┴ ⋀⋀ ⊀ ⊀ ⊅ ⅗ ⊟ 分类图标，打开 Select a Component 窗口，选择需要的电阻、电容、晶体管、电源等元器件，放置到仿真工作区。各元器件所在位置如下。

- 电阻：（Group）Basic→（Family）RESISTOR。
- 电位器：（Group）Basic→（Family）POTENTIONMETER。
- 晶体管：（Group）Transistors→（Family）BJT_NPN→（Component）2N3903。

- 单刀双掷开关：（Group）Basic→（Family）SWITCH→（Component）SPDT。
- 电源 V_{CC}：（Group）Sources→（Family）POWER_SOURCES→（Component）VCC。
- 电源 V_{EE}：（Group）Sources→（Family）POWER_SOURCES→（Component）VEE。
- 地 GND：（Group）Sources→（Family）POWER_SOURCES→（Component）GROUND。

2）找到主页面竖排虚拟仪器图标，单击需要的虚拟仪器，如信号发生器（Function Generator）、双通道示波器（Oscilloscope）等，调整各元器件位置绘制电路。

3）单击"Place"→"Junction"放置节点，单击"Place"→"Text"在各节点旁文本输入"A""B""uc1""uc2"和"uo"，便于分辨和观察信号。

2. 静态工作点分析与测量

（1）调节典型差动放大电路零点

不加交流信号，将 A、B 点接地，开关 S_1 拨向左边，构成典型差动放大电路。用两个万用表分别测量两个输出端 uc1 和 uc2 的电压，如图 3-48 所示。仿真运行，调节晶体管发射极滑动变阻器 R_w，使两个万用表读数相同，即调整电路使左右完全对称，调零工作完毕。

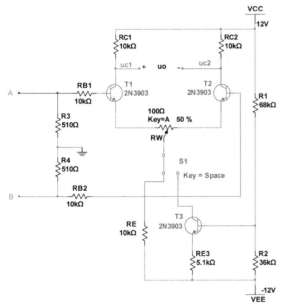

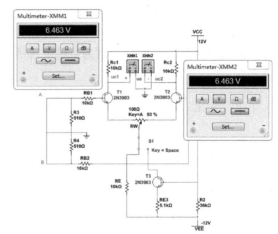

图 3-47　差动放大电路仿真电路　　　　图 3-48　典型差动放大电路调零电路

（2）典型差动放大电路静态工作点测量

零点调整好以后，测量电路中各处的静态工作点，可以用万用表、电压表和电流表等工具，或直流分析法、测量探针测量法等方法来测量，记录数据到表 3-43 中。将电路参数代入公式，理论计算出各管静态工作点值，记录数据到表 3-43 中，并与仿真结果比较。

（3）恒流源差动放大电路静态工作点分析与测量

开关 S_1 拨向右边，构成恒流源差动放大电路，重复上述实验步骤 1）、2），记录数据到表 3-43 中，并比较两次测量数据。将电路参数代入公式，理论计算出各管静态工作点值，记录数据到表 3-43 中，并与仿真结果比较。

表 3-43　静态工作点数据记录

电路类型	U_{C1Q}/V		U_{E1Q}/V		I_{C1Q}/mA		U_{C2Q}/V		U_{E2Q}/V		I_{C2Q}/mA		U_{C3Q}/V		U_{E3Q}/V		I_{C3Q}/mA	
	理论值	仿真值	理论值	仿真值	理论值	仿真值	理论值	仿真值	理论值	仿真值	理论值	仿真值	理论值	仿真值	理论值	仿真值	理论值	仿真值
典型差动																		
恒流源差动																		

(表头跨列：T_1 下含 U_{C1Q}/V、U_{E1Q}/V、I_{C1Q}/mA；T_2 下含 U_{C2Q}/V、U_{E2Q}/V、I_{C2Q}/mA；T_3 下含 U_{C3Q}/V、U_{E3Q}/V、I_{C3Q}/mA)

3. 测量差模电压放大倍数

（1）双端输入、双端输出

对图 3-47 接入函数信号发生器与示波器。函数信号发生器 XFG1 的"+"端接放大电路输入 A 点，"−"端接放大电路输入 B 点，"COM"端接地，设置输入信号频率为 100 Hz，峰值为 100 mV。示波器选择四踪示波器，分别接输入端 A 和 B、输出端 uc1 和 uc2。两个输出端之间开路，可看作 R_L 阻值为无穷大，电路可认为双端输入、双端输出的模式，如图 3-49 所示。仿真运行，观察示波器输出波形，如图 3-50 所示。

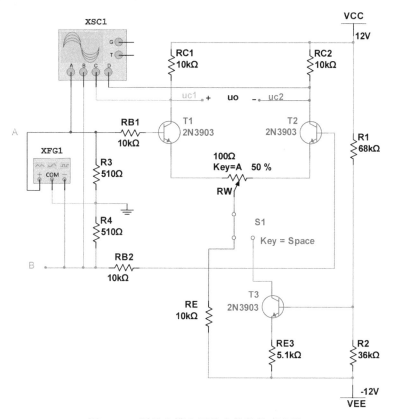

图 3-49　测量差模电压放大倍数仿真电路

由图 3-50 可知，自下而上显示 A、B、C、D 四个通道的波形，观察图形，读游标处显示峰峰值，记录数据到表 3-44 中，代入公式 $A_d = \dfrac{|U_{C1} - U_{C2}|}{|U_{iA} - U_{iB}|}$ 计算差模电压放大倍数。在输出端

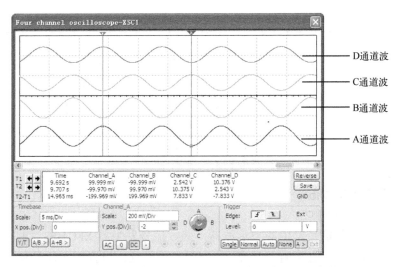

图 3-50　双端输入、双端输出时四踪示波器显示波形

uc1 和 uc2 之间接入阻值 10 kΩ 负载，仿真运行，记录数据到表 3-44 中，并比较电路开路与带载差模电压放大倍数的变化。

表 3-44　测量差模电压放大倍数数据记录表

电路类型		R_L	$U_{\text{idp-p}} = U_{\text{iAp-p}} - U_{\text{iBp-p}}/\text{mV}$	$U_{\text{c1p-p}}/\text{V}$	$U_{\text{c2p-p}}/\text{V}$	A_d
双端输入、双端输出	典型差动放大电路	$R_L = \infty$				
		10 kΩ				
	恒流源差动放大电路	$R_L = \infty$				
		10 kΩ				
双端输入、单端输出	典型差动放大电路	$R_L = \infty$				
		10 kΩ				
	恒流源差动放大电路	$R_L = \infty$				
		10 kΩ				
单端输入、双端输出	典型差动放大电路	$R_L = \infty$				
		10 kΩ				
	恒流源差动放大电路	$R_L = \infty$				
		10 kΩ				
单端输入、单端输出	典型差动放大电路	$R_L = \infty$				
		10 kΩ				
	恒流源差动放大电路	$R_L = \infty$				
		10 kΩ				

　　开关 S_1 拨向右边，构成恒流源差动放大电路，重复上述实验步骤，记录数据到表 3-44 中，并比较两次测量与计算数据。

　　（2）双端输入、单端输出

　　将电路改为双端输入、单端输出，信号只从 uc1 端对地输出，仿真和计算 A_d，记录数据到表 3-44 中。

（3）单端输入、双端输出

将电路改为单端输入、双端输出，输入信号从 A 点加入，B 点接地，仿真和计算 A_d，记录数据到表 3-44 中。

（4）单端输入、单端输出

将电路改为单端输入、单端输出，输入信号从 A 点加入，B 点接地，信号只从 uc1 端对地输出，仿真和计算 A_d，记录数据到表 3-44 中。

4. 测量共模电压放大倍数

（1）典型差放、双端输出

对图 3-47 接入共模输入信号，将 A、B 端短接，与函数信号发生器 XFG1 的"+"端相接，"COM"端接地，设置输入信号频率为 100 Hz，峰值为 200 mV。在输出端 uc1 和 uc2 之间接入万用表测量负载开路时输出电压，单击虚拟仪器图标 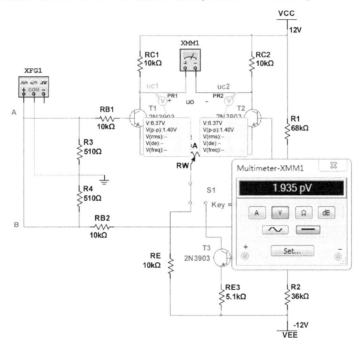，放置电压测量探针（Voltage Probe），准确观察输出端 uc1 和 uc2 的电信号特性，如图 3-51 所示。

图 3-51　测量双端输出共模电压放大倍数仿真电路

理论上双端输出在理想状态下共模电压放大倍数为 0。实际上由于元器件不可能完全对称，所以共模电压放大倍数也绝对不会是 0。仿真运行，读取万用表读数，发现负载开路时的输出电压值一直变化，但均为 pV 数量级，数值非常小可近似为 0；读取测量探针数据，记录数据到表 3-45 中。

（2）典型差放、单端输出

如图 3-52 所示，输入信号频率为 100 Hz，峰值为 200 mV，输出信号从 uc1 端对地输出。仿真运行，观察示波器输出波形，如图 3-53 所示，读游标处显示峰峰值，记录数据到表 3-45 中。将实验数据代入公式 $A_{c1} \approx -\dfrac{R_C}{2R_E}$，计算共模输入、单端输出时，共模电压放大倍数的理论值，也记录数据到表 3-45 中，并与仿真结果比较。

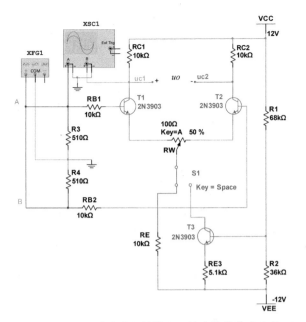

图 3-52　测量单端输出共模电压放大倍数仿真电路

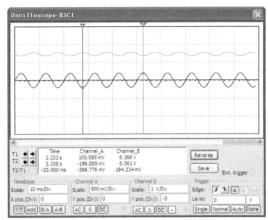

图 3-53　共模输入、单端输出时示波器波形

表 3-45　测量共模电压放大倍数数据记录表

电 路 类 型		$U_{\text{icp-p}}/\text{mV}$	$U_{\text{c1p-p}}/\text{mV}$	$U_{\text{c2p-p}}/\text{mV}$	A_{c} 仿真计算值	A_{c} 理论计算值
典型差动放大电路	双端输出					
	单端输出					
恒流源差动放大电路	双端输出					
	单端输出					

（3）恒流源差放测试

将开关 S_1 拨向右边，构成恒流源差动放大电路，重复上面实验步骤 1）、2），计算共模电压放大倍数，记录数据到表 3-45 中，并与典型差动放大电路结果比较。

5. 共模抑制比

差动放大器的共模抑制比为差模电压放大倍数与共模放大倍数之比。根据表 3-44 的差模电压放大倍数数据，可验证本实验原理中介绍的：当差动放大器的射极电阻 R_E 足够大，或采用恒流源电路时，差模电压放大倍数 A_d 由输出端方式决定，而与输入方式无关。同理根据表 3-45 可知，共模电压放大倍数 A_c 也是由输出端方式决定，输入方式仅有一种。根据表 3-44 和表 3-45 差模、共模电压放大倍数的仿真与计算结果，计算差动放大电路的共模抑制比，记录数据到表 3-46 中。

表 3-46　测量共模抑制比数据记录表

电 路 类 型		$U_{\text{idp-p}}/\text{mV}$	$U_{\text{icp-p}}/\text{mV}$	A_{d}	A_{c}	$\text{CMRR} = \dfrac{A_{\text{d}}}{A_{\text{c}}}$
典型差动放大电路	双端输出					
	单端输出					
恒流源差动放大电路	双端输出					
	单端输出					

3.5.5　实验室操作实验内容

实验电路如图 3-46 所示，实验操作电路板如图 3-54 所示。将各仪器按照实验电路在实验箱和实验电路板上连接好，为防止干扰，各仪器的公共端必须连接在一起。

1. 典型差动放大电路的性能测试

开关 S 拨向左边，构成典型差动放大电路。

（1）测量静态工作点

1）调节静态工作点。信号源不接入，将放大电路输入端 A、B 与地短接，接通±12 V 直流电源，用万用表测量输出电压 u_o，调节调零电位器 R_w，使 $u_o = 0$。调节要仔细，力求准确。

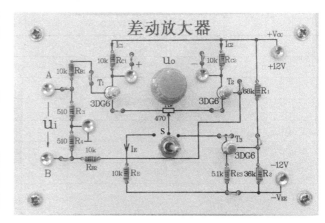

图 3-54　差动放大电路实验操作电路板

2）测量静态工作点。零点调好以后，用万用表直流电压档测量晶体管各电极电位及射极电阻 R_E 两端电压，记录数据到表 3-47 中。

表 3-47　典型差动放大电路静态工作点记录表

测量值	U_{B1Q}/V	U_{C1Q}/V	U_{E1Q}/V	U_{B2Q}/V	U_{C2Q}/V	U_{E2Q}/V	U_{REQ}/V
计算值	I_C/mA		I_B/mA			U_{CE}/V	

（2）测量双端输入时差模电压放大倍数

1）断开 A、B 输入端与地的短接线；在实验箱上调整两个直流可调信号源，使一个约为 100 mV，另一个约为−100 mV。

2）将两个直流可调信号源分别接 A 点和 B 点，构成双端输入模式，即在输入端加入直流差模输入信号。用万用表电压档分别测量 A、B 点输入电压，再次调整使 A 点电压为 100 mV，B 点电压为−100 mV。

3）用万用表直流电压档分别测量单端输出、双端输出电压值，计算差模电压放大倍数，记录数据到表 3-48 第 1 列。

（3）测量双端输入时共模电压放大倍数

1）将输入端 A 点和 B 点短接，再与直流信号源相连，调整使直流信号为 200 mV。

2）用万用表直流电压档分别测量单端输出、双端输出电压值，计算共模电压放大倍数，记录数据到表 3-48 第 2 列，并计算共模抑制比 K_{CMRR}。

（4）测量单端输入时差模电压放大倍数

1）将输入端 B 接地，信号只从 A 点加入，构成单端输入模式。在实验箱上调整直流信号源，使得一个约为 100 mV，另一个约为−100 mV。

2）先将 100 mV 直流信号源接入 A 点，再次调整准确输入 100 mV，用万用表直流电压档测量单端输出、双端输出电压值，计算差模电压放大倍数，记录数据到表 3-49 中。

表 3-48 双端输入差动放大电路动态性能记录表

被 测 量	典型差动放大电路		恒流源差动放大电路	
	差模双端输入	共模输入	差模双端输入	共模输入
U_{iA}/mV	+100	200	+100	200
U_{iB}/mV	−100	200	−100	200
U_{C1}/V				
U_{C2}/V				
$\Delta U_{C1}=U_{C1}-U_{C1Q}/V$				
$\Delta U_{C2}=U_{C2}-U_{C2Q}/V$				
$\Delta U_o=\Delta U_{C1}-\Delta U_{C2}/V$				
$A_{d1}=\dfrac{\Delta U_{C1}}{\Delta U_i}=\dfrac{U_{C1}-U_{C1Q}}{U_{iA}-U_{iB}}$				
$A_{d2}=\dfrac{\Delta U_{C2}}{\Delta U_i}=\dfrac{U_{C2}-U_{C2Q}}{U_{iA}-U_{iB}}$				
$A_{d(双)}=\dfrac{\Delta U_o}{\Delta U_i}$				
$A_{c1}=\dfrac{\Delta U_{C1}}{U_i}=\dfrac{U_{C1}-U_{C1Q}}{U_{iA}}$				
$A_{c2}=\dfrac{\Delta U_{C2}}{U_i}=\dfrac{U_{C2}-U_{C2Q}}{U_{iB}}$				
$A_{c(双)}=\dfrac{\Delta U_o}{U_i}=\dfrac{U_{C1}-U_{C2}}{U_{iA}}$				
K_{CMRR}				

3）再将−100 mV 接入 A 点，调整准确输入−100 mV，重复测量计算并记录数据到表 3-49 中。

4）再将 $f=1$ kHz，$U_{ip-p}=100$ mV 的正弦交流信号接入 A 点，用示波器观察 u_{C1} 和 u_{C2} 波形，若有失真现象，可适当减小输入波形的峰峰值，保证 u_{C1} 和 u_{C2} 均不失真。读取单端输出、双端输出电压峰峰值，计算差模电压放大倍数，记录数据到表 3-49 中。

表 3-49 单端输入差动放大电路差模电压放大倍数的测量

测量计算值 输入信号	典型差动放大电路						恒流源差动放大电路					
	U_{C1}/V	U_{C2}/V	$\Delta U_o/V$	A_{d1}	A_{d2}	$A_{d(双)}$	U_{C1}/V	U_{C2}/V	$\Delta U_o/V$	A_{d1}	A_{d2}	$A_{d(双)}$
直流 100 mV												
直流−100 mV												
正弦交流信号 （$f=1$ kHz，$U_{ip-p}=100$ mV）												

2. 具有恒流源的差动放大电路性能测试

将图 3-46 电路中开关 K 拨向右边，构成具有恒流源的差动放大电路。

测量静态工作点。重新调零，万用表直流电压档测量晶体管各极电位，并记录数据到表 3-50 中。

表 3-50　具有恒流源的差动放大电路静态工作点记录表

测量值	U_{B1Q}/V	U_{C1Q}/V	U_{E1Q}/V	U_{B2Q}/V	U_{C2Q}/V	U_{E2Q}/V	U_{B3Q}/V	U_{C3Q}/V	U_{E3Q}/V

重复典型差动放大电路实验步骤中的 (2)、(3)，将测量与计算结果填入表 3-48 第 3 列和第 4 列。重复典型差动放大电路实验步骤中的 (4)，将测量与计算结果填入表 3-49 中。

3.5.6　思考题

1. 用动态分析法分析典型差动和恒流源差动放大电路的通频带。
2. 差模电压放大倍数和信号的输入方式有关吗？说明理由。
3. 差动放大电路与单管放大电路相比较，多用了一倍的元器件，放大倍数有无提高？
4. 差动放大电路不仅可以放大交流信号，也可以放大直流信号，对吗？
5. 在实验室操作时，可否将双端输入、双端输出的直流差模信号替换为正弦交流差模信号，请验证。

3.6　集成运放应用（I）——模拟运算电路

3.6.1　实验目的

1. 了解集成运算放大器的工作特点、性能参数，掌握理想集成运算放大器的特点。
2. 学习应用 Multisim 14 仿真分析集成运算放大器组成比例、求和、微积分电路的特点及性能。
3. 了解平衡电阻的取值及作用。
4. 进一步熟悉 Multisim 14 软件的仿真使用。

3.6.2　实验设备及材料

1. 装有 Multisim 14 的计算机。
2. 函数信号发生器。
3. 双踪示波器。
4. 数字万用表。
5. 模拟电路实验箱。
6. μA741 芯片。
7. 电阻、电容若干。

3.6.3　实验原理

1. 集成运放的符号及特点

集成运算放大器（简称集成运放）是具有高增益、高输入阻抗和低输出阻抗的直接耦合多级放大器。集成运放的符号如图 3-55 所示，为了与 Multisim 软件仿真电路图一致，书中集成运放符号均采用国内外常用符号表示。

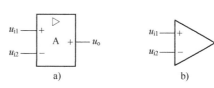

图 3-55　集成运放符号
a) 国家标准符号　b) 国内外常用符号

145

运放工作时是闭环且引入负反馈，则此时运放工作在线性区，满足"虚短"与"虚断"。运放工作时是开环，或者闭环引入正反馈，则运放工作在非线性区（饱和区），可以比较输入电压的大小，且满足"虚断"。

本实验利用集成运放线性特性，组成比例、加法、减法、积分、微分等模拟运算电路。

2. μA741 简介

本次实验采用的集成运算放大器为 μA741，其引脚排列如图 3-56 所示。引脚 1 和 5 接调零电位器（由于集成运算放大器 μA741 的性能比较好，在不要求特别精密运算的情况下，不接调零电位器，仍可正常完成交流运算放大器的作用），引脚 2 为反相输入端，引脚 3 为同相输入端，引脚 6 为输出端，引脚 4 接负电源，引脚 7 接正电源，引脚 8 为空引脚。

3. 理想集成运放实现运算电路

（1）反相比例运算电路

如图 3-57 所示为反相比例运算电路，其输出与输入之间的关系为

$$u_o = -\frac{R_f}{R_1}u_i$$

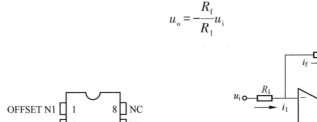

图 3-56　μA741 引脚图　　　图 3-57　反相比例运算电路

为了减小输入级偏置电流引起的运算误差，在同相端接入平衡电阻 R'，一般有

$$R' = R_1 /\!/ R_f$$

（2）同相比例运算电路

如图 3-58 所示为同相比例运算电路，其输出与输入之间的关系为

$$u_o = \left(1 + \frac{R_f}{R_1}\right)u_i$$

平衡电阻 $R' = R_1 /\!/ R_f$。

当 $R_f = 0$ 或 $R_1 = \infty$ 时，有 $u_o = u_i$，即输出电压完全跟随输入电压，构成同相电压跟随器，如图 3-59 所示。

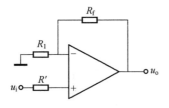
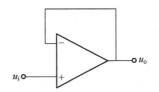

图 3-58　同相比例运算电路　　　图 3-59　同相电压跟随器

（3）差动比例运算电路

如图 3-60 所示电路，其输出

$$u_o = u_{o1} + u_{o2} = -\frac{R_{f1}}{R_1}u_{i1} + \left(1 + \frac{R_{f1}}{R_1}\right)\frac{R_{f2}}{R_2 + R_{f2}}u_{i2}$$

当满足 $R_{f2}/R_2 = R_{f1}/R_1$（通常取 $R_{f2} = R_{f1}$）时，有

$$u_o = u_{o1} + u_{o2} = -\frac{R_{f1}}{R_1}(u_{i1} - u_{i2})$$

可以实现输入信号差值的反相比例运算，所以称为差动比例运算电路。

（4）反相求和电路

如图 3-61 所示，运用叠加定理，理论分析得

输出 $u_o = -\left(\dfrac{R_f}{R_1}u_{i1} + \dfrac{R_f}{R_2}u_{i2} + \dfrac{R_f}{R_3}u_{i3}\right)$；

平衡电阻 $R' = R_1 // R_2 // R_3 // R_f$。

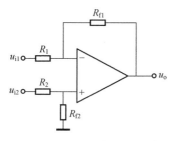
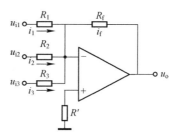

图 3-60　差动比例运算电路　　　　图 3-61　反相求和电路

（5）同相求和电路

如图 3-62 所示，应用叠加定理，理论分析得

输出 $u_o = \left(1 + \dfrac{R_f}{R_1}\right)\left(\dfrac{R_b // R_c}{R_a + R_b // R_c}u_{i1} + \dfrac{R_a // R_c}{R_b + R_a // R_c}u_{i2} + \dfrac{R_a // R_b}{R_c + R_a // R_b}u_{i3}\right)$；

平衡电阻 $R' = R_a // R_b // R_c = R_f // R_1$。

（6）和差电路

如图 3-63 所示，应用叠加定理，分别让输入电压单独作用，理论分析得

输出 $u_o = u_{o1} + u_{o2} + u_{o3} + u_{o4} = -\dfrac{R_f}{R_1}u_{i1} - \dfrac{R_f}{R_2}u_{i2} + \left(1 + \dfrac{R_f}{R_1 // R_2}\right)\left(\dfrac{R_4}{R_3 + R_4}u_{i3} + \dfrac{R_3}{R_3 + R_4}u_{i4}\right)$；

平衡电阻 $R' = R_1 // R_2 // R_f = R_3 // R_4$。

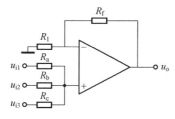
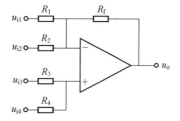

图 3-62　同相求和电路　　　　图 3-63　和差电路

（7）反相积分电路

如图 3-64 所示，闭环引入负反馈，运放工作在线性区，满足"虚短"与"虚断"。输出通过电容元件反馈到输入，电容元件的伏安关系是微积分的形式。

理论分析得出：

输出 $u_o = -\dfrac{1}{RC}\int u_i \mathrm{d}t$，说明输出电压与输入电压的积分成正比；平衡电阻 $R' = R$。

（8）反相微分电路

如图 3-65 所示，闭环引入负反馈，运放工作在线性区，满足"虚短"与"虚断"。将积分电路反相输入端电阻与电容的位置互换，就得到微分电路。理论分析得出：

输出 $u_o = -RC\dfrac{\mathrm{d}u_i}{\mathrm{d}t}$，说明输出电压与输入电压的微分成正比；平衡电阻 $R' = R$。

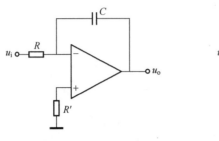

图 3-64　反相积分电路

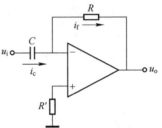

图 3-65　反相微分电路

3.6.4　计算机仿真实验内容

1. 反相比例运算电路

1）如图 3-66 所示，在 Multisim 14 平台选择所需元器件及仪器，连接好仿真电路。各元器件所在位置如下。

- 运放 741：（Group）Analog→（Family）OPAMP→（Component）741。
- 电阻：（Group）Basic→（Family）RESISTOR。
- 电源 V_{CC}：（Group）Sources→（Family）POWER_SOURCES→（Component）VCC。
- 电源 V_{EE}：（Group）Sources→（Family）POWER_SOURCES→（Component）VEE。
- 地 GND：（Group）Sources→（Family）POWER_SOURCES→（Component）GROUND。
- 交流电压源：（Group）Sources→（Family）POWER_SOURCES→（Component）AC_POWER。设置电压为 1 V，频率为 100 Hz。

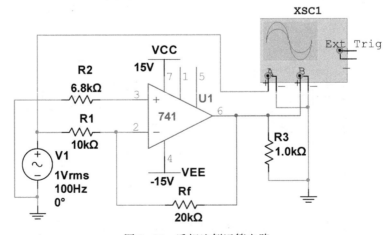

图 3-66　反相比例运算电路

2）仿真运行，观察示波器波形，如图 3-67 所示，记录仿真数据。

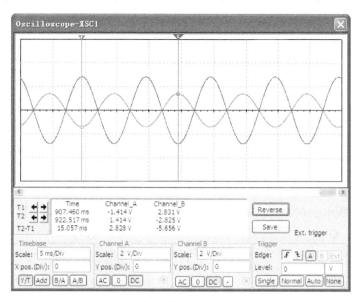

图 3-67　反相比例运算电路输入、输出波形对比

3）双击 AC_POWER，改变输入信号有效值大小，观察输出电压幅度的改变。当输入信号有效值增加为 6 V 时，观察输出电压波形，如图 3-68 所示。

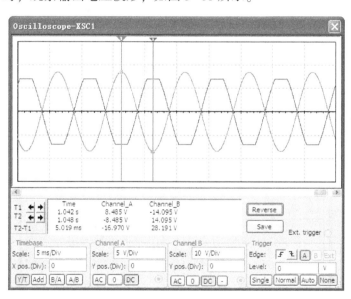

图 3-68　反相比例运算电路输出波形失真

4）改变反馈电阻 R_f 和输入端电阻 R_1 的大小，即改变两个电阻比值大小，观察输出电压与输入电压大小的变化，验证反相比例特性。

5）用函数信号发生器替换 AC_POWER，输入交流信号，观察输入电压与输出电压的反相比例关系。

6）用 DC_POWER 替换 AC_POWER，输入直流电压，观察输入电压与输出电压的反相比例关系。

7）调节负载电阻 R_3 的取值，观察输出波形、幅值的变化，当负载阻值偏小时，观察输出波形的失真。

8）记录数据到表 3-51 中，并与理论计算值做比较。

表 3-51 反相比例运算电路数据记录表

信 号 来 源		AC_POWER		函数信号发生器		DC_POWER	
输入电压	u_i/V						
比值系数	R_f/R_1						
输出电压	仿真值 u_o/V						
	理论计算 u_o/V						

2. 同相比例运算电路

1）如图 3-69 所示，在 Multisim 14 平台选择所需元器件及仪器，连接好仿真电路。

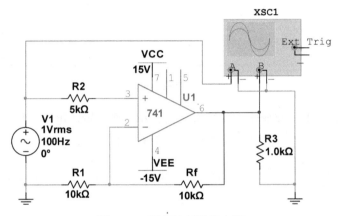

图 3-69　同相比例运算电路

2）仿真运行，观察示波器波形，如图 3-70 所示。

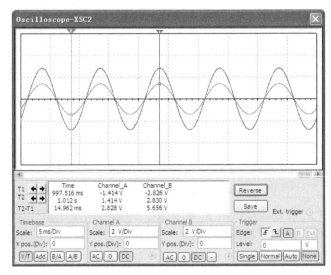

图 3-70　同相比例运算电路输入、输出波形对比

3）重复"反相比例运算电路"仿真步骤。记录数据到表 3-52 中。

表 3-52　同相比例运算电路数据记录表

信 号 来 源		AC_POWER	函数信号发生器	DC_POWER
输入电压	u_i/V			
比值系数	$1+R_f/R_1$			
输出电压	仿真值 u_o/V			
	理论计算 u_o/V			

4）当 R_1 开路或 R_f 为 0 时，得到同相电压跟随器，如图 3-71 所示，调整负载电阻 R_2 取值，观察输入、输出电压波形，理解跟随特性。当示波器波形完全重叠时，如何更好观测两个波形？

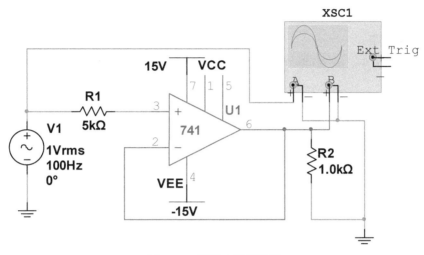

图 3-71　同相电压跟随器

3. 差动比例运算电路

1）如图 3-72 所示，在 Multisim 14 平台选择所需元器件，连接好仿真电路。

2）按表 3-53 改变 R_1、R_2、R_3 和 R_4 阻值，万用表选择直流电压档。仿真运行，观察读数，如图 3-73 所示，记录数据到表 3-53 中，并与理论计算结果比较。

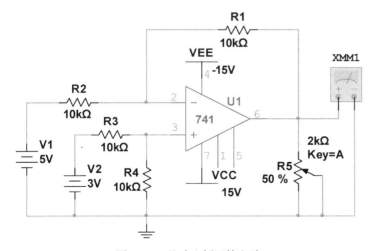

图 3-72　差动比例运算电路

图 3-73　输出端万用表读数

3）改变输入电压 V_1、V_2 的取值，自拟 R_1、R_2、R_3 和 R_4 阻值，重复步骤 2），记录数据到表 3-53 中，观察并记录输出值的变化。

表 3-53　差动比例运算电路数据记录表

信 号 来 源		DC_POWER					AC_POWER	
输入电压	u_{i1}/V	5	5	5				
	u_{i1}/V	3	3	3				
电阻系数	$R_1 = R_4/k\Omega$	10	20	30				
	$R_2 = R_3/k\Omega$	10	10	10				
输出电压	仿真输出 u_o/V							
	理论计算 u_o/V							

4. 反相求和电路

1）如图 3-74 所示，在 Multisim 14 平台选择所需元器件，连接好仿真电路。

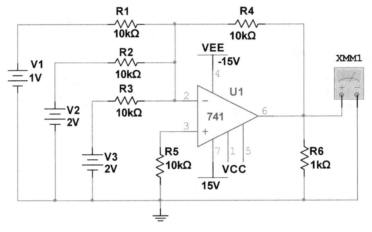

图 3-74　反相求和电路

2）仿真运行，观察万用表输出，读取万用表读数为＿＿＿＿＿＿＿。将图 3-74 所示电路参数代入公式，应用叠加定理计算反相求和输出电压值为＿＿＿＿＿＿＿。比较仿真值与理论计算值。

3）分别改变 R_1、R_2、R_3 和 R_4 阻值和输入电压值，观察万用表输出，记录输出电压仿真值，并与应用叠加定理计算的理论值比较。

5. 同相求和电路

1）如图 3-75 所示，在 Multisim 14 平台选择所需元器件，连接好仿真电路。

2）仿真运行，观察万用表输出，读取万用表读数为＿＿＿＿＿＿＿。将图 3-75 所示电路参数代入公式，应用叠加定理计算反相求和输出电压值为＿＿＿＿＿＿＿。比较仿真值与理论计算值。

3）分别改变 R_1、R_2、R_3 阻值，R_4、R_5 的比值和三个输入电压值，观察万用表输出，记录输出电压仿真值，并与应用叠加定理计算的理论值比较。

6. 和差电路

1）如图 3-76 所示，在 Multisim 14 平台选择所需元器件，连接好仿真电路。

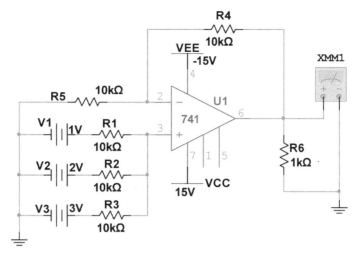

图 3-75　同相求和电路

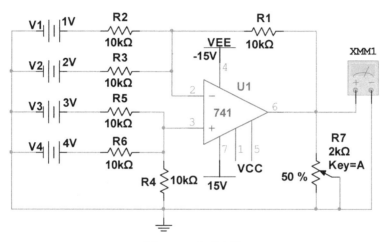

图 3-76　和差电路

2）仿真运行，观察万用表输出，读取万用表读数为＿＿＿＿＿＿＿。将图 3-76 所示电路参数代入公式，应用叠加定理计算反相求和输出电压值为＿＿＿＿＿＿＿。比较仿真值与理论计算值。

3）分别改变 R_1、R_2、R_3 阻值，R_4、R_5、R_6 的阻值和 4 个输入电压值，观察万用表输出，记录输出电压仿真值，并与应用叠加定理计算的理论值比较。

7. 反相积分电路

1）如图 3-77 所示。在 Multisim 14 平台选择所需元器件，连接好仿真电路。为防止设定频率下增益过高，在积分电路电容端并联一个阻值为 10 kΩ 的电阻。设置开关 S_1 的"Key"键为 A，S_2 的"Key"键为 B。

2）双击函数信号发生器，设定输入信号为方波，频率为 1 kHz，占空比为 50%，峰值为 10 V；先闭合 S_2，仿真运行，观察示波器输出是否为 0；打开 S_2，观察示波器输出如图 3-78a 所示；闭合 S_1，观察波形变化，如图 3-78b 所示。观察输入、输出波形变化，并验证是否满足反相积分运算关系。

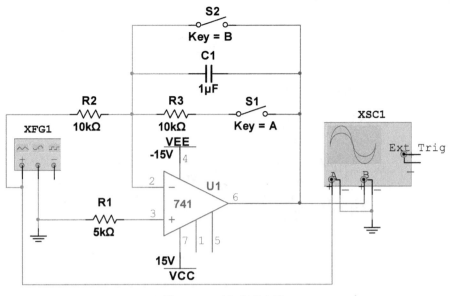

图 3-77 反相积分电路

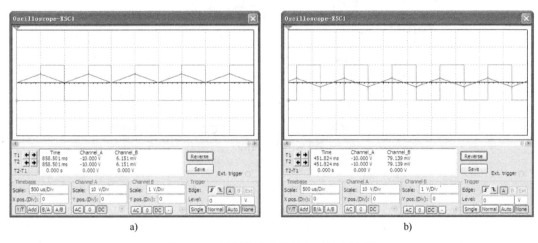

a)   b)

图 3-78 反相积分电路输入、输出波形

3）设置 $R_2 = 20\,\text{k}\Omega$，$C_1 = 1\,\mu\text{F}$，观察输出波形变化；再设置 $R_2 = 10\,\text{k}\Omega$，$C_1 = 2\,\mu\text{F}$，观察输出波形变化。

4）双击函数信号发生器，将输入波形改为正弦波，仿真运行，观察示波器输入、输出波形，验证是否满足反向积分运算关系。

8. 反相微分电路

1）如图 3-79 所示，在 Multisim 14 平台选择所需元器件，连接好仿真电路。

2）双击函数信号发生器，设定输入信号为三角波，频率为 1 kHz，峰值为 10 V；仿真运行，观察示波器输出，如图 3-80 所示，观察输入、输出波形，验证是否满足反相微分运算关系。

3）设置 $R_2 = 20\,\text{k}\Omega$，$C_1 = 1\,\mu\text{F}$，观察输出波形变化；再设置 $R_2 = 10\,\text{k}\Omega$，$C_1 = 2\,\mu\text{F}$，观察输出波形变化。

4）双击函数信号发生器，将输入波形改为正弦波，仿真电路，观察示波器输入、输出波形是否满足反向微分运算关系。

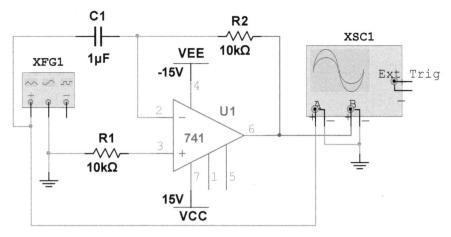

图 3-79 反相微分电路

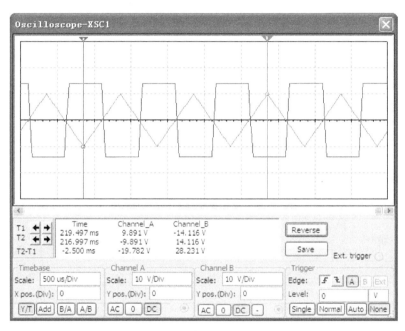

图 3-80 反相微分电路输入、输出波形

3.6.5 实验室操作实验内容

在模拟电路实验箱上完成本次实验。实验前要看清楚运放各引脚的位置，切忌正、负电源极性接反和输出端短路，否则将会损坏集成块。

1. 反相比例运算电路

1）如图 3-81 连接实验电路，接通 ±12 V 电源，输入端接地，用万用表直流电压档测输出电压，调节滑动变阻器 R_w，使输入电压为零时，保证输出电压也为零，进行调零和消振。

2）输入 u_i 端加入 $f = 1\,\text{kHz}$、$u_{\text{ip-p}} = 1\,\text{V}$ 的正弦信号，用示波器测量 u_i 和 u_o，比较它们的相位关系，记录数据到表 3-54 中。

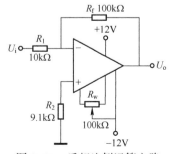

图 3-81 反相比例运算电路

155

表 3-54　反相比例运算电路记录表　　　　　　　　　　　　　　$(u_{\text{ip-p}} = 1\text{ V},\ f = 1\text{ kHz})$

测量项目	电压值/V	波　形	A_u	
			实测值	计算值
$u_{\text{ip-p}}$				
$u_{\text{op-p}}$				

2. 同相比例运算电路

1）如图 3-82a 连接电路，接通±12 V 电源，输入端接地，进行调零和消振。

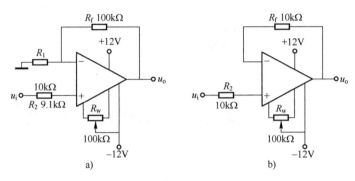

图 3-82　同相比例运算电路

a）同相比例运算电路　　b）电压跟随器

2）输入 u_i 端加入 $f = 1\text{ kHz}$、$u_{\text{ip-p}} = 1\text{ V}$ 的正弦信号，用示波器测量 u_i 和 u_o，比较它们的相位关系，记录数据到表 3-55 中。

表 3-55　同相比例运算电路记录表　　　　　　　　　　　　　　$(u_{\text{ip-p}} = 1\text{ V},\ f = 1\text{ kHz})$

测量项目	电压值/V	波　形	A_u	
			实测值	计算值
$u_{\text{ip-p}}$				
$u_{\text{op-p}}$				

3）如图 3-82b 连接电路组成电压跟随器，实验步骤同 1）、2），记录数据到表 3-56 中。

表 3-56　电压跟随器实验记录表　　　　　　　　　　　　　　$(u_{\text{ip-p}} = 1\text{ V},\ f = 1\text{ kHz})$

测量项目	电压值/V	波　形	A_u	
			实测值	计算值
$u_{\text{ip-p}}$				
$u_{\text{op-p}}$				

3. 反相加法运算电路

设计一反相加法运算电路，实现 $u_\text{o} = -(2u_{\text{i}1} + 5u_{\text{i}2})$，加直流输入信号 $u_{\text{i}1}$、$u_{\text{i}2}$（数值自定，但要保证运放工作在线性区），测量输入电压 $u_{\text{i}1}$、$u_{\text{i}2}$ 及输出电压 u_o 并记录。

4. 减法运算电路

设计一减法运算电路，实现 $u_\text{o} = -10(u_{\text{i}1} - u_{\text{i}2})$，加直流输入信号 $u_{\text{i}1}$、$u_{\text{i}2}$（数值自定，但要保证运放工作在线性区），测量输入电压 $u_{\text{i}1}$、$u_{\text{i}2}$ 及输出电压 u_o 并记录。

5. 积分运算电路

1）如图 3-83 连接实验电路，C 取 $100\,\mu F$，接通 $\pm 12\,V$ 电源。

2）输入端接地，打开 S_2，闭合 S_1，对运放输出进行调零。

3）调零完成后，再打开 S_1，闭合 S_2，使电容放电 $u_C(0)=0$。

4）预先调好直流输入电压 $u_i=1\,V$，接入实验电路，再打开 S_2，然后用数字万用表测量输出电压 u_o，每隔 $5\,s$ 读一次 u_o 数值，记录数据到表 3-57 中，直到 u_o 不继续明显增大为止。

5）将电容值由 $100\,\mu F$ 变为 $0.01\,\mu F$，重复实验步骤 2）~4），观察输出电压 u_o 的变化，理解电容充电时间常数 τ 的作用。

6）保持电容为 $0.01\,\mu F$，在输入端加入频率 $f=100\,Hz$、高电平为 $250\,mV$、低电平为 $-250\,mV$ 的方波，用示波器观察并记录输入、输出波形，得出输入方波经积分后，输出_____波。充分理解积分电路的作用。

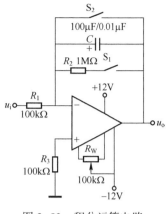

图 3-83　积分运算电路

表 3-57　积分运算电路数据记录表

t/s	0	5	10	15	20	25	30	...
u_o/V								

3.6.6　思考题

1. 集成运算放大器工作时，为什么运放的两个输入端要求对称，接入平衡电阻的作用是什么？

2. 集成运算放大器工作时，输出值会随着输入值一直增大吗？

3. 集成运放运算前为什么要连接成闭环状态调零？可否将反馈支路电阻 R_f 开路调零？

4. 实用积分电路中，跨接在电容两端的电阻 R_2 起什么作用？如果不接 R_2 会产生什么影响？

5. 计算积分、微分电路中的时间常数。

3.7　集成运放应用（II）—— 电压比较器

3.7.1　实验目的

1. 学习应用 Multisim 14 仿真分析集成运算放大器组成电压比较器电路。

2. 掌握电压比较器的结构与特点。

3. 掌握电压传输特性的测试方法。

4. 了解比较器在电路设计中的应用。

3.7.2　实验设备及材料

1. 装有 Multisim 14 的计算机。

2. 函数信号发生器。

3. 双踪示波器。

4. 数字万用表。

5. 模拟电路实验箱。

6. μA741 芯片。

7. 电阻元件若干。

3.7.3 实验原理

图 3-84a 所示为一最简单的电压比较器，U_R 为参考电压，加在运放的同相输入端，输入电压 u_i 加在反相输入端。

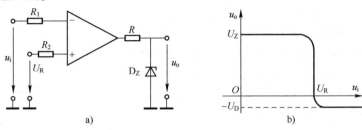

图 3-84 电压比较器

a) 电路图　b) 传输特性

当 $u_i < U_R$ 时，运放输出高电平，稳压管 D_Z 反向稳压工作。输出端电位被其箝位在稳压管的稳定电压 U_Z，即 $u_o = U_Z$；

当 $u_i > U_R$ 时，运放输出低电平，D_Z 正向导通，输出电压模等于稳压管的正向电压降 U_D，实际输出电压方向比零电位低，即 $u_o = -U_D$。

因此，以 U_R 为界，当输入电压 u_i 变化时，输出电压反映出两种状态，即高电位和低电位。输出电压 u_o 从一个电平跳到另一个电平时，对应的输入电压 u_i 称为门限电压或阈值电压，用 U_T 表示。

传输特性表示输出电压与输入电压之间关系的传输特性曲线，如图 3-84b 所示。由图可知，门限电压为 U_R。

常用的电压比较器有单限比较器、滞回比较器、双限比较器（又称窗口比较器）等。当单限比较器的参考电压值为零时，称为过零比较器；滞回比较器的一个输入端接地，则称为具有滞回特性的过零比较器。

1. 过零比较器

如图 3-85a 所示，为加限幅的过零比较器，D_Z 为限幅稳压管。输入信号 u_i 从反相输入端输入，参考电压从同相端输入，值为零。当 $u_i > 0$ 时，输出电压 $u_o = -(U_Z + U_D)$；当 $u_i < 0$ 时，输出电压 $u_o = +(U_Z + U_D)$。电压传输特性如图 3-85b 所示。

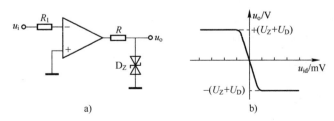

图 3-85 过零比较器

a) 过零比较器　b) 电压传输特性

过零比较器结构简单，灵敏度高，但抗干扰能力差。

2. 滞回比较器

如图 3-86a 所示为具有滞回特性的过零比较器。

过零比较器在实际工作时，如果 u_i 恰好在过零值附近，则由于零点漂移的存在，u_o 将不断由一个极限值转化到另一个极限值，这在控制系统中，对执行机构将是很不利的。如果用这个输出电压去控制电机，将出现频繁的起停现象，这种情况是不允许的。因此就需要输出特性具有滞回现象。如图 3-86a 所示，从输出端引一个电阻分压正反馈支路到同相输入端，若 u_o 改变状态，T 点也随着改变电位，使过零点离开原来位置。当 u_o 为正（记作 U_{omax}），由于输出端接双向稳压管，有 $U_{omax} = U_Z + U_D \approx U_Z$，则门限电压 $U_T = \dfrac{R_1}{R_1 + R_2} U_{omax} = \dfrac{R_1}{R_1 + R_2}(U_Z + U_D) \approx \dfrac{R_1}{R_1 + R_2} U_Z$，当 $u_i > u_T$ 时，u_o 从正变成负（记作 U_{omin}），有 $U_{omin} = -(U_Z + U_D) \approx -U_Z$，此时门限电压 U_T 变为 $-U_T$。只有当 u_i 下降到 $-U_T$ 以下，才能使 u_o 输出为 U_{omax}。

滞回传输特性如图 3-86b 所示。上门限电压为 U_T，下门限电压为 $-U_T$，$-U_T$ 和 U_T 之差称为回差，改变 R_1 的取值可以改变回差的大小。

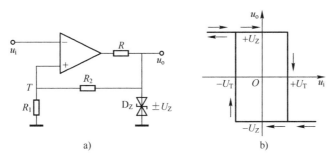

图 3-86 滞回比较器

3. 窗口（双限）比较器

简单的比较器仅能鉴别 u_i 比参考电压 U_R 高或低的情况，窗口比较电路由两个简单比较器组成，如图 3-87 所示，它能指示出 u_i 值是否处于 U_R^+ 或 U_R^- 之间。如果 $U_R^- < u_i < U_R^+$，窗口比较器的输出电压 U_o 为高电平 U_{oM}；如果 $u_i < U_R^-$ 或 $u_i > U_R^+$，则输出电压 U_o 为低电平 $-U_{oM}$。

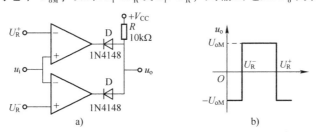

图 3-87 由两个简单比较器组成的窗口比较器

a）电路图 b）传输特性

3.7.4 计算机仿真实验内容

1. 过零比较器

1）在 Multisim 14 元器件库中，调用元器件，画出如图 3-88 所示的仿真电路图。其中双向稳压管由两个普通稳压管组合得到，单击 Multisim 14 平台工具栏中的二极管图标，在弹出的对话框中的单击 ZENER，再选 1Z6.8。

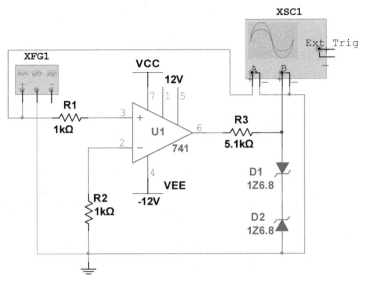

图 3-88 过零比较器

2）给运放接入 ±12 V 电源，注意引脚 4 接负电源，引脚 7 接正电源。首先断开函数信号发生器，使 741 同相输入端悬空，用示波器测量输入、输出电压值，并记录到表 3-58 中。

表 3-58　同相输入端悬空时的输出

测 量 项 目	同相输入端输入电压	运放输出电压（不接稳压管）	运放输出电压（接双向稳压管）
仿真值			
实验值			

3）将函数信号发生器接入 741 同相输入端，设置输入信号频率为 1 kHz、峰值为 2 V 的正弦波。仿真运行，观察示波器输入、输出波形如图 3-89 所示。

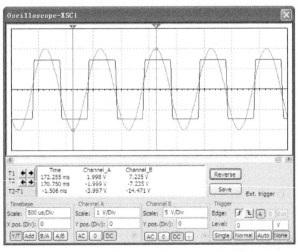

图 3-89　过零比较器的输入、输出波形

4）用示波器直接观察电压传输特性曲线，如图 3-90 所示。具体步骤：针对图 3-89 输入、输出波形，单击 Y/T　Add　B/A　A/B 中的 B/A，表示输入信号 A 通道作为 X 轴，输出信号 B 通道作为 Y 轴，与电路的传输特性坐标相同，可用来直接测量传输特性曲线。

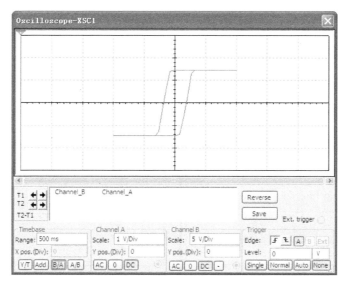

图 3-90　过零比较器的仿真测试电压传输特性曲线

5）改变输入信号幅度，观察输出信号变化，手动绘出电压传输的特性曲线如图 3-91 所示，确定传输特性曲线上 $\pm U_{oM}$ 的取值。与图 3-90 比较，说明轨迹稍有不同的原因。

6）改变图 3-88 电路输入端的接法，使同相输入端接地，反相输入端输入信号，重复上述实验步骤 2）~5），绘出输入、输出波形和电压传输特性，观察比较两次实验结果的不同，体会同相过零比较器与反相过零比较器的差别。

7）设计一个基准为 2 V 的电压比较器，要求画出仿真电路，并绘制出传输特性曲线。

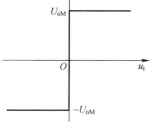

图 3-91　电压传输特性曲线

2. 反相滞回比较器

1）如图 3-92 所示，在 Multisim 14 元器件库中，调用元器件，画出仿真电路图。信号从运放反相输入端输入，同相输入端接地，在输出端与同相输入端引入正反馈电阻 R_f。

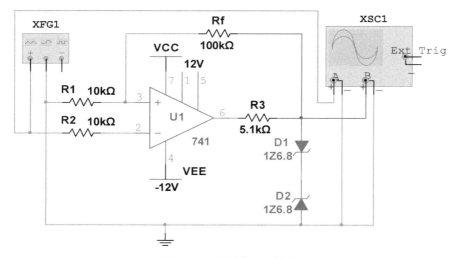

图 3-92　反相滞回比较器

161

2）将电路参数代入公式，理论计算出上门限电压 U_T、下门限电压$-U_\mathrm{T}$ 和回差电压，记录数据到表 3-59 中。

3）单击函数发生器，设置输入信号频率为 1 kHz，峰值为 2 V。仿真运行，观察示波器输出波形如图 3-93a 所示，记录输出电压幅值。移动游标，改变扫描时间，拉宽波形，如图 3-93b 所示，确定输出电压由正值跳变为负值所对应输入信号的取值，输出电压由负值跳变为正值所对应输入信号的取值。记录数据到表 3-59 中，并与理论计算结果对比。

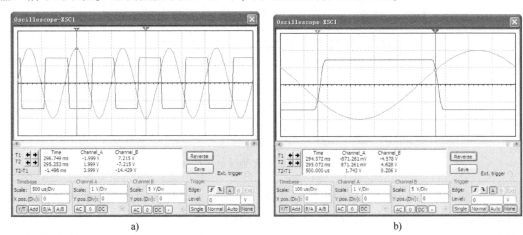

图 3-93 反相滞回比较器输入、输出波形

4）用示波器直接观察电压传输特性曲线，如图 3-94 所示。

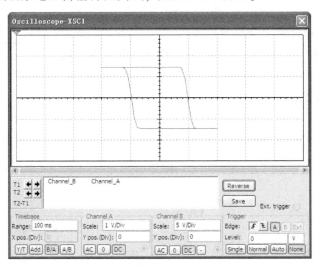

图 3-94 反相滞回比较器的仿真测试电压传输特性曲线

5）为了更清楚地确定回差电压，将输入电压通过电路连接成可变的直流电压，电路中接入电压表测量 741 两个输入端电压和输出电压，具体电路如图 3-95 所示。

6）双击滑动变阻器图标，在弹出的对话框的 "Value" → "Increment" 栏中将 5% 改为 1%，位置保持 50%。

7）仿真运行，观察运放输入与输出电压值。如图 3-95 所示，输入小于零值为$-3.625\,\mu\mathrm{V}$，则输出电压值 $-7.214\,\mathrm{V}$，U_3 表的读数为 $-0.655\,\mathrm{V}$。

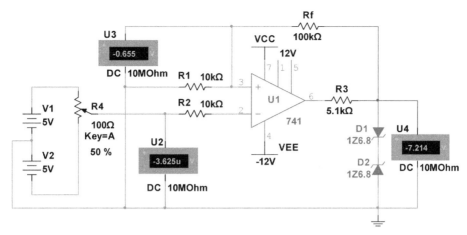

图 3-95　输入直流电压的反相滞回比较器

8）按快捷键〈A〉，使滑动变阻器阻值按 1% 不断增加，当从 56% 增加到 57% 时，输出跳变为 +7.214 V。若想进一步确定跳变准确值，可在滑动到 56% 之后，改变 "Value"→"Increment" 栏中变化百分比，使变化变为 0.1%，从而得到更准确 U_o 从 $-U_{oM}$→U_{oM} 时 U_i 的临界值，记录数据到表 3-59 中。

9）输出为正向最大值时，滑动变阻器回到 50% 的位置，按快捷键〈Shift+A〉，使滑动变阻器阻值按 1% 不断减少，当从 43% 减小到 42% 时，输出跳变为 -7.214。若想进一步确定跳变准确值，可在滑动到 43% 之后，改变 "Value"→"Increment" 栏中变化百分比，使变化变为 0.1%，得到更准确 U_o 从 U_{oM}→$-U_{oM}$ 时 U_i 的临界值，记录数据到表 3-59 中，并计算回差电压及误差值。

表 3-59　反相滞回比较器数据记录表

测 量 项 目	U_{oM}→$-U_{oM}$ 下门限电压 $-U_T$	$-U_{oM}$→U_{oM} 上门限电压 U_T	回差电压 ΔU	回差电压与理论值误差
理论计算值				
仿真输入正弦波信号				
仿真输入直流可调信号				
实验室测量值				

10）改变输入正弦波信号幅度，观察输出信号变化，手动绘出电压传输的特性曲线。

3. 同相滞回比较器

1）仿真电路如图 3-96 所示，在 Multisim 14 元器件库中，调用元器件，画出仿真电路图。信号从运放同相输入端输入，反相输入端接地，输出端与同相输入端接入电阻 R_f，引入正反馈。

2）仿真步骤与反相滞回比较器相同，确定回差电压，记录数据到表 3-60 中。

表 3-60　同相滞回比较器数据记录表

测 量 项 目	U_{oM}→$-U_{oM}$ 下门限电压 $-U_T$	$-U_{oM}$→U_{oM} 上门限电压 U_T	回差电压 ΔU	回差电压与理论值误差
理论计算值				
仿真输入正弦波信号				
仿真输入直流可调信号				
实验室测量值				

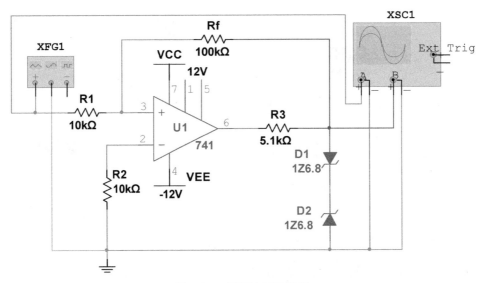

图 3-96　同相滞回比较器

3）改变输入正弦波信号幅度，观察输出信号变化，绘出电压传输特性曲线。

4. 窗口比较器

1）如图 3-97 所示，在 Multisim 14 元器件库中，调用元器件，画出仿真电路图。

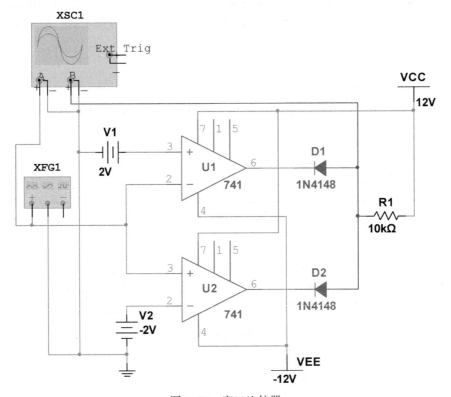

图 3-97　窗口比较器

2）单击函数发生器，设置输入信号频率为 100 Hz，峰值为 5 V。运算放大器 U_1 的同相输入端加入 2 V 直流电源，运算放大器 U_2 的反相输入端加入-2 V 直流电源。

3）仿真运行，观测输入、输出波形如图3-98a所示，记录输出电压幅值。移动游标，改变时间灵敏度，拉宽波形，如图3-98b所示，确定输出电压由正值跳变为负值所对应输入信号的大小，输出电压由负值跳变为正值所对应输入信号的大小。

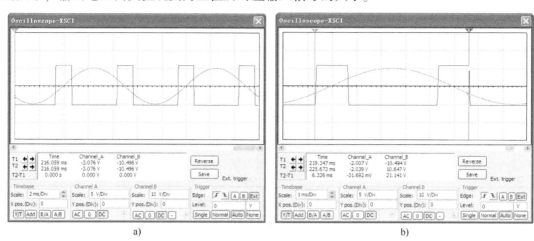

图3-98 窗口比较器的输入、输出波形

4）用示波器直接观察电压传输特性曲线。

5）重复实验"反相滞回比较器"中步骤5）~9），准确测量输出跳变时，对应的输入电压。

6）根据测量结果，手动绘出电压传输特性曲线。

7）改变输入运算放大器的门限值，即改变运算放大器 U_1 的同相输入端的直流电源和运算放大器 U_2 的反相输入端的直流电源，重复实验步骤2）~6），绘出新的电压传输特性曲线。

8）比较两次传输特性曲线，理解窗口比较器的工作原理。

3.7.5 实验室操作实验内容

1. 过零比较器

1）如图3-99所示，在模拟电路实验箱上连接电路，接通±12 V 电源。

2）测量 u_i 未输入信号悬空时的 u_o 值，记录数据到表3-58中。

3）接入信号发生器，使 u_i 输入1 kHz、峰峰值为2 V 的正弦信号，用示波器观察 u_i 和 u_o 波形并记录到表3-61中。

4）用示波器直接观察电压传输特性曲线，具体步骤：单击"MENU"，将时基改为"X-Y"方式，可直接观察传输特性曲线。

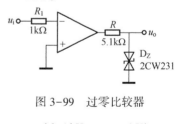

图3-99 过零比较器

表 3-61 过零比较器 u_i 和 u_o 波形记录表 $\qquad$ ($f = 1$ kHz, $u_{ip-p} = 2$ V)

输入波形	
输出波形	

5）改变输入信号峰峰值，用示波器观察 u_i 和 u_o 波形，观察输出波形的变化。

6）断开信号发生器，输入信号由图 3-100 电阻分压器提供，或者直接由实验箱提供±5 V 可调直流电压作为输入电压信号，改变 u_i 的取值见表 3-62，记录输出电压。

表 3-62　过零比较器输入、输出数据记录表

U_i/V	-2	-1	-0.5	-0.1	0	0.1	0.5	1	2
U_o/V									

7）根据步骤6）结果绘出传输特性曲线，与示波器直接观察特性曲线做比较。

2. 反相滞回比较器

1）如图 3-101 所示，在模拟电路实验箱上连接电路，接通±12 V 电源。

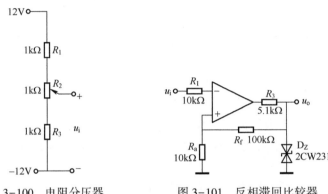

图 3-100　电阻分压器　　　图 3-101　反相滞回比较器

2）输入可调直流电压信号，由图 3-100 电阻分压器提供，或者直接由实验箱提供±5 V 可调直流电压作为输入电压信号，用两个万用表分别测量输入、输出电压，测出当输入从-5 ~ +5 V 变化时，u_o 由 $u_{oM} \rightarrow -u_{oM}$ 时 u_i 的临界值，记录数据到表 3-59 中。

3）同上，测出 u_o 由 $-u_{oM} \rightarrow u_{oM}$ 时 u_i 的临界值，记录数据到表 3-59 中。

4）断开直流输入信号，接入函数信号发生器，使 u_i 输入为 1 kHz、峰峰值为 2 V 的正弦信号，观察并记录 u_i 和 u_o 波形。

5）用示波器直接观察电压传输特性曲线。

6）将反馈支路 R_f 电阻由 100 kΩ 改为 200 kΩ，重复实验步骤 2）~5），测量传输特性。

3. 同相滞回比较器

1）如图 3-102 所示，在模拟电路实验箱上连接电路，接通±12 V 电源。

2）参照"反相滞回比较器"实验步骤，自拟实验方法，记录数据到表 3-60 中。

3）根据测量结果绘出传输特性曲线，与示波器直接观察特性曲线做比较。

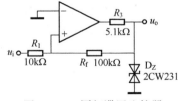

图 3-102　同相滞回比较器

4）将结果与"反相滞回比较器"进行比较。

4. 窗口比较器

1）如图 3-87 所示，在实验箱上连接电路，接通±12 V 电源。

2）U_R^+、U_R^-、u_i 由图 3-100 电阻分压器或者实验箱的连续可调直流电源提供，使 U_R^+ 为 2 V，U_R^- 为 -2 V，u_i 为 -5 ~ +5 V 可调直流电压。

3）用万用表测量输入、输出电压，观察输出跳变时对应的临界输入，记录数据到表 3-63 中。

表 3-63 窗口比较器输入、输出数据记录表

U_i/V	-5	-4	-3	-2	-1	0	1	2	3	4	5
U_o/V											

4）根据上述实验结果绘出传输特性曲线，与示波器直接观察特性曲线做比较。

3.7.6 思考题

1. 由集成运算放大器构成电压比较器需要调零和消振吗？
2. 集成运算放大器构成电压比较器时工作在线形区还是非线性区？
3. 电压比较器工作时，若将示波器的输出方式改为 X-Y 方式，能否在示波器上直接得到电压传输特性？
4. 对于本实验中的所有电压比较器，若输入信号为三角波，输出波形会有变化吗？回差电压如何计算？
5. 若将图 3-87 窗口比较器的电压传输特性曲线高、低电平对调，应如何改动比较器电路？

3.8 集成运放应用（Ⅲ）——波形发生电路

3.8.1 实验目的

1. 学习应用 Multisim 14 仿真分析集成运放构成正弦波、方波和三角波发生电路。
2. 学习波形信号发生电路的调整和主要性能指标的测试方法。
3. 掌握波形发生电路的特点和分析方法。
4. 熟悉波形发生电路的设计方法。

3.8.2 实验设备及材料

1. 装有 Multisim 14 的计算机。
2. 函数信号发生器。
3. 双踪示波器。
4. 数字万用表。
5. 模拟电路实验箱。
6. 电阻、电容若干。

3.8.3 实验原理

由集成运放构成的正弦波、方波和三角波发生器有多种形式，本实验选用最常用的、线路比较简单的两种加以分析。

1. RC 桥式正弦波振荡电路（文氏电桥振荡电路）

RC 桥式正弦波振荡电路又称为文氏电桥振荡电路，是一种较理想的正弦波产生电路，通常用来产生频率小于 1 MHz 的低频信号。

图 3-103 所示电路为 RC 桥式正弦波振荡电路。其中，RC 串、并联电路构成正反馈支路，同时兼作选频网络，R_1、R_2、R_w 及二极管等元件构成负反馈和稳幅环节。调节电位器 R_w，可以改变负反馈深度，以满足振荡的振幅条件和改善波形。利用两个反向并联二极管 D_1、D_2 正向电阻的非线性特性来实现稳幅。D_1、D_2 采用硅管（温度稳定性好），且要求特性匹配，才能保证输出波形正、负半周对称。R_3 的接入是为了削弱二极管非线性的影响，以改善波形失真。

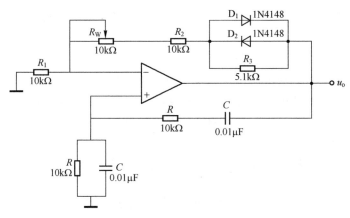

图 3-103 RC 桥式正弦波振荡电路

电路的振荡频率：
$$f_0 = \frac{1}{2\pi RC}$$

起振的幅值条件：
$$\frac{R_f}{R_1} \geqslant 2$$

式中，$R_f = R_w + R_2 + (R_3 // r_D)$，$r_D$ 为二极管正向导通电阻。

调反馈电阻 R_f（调 R_w）使电路起振，且波形失真最小。如不能起振，则说明负反馈太强，应适当加大 R_w。如波形严重失真，则应适当减小 R_w。

改变选频网络的参数 R 或者 C，即可调节振荡频率。一般采用改变电容 C 做频率量程切换，而调节 R 做量程内的频率细调。

2. 三角波-方波发生电路

图 3-104 所示电路为三角波-方波发生电路，它是把同相输入的滞回比较器和反相积分器首尾相接形成正反馈闭环系统。比较器 A_1 输出的方波经积分器 A_2 积分可得到三角波，三角波又触发比较器自动翻转形成方波，即比较器 A_1 输出方波，积分器 A_2 输出三角波，波形如图 3-105 所示。由于采用运放组成的积分电路，因此可实现恒流充电，使三角波线性大大改善。

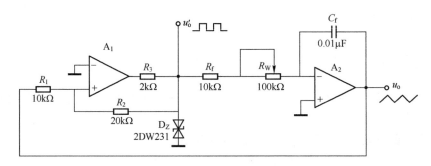

图 3-104 三角波-方波发生电路

电路振荡频率：$f_0 = \dfrac{R_2}{4R_1(R_f + R_w)C_f}$

方波幅值：$\qquad U'_{oM} = \pm U_Z$

三角波幅值：$\quad U_{oM} = \dfrac{R_1}{R_2}U_Z$

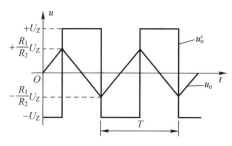

调节 R_w 可以改变振荡频率，改变比值 $\dfrac{R_1}{R_2}$ 可

调节三角波的幅值。

图 3-105　三角波、方波发生器输出波形图

3.8.4　计算机仿真实验内容

1. RC 桥式正弦波振荡电路（文氏电桥振荡电路）

1）如图 3-106 所示，在 Multisim 14 元器件库中，调用元器件，画出仿真电路图。单击"Place"→"Junction"在同相输入端放置节点；单击"Place"→"Text"文本输入"ui"和"uo"，便于分辨和观察信号。

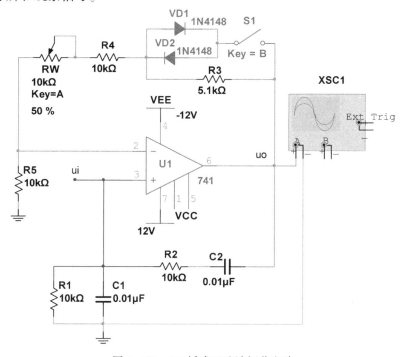

图 3-106　RC 桥式正弦波振荡电路

2）双击电位器 R_w，将弹出的对话框"Value"中的"Increment"栏改为 0.1%，将开关 S_1 的"Key"栏改为 B。

3）将电位器 R_w 值调至最小，闭合 S_1 启动仿真，用示波器观察有无正弦波的输出。若无输出，可从小到大调节 R_w 使得输出波形从无到有。当恰好出现振荡波形即临界起振波形时，记录此时 R_w 取值及运放的输出波形。

4）然后继续增大电位器 R_w 阻值，在增大的过程中可做适当微调，直至输出波形为稳定不失真的正弦波，记录 R_w 取值及运放的输出波形；用示波器 B 通道测量此时运算放大器同相输入端波形，即 RC 选频网络的正反馈输入波形，同时观测输入与输出波形，分析相位、幅值关系，记录数据并计算反馈系数 $F = \dfrac{U_{f(+)}}{U_o}$。

5）继续增大，直至恰好出现失真波形，记录此时的 R_w 取值及运放的输出波形。

6）用示波器测量振荡频率 f_o，并与理论计算值比较。

7）断开 S_1，即断开 VD_1、VD_2，重复上述步骤 3）~6），记录数据与波形，并将测试结果与 S_1 闭合时比较，分析 VD_1、VD_2 的稳幅作用。

8）将图 3-106 中 R_1 和 R_2 阻值改为 $20\,k\Omega$，保持电容值不变，重复上述步骤 3）~7），记录数据与波形，将测试结果与 R_1 和 R_2 取 $10\,k\Omega$ 时比较，分析阻值改变对电路的影响。

9）将图 3-106 中 C_1、C_2 的值改为 $0.02\,\mu F$，保持电阻值不变，重复上述步骤 3）~7），记录数据与波形，将测试结果与 C_1 和 C_2 取 $0.01\,\mu F$ 时比较，分析容值改变对电路的影响。

2. 三角波–方波发生电路

1）在 Multisim 14 元器件库中，调用元器件，画出仿真电路图如图 3-107 所示。其中双向稳压管仍由两个普通稳压管组合得到。单击"Place"→"Junction"放置节点，单击"Place"→"Text"文本输入"uo1"和"uo"，便于分辨和观察信号。

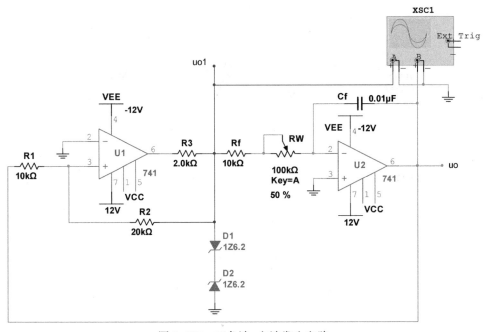

图 3-107　三角波–方波发生电路

2）将电位器 R_w 置中间位置，仿真运行，用示波器观察并记录方波 u_{o1} 和三角波 u_o 的波形，如图 3-108 所示，测量其峰峰值、频率和方波的占空比，记录数据到表 3-64 中。测量数据的方法可以采用示波器直接读取数据，也可选择采用 3.2 节"单管放大电路"中介绍的探针测量法。

3）将电位器 R_w 按表 3-64 取值，分别仿真运行，观察记录方波 u_{o1} 和三角波 u_o 的波形，测量其峰峰值、频率和方波的占空比，记录数据到表 3-64 中。观察电位器 R_w 变化对频率的影响，计算其频率变化范围。

4）根据电路工作原理，将参数代入理论计算公式，记录数据到表 3-64 中，比较理论计算与实际测量结果。

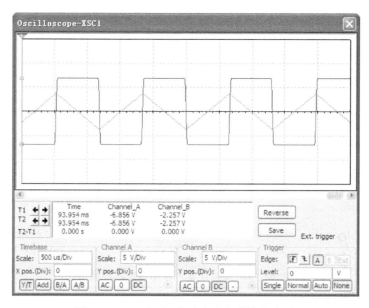

图 3-108 三角波-方波发生电路输出波形

5）将运放 U_1 同相输入端电阻 R_1 阻值增大一倍，变为 20 kΩ，重复实验步骤 2）~4），记录数据到表 3-64 中，分析阻值 R_1 改变对输出波形的幅值、频率的影响。

表 3-64　三角波-方波发生电路数据记录表

R_1/kΩ	R_w/kΩ	方波 U_{o1}						三角波 U_o			
		峰峰值 U_{p-p}/V		频率/Hz		占空比		峰峰值 U_{p-p}/V		频率/Hz	
取值	取值	理论计算	仿真测量	理论计算	仿真测量	仿真测量		理论计算	仿真测量	理论计算	仿真测量
10	0										
	50										
	100										
20	0										
	50										
	100										

6）自行改变 R_1 或 R_2 阻值，观察输出波形的幅值、频率变化，结合理论验证改变阻值 R_1 或 R_2 对输出波形的影响。

3.8.5　实验室操作实验内容

1. RC 桥式正弦波振荡电路（文氏电桥振荡电路）

1）实验电路如图 3-103 所示，在模拟电路实验箱上连接电路，接通 ±12 V 电源。

2）将 R_w 电位器旋至最小，用示波器观察有无正弦波的输出。若无输出，则逐渐增大电位器，使波形从无到有，从正弦波到出现失真。描绘 u_o 的波形，记下临界起振、正弦波输出及失真情况下的 R_w 值，分析负反馈强弱对起振条件及输出波形的影响。

3）调节电位器 R_w，使输出电压 U_o 幅值最大且不失真，用示波器分别测量输出电压 U_o、反馈电压 U_+，分析研究振荡的幅值条件。

4）断开二极管 VD_1、VD_2，重复上述步骤 2）的内容，将测试结果与步骤 2）进行比较，

171

分析 VD_1、VD_2 的稳幅作用。

　　5）以上实验数据记录如下。

　　① 临界起振时，$R_w =$ _____ （理论值为 _____ ）；

　　　最大不失真时，$R_w =$ _____ （理论值为 _____ ）。

　　② 最大不失真时，输出电压峰峰值 $u_{opp} =$ _____ V；

　　　同相端电压峰峰值 $u_{+pp} =$ _____ V，与 u_o ____ 相；

绘出输出端与同相端的波形，记录到表 3-65 中。

　　③ 振荡频率 $f_0 =$ _____ Hz（理论值为 _____ Hz）。

　　④ 断开二极管，临界起振时，$R_w =$ _____ （理论值为 _____ ）；

刚失真时，$R_w =$ _____ 。

　　⑤ 恢复二极管，把电容换成 $0.1 \mu F$，调节 R_w，使输出最大不失真，此时振荡频率 $f_0 =$
_____ Hz（理论值为 _____ Hz）。

表 3-65　RC 桥式正弦波振荡电路波形记录表

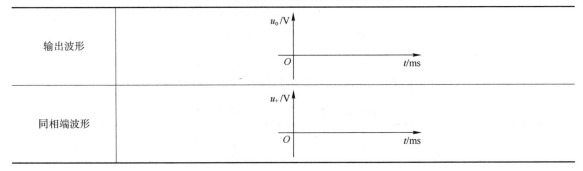

2. 三角波和方波发生器

1. 实验电路如图 3-104 所示，在模拟电路实验箱上连接电路，接通±12 V 电源。

2. 将电位器 R_w 分别调至 20 kΩ、40 kΩ、用双踪示波器观察记录方波 U_o' 及三角波 U_o 的波形，测其幅值、频率。

3. 保持 $R_w = 40$ kΩ，R_2 改成 10 kΩ，观察对 U_o、U_o' 幅值及频率的影响。

3.8.6　思考题

　　1. 文氏电桥振荡电路中的两个二极管是如何起到稳幅作用的，为什么要在二极管两端并联一个电阻？

　　2. 在 RC 正弦波振荡电路中，振荡频率 f_0 是多少？

　　3. 在 RC 正弦波振荡电路中，R_w 要大于多少欧姆，该电路才会起振？

　　4. 在 RC 正弦波振荡电路中，若已稳定振荡，反相输入端、同相输入端与输出端的波形有什么关系？

　　5. 在 RC 正弦波振荡电路中，受电源电压的限制，若运放输出最大值为±10 V，二极管的电压降约为 0.7 V，求 R_w 大于何值波形会失真？

　　6. 在 RC 正弦波振荡电路中，若想把频率减小 10 倍，电容应换成多少 μF？此时频率为多少？

　　7. 在三角波-方波发生器中，电阻 R_3 可以不接吗？为什么？

　　8. 如果要通过改变电阻来改变三角波的频率和幅值，应先调频率还是幅值，为什么？

3.9　集成运放应用（Ⅳ）——有源滤波器

3.9.1　实验目的

1. 学会利用 Multisim 14 仿真分析由运算放大器组成的 RC 有源滤波器。
2. 掌握由运算放大器组成的 RC 有源滤波器的工作原理、电路结构和基本性能。
3. 学会运用理论知识计算满足一定设计要求的元件参数。
4. 掌握有源滤波器基本参数的测量方法。
5. 熟悉应用 Multisim 14 软件高级分析功能的使用方法。

3.9.2　实验设备及材料

1. 装有 Multisim 14 的计算机。
2. 函数信号发生器。
3. 双踪示波器。
4. 数字万用表。
5. 模拟电路实验箱。
6. 电阻、电容若干。

3.9.3　实验原理

根据工作信号的频率范围，有源滤波器通常分为低通滤波器（LPF）、高通滤波器（HPF）、带通滤波器（BPF）和带阻滤波器（BEF）4 种类型。它们的幅频特性曲线如图 3-109 所示。

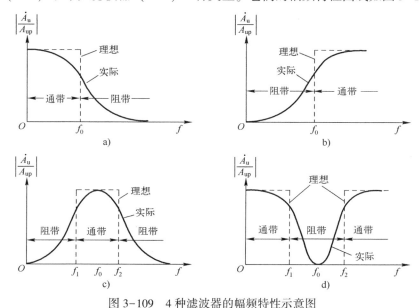

图 3-109　4 种滤波器的幅频特性示意图

a）低通　b）高通　c）带通　d）带阻

1. 低通滤波器（LPF）

低通滤波器是通过低频信号，衰减或抑制高频信号的。

图 3-110a 所示为典型的二阶有源低通滤波器。它由两级 RC 滤波环节与同相比例运算组成，其中第一级电容 C 接至输出端，引入适量的正反馈，以改善幅频特性。图 3-110b 为二阶低通滤波器的幅频特性曲线。

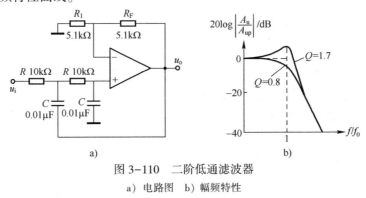

图 3-110 二阶低通滤波器
a）电路图 b）幅频特性

电路性能参数如下。

1）二阶低通滤波器的通带增益：$A_{up} = 1 + \dfrac{R_f}{R_1}$。

2）截止频率：$f_0 = \dfrac{1}{2\pi RC}$，它是二阶低通滤波器通带与阻带的界限频率。

3）品质因数：$Q = \dfrac{1}{3 - A_{up}}$，它的大小影响低通滤波器在截止频率处幅频特性的形状。

2. 高通滤波器（HPF）

高通滤波器是通过高频信号，衰减或抑制低频信号的。

只要将图 3-110a 低通滤波器中起滤波作用的电阻、电容互换，即可变成二阶高通滤波器，如图 3-111a 所示。高通滤波器与低通滤波器相反，其频率响应和低通滤波器是"镜像"关系，仿照 LPF 分析方法，不难求得 HPF 的幅频特性。图 3-111b 为二阶高通滤波器的幅频特性曲线，可见，它与二阶低通滤波器的幅频特性曲线有"镜像"关系。

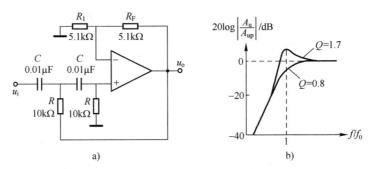

图 3-111 二阶高通滤波器
a）电路图 b）幅频特性

电路性能参数如下。

1）二阶高通滤波器的通带增益：$A_{up} = 1 + \dfrac{R_f}{R_1}$。

2）截止频率：$f_0 = \dfrac{1}{2\pi RC}$，它是二阶高通滤波器通带与阻带的界限频率。

3）品质因数：$Q=\dfrac{1}{3-A_{\text{up}}}$，它的大小影响高通滤波器在截止频率处幅频特性的形状。

3. 带通滤波器（BPF）

带通滤波器的作用是只允许某一个通频带范围内的信号通过，比通频带下限频率低的和比上限频率高的信号均加以衰减和抑制。

典型带通滤波器可以从二阶低通滤波器中将其中一级改成高通而成，如图 3-112a 所示。

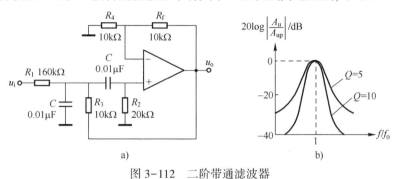

a)　　　　　　　　　b)

图 3-112　二阶带通滤波器

a）电路图　b）幅频特性

电路性能参数如下。

1）二阶带通滤波器的通带增益：$A_{\text{up}}=\dfrac{R_4+R_{\text{f}}}{R_4 R_1 CB}$。

2）中心频率：$f_0=\dfrac{1}{2\pi}\sqrt{\dfrac{1}{R_2 C^2}\left(\dfrac{1}{R_1}+\dfrac{1}{R_3}\right)}$。

3）通带宽度：$B=\dfrac{1}{C}\left(\dfrac{1}{R_1}+\dfrac{2}{R_2}-\dfrac{R_{\text{f}}}{R_3 R_4}\right)$。

4）品质因数：$Q=\dfrac{\omega_0}{B}$。

此电路的特点是改变 R_4 和 R_{f} 的比例就可以改变频率而不影响中心频率。

4. 带阻滤波器（BEF）

带阻滤波器和带通滤波器相反，即在规定的频带内，信号不能通过（或受很大衰减或抑制），而在频带外，信号则顺利通过。如图 3-113 所示，在双 T 型网络后加一级同相比例运算就构成了基本的二阶有源带阻滤波器。

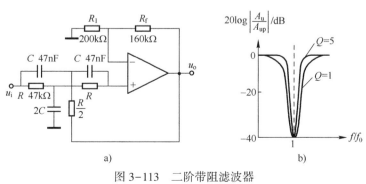

a)　　　　　　　　　b)

图 3-113　二阶带阻滤波器

a）电路图　b）幅频特性

电路性能参数如下。

1）二阶带阻滤波器的通带增益：$A_{up} = 1 + \dfrac{R_f}{R_1}$。

2）中心频率：$f_0 = \dfrac{1}{2\pi RC}$。

3）阻带宽度：$B = 2(2 - A_{up})f_0$。

4）品质因数：$Q = \dfrac{1}{2(2 - A_{up})}$。

3.9.4 计算机仿真实验内容

1. 二阶低通滤波器

1）如图 3-114 所示，在 Multisim 14 元器件库中，调用元器件及仪器，画出仿真电路图。

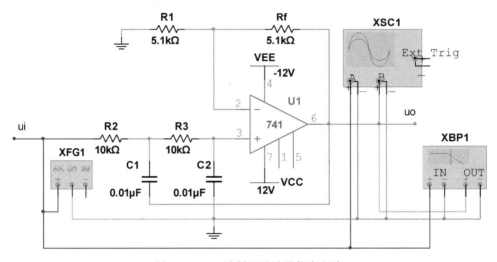

图 3-114 二阶低通滤波器仿真电路

2）双击函数信号发生器，设置输入信号频率为 1 kHz、峰值为 1 V 的正弦波。仿真运行，观察示波器输入、输出波形，如图 3-115 所示。

3）代入公式，理论计算出通带增益 A_{up}、截止频率 f_0、品质因数 Q，记录数据到表 3-66 中。

表 3-66 二阶低通滤波器实验数据记录表

测 量 项 目	通带增益 A_{up}	截止频率 f_0/kHz	品质因数 Q
理论计算			
示波器仿真分析			
波特图仪仿真分析			
实验结果			

4）双击函数信号发生器，设置输入信号频率为 f_0、峰值为 1 V 的正弦波。仿真运行，观察示波器输入、输出波形，计算通带增益 A_{up}、品质因数 Q，记录数据到表 3-66 中。

5）打开波特图仪 XBP1，测量电路的频率响应，设置如图 3-116 所示。由图可读出通带增益为 6.02 dB，折算成放大倍数与理论计算结果比较，记录数据到表 3-66 中。由通频带的定

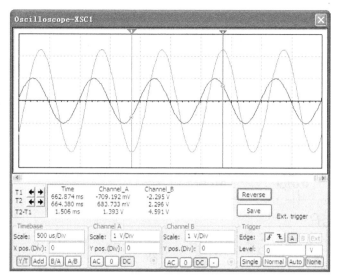

图 3-115 二阶低通滤波器输入、输出波形

义，移动游标如图 3-117 所示，找到通带增益下降 3 dB 约为 3.06 dB 处，读取此时对应的频率值，即为截止频率，并与理论计算结果比较，记录数据到表 3-66 中。

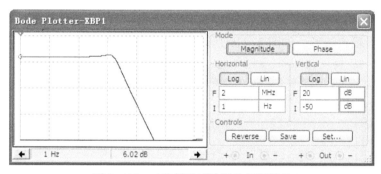

图 3-116 二阶低通滤波器的幅频特性

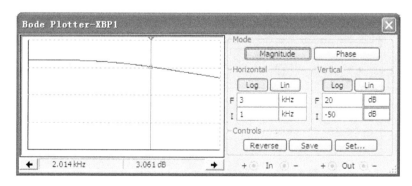

图 3-117 二阶低通滤波器的截止频率

6）设计改变反馈电阻 R_f 取值，重复上述实验步骤 2）~5），分析 R_f 阻值改变对电路参数和频率响应的影响。

7）设计改变运放同相输入端电阻值 R 和电容值 C，重复上述实验步骤 2）~5），分析电阻值 R 和电容值 C 改变对电路参数和频率响应的影响。

2. 二阶高通滤波器

1）如图 3-118 所示，在 Multisim 14 元器件库中，调用元器件，画出仿真电路图。

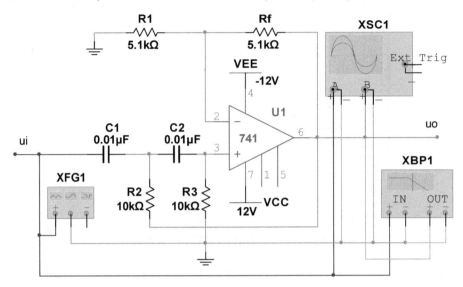

图 3-118　二阶高通滤波器仿真电路

2）双击函数信号发生器，设置输入信号频率为 5 kHz、峰值为 1 V 的正弦波。仿真运行，观察示波器输入、输出波形，如图 3-119 所示。

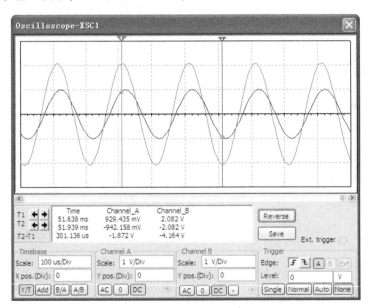

图 3-119　二阶高通滤波器输入、输出波形

3）代入公式，理论计算出通带增益 A_{up}、截止频率 f_0、品质因数 Q，记录数据到表 3-67 中。

4）双击函数信号发生器，设置输入信号频率为 f_0、峰值为 1 V 的正弦波。仿真运行，观察示波器输入、输出波形，计算通带增益 A_{up}、品质因数 Q，记录数据到表 3-67 中。

5）打开波特图仪 XBP1，测量电路的频率响应，设置如图 3-120 所示。可读出通带增益约为 5.98 dB，折算成放大倍数与理论计算结果比较，记录数据到表 3-67 中。由通频带的定义，移动游标如图 3-121 所示，找到通带增益下降 3 dB 约为 2.98 dB 处，读取此时对应的频率值，即为截止频率，并与理论计算结果比较，记录数据到表 3-67 中。

表 3-67　二阶高通滤波器实验数据记录表

测量项目	通带增益 A_{up}	截止频率 f_0/kHz	品质因数 Q
理论计算			
示波器仿真分析			
波特图仪仿真分析			
实验结果			

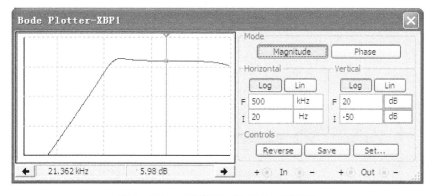

图 3-120　二阶高通滤波器的幅频特性

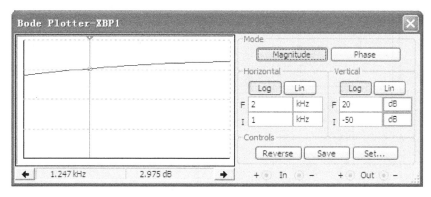

图 3-121　二阶高通滤波器的截止频率

6）设计改变反馈电阻 R_f 取值，重复上述实验步骤 2）~5），分析 R_f 阻值改变对电路参数和频率响应的影响。

7）设计改变运放同相输入端电阻值 R 和电容值 C，重复上述实验步骤 2）~5），分析电阻值 R 和电容值 C 改变对电路参数和频率响应的影响。

3. 二阶带通滤波器

1）如图 3-122 所示，在 Multisim 14 元器件库中，调用元器件，画出仿真电路图。

2）双击函数信号发生器，设置输入信号频率为 1.1 kHz、峰值为 1 V 的正弦波。仿真运行，观察示波器输入、输出波形，如图 3-123 所示。

3）代入公式，理论计算出通带增益 A_{up}、中心频率 f_0、通带宽度 B、品质因数 Q，记录数据到表 3-68 中。

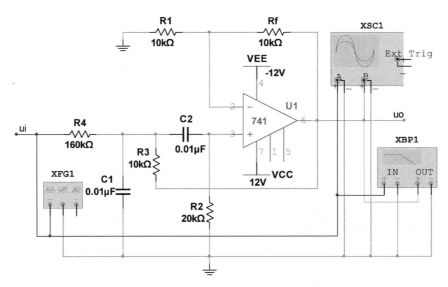

图 3-122　二阶带通滤波器仿真电路

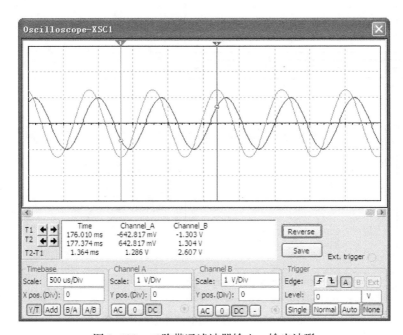

图 3-123　二阶带通滤波器输入、输出波形

表 3-68　二阶带通滤波器实验数据记录表

测 量 项 目	通带增益 A_{up}	中心频率 f_0/kHz	通带宽度 B	品质因数 Q
理论计算				
示波器仿真分析				
波特图仪仿真分析				
实验结果				

4）双击函数信号发生器，设置输入信号频率为 f_0、峰值为 1 V 的正弦波。仿真运行，观察示波器输入、输出波形，计算通带增益 A_{up}，记录数据到表 3-68 中。

5）打开波特图仪 XBP1，测量电路的频率响应，设置如图 3-124 所示。移动游标至最高点，读取对应的通带增益和中心频率值，并与理论计算结果比较，记录数据到表 3-68 中。根据通频带定义，左右移动游标至通带增益下降 3 dB 处，确定上限、下限截止频率，计算通频带宽度 B，记录数据到表 3-68 中。

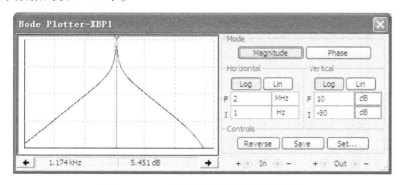

图 3-124　二阶带通滤波器的幅频特性

6）设计改变反馈电阻 R_f 取值，重复上述实验步骤 2）~5），分析 R_f 阻值改变对电路参数和频率响应的影响。

7）设计改变运放同相输入端电阻值 R 和电容值 C，重复上述实验步骤 2）~5），分析电阻值 R 和电容值 C 改变对电路参数和频率响应的影响。

4. 带阻滤波器

1）如图 3-125 所示，在 Multisim 14 元器件库中，调用元器件，画出仿真电路图。

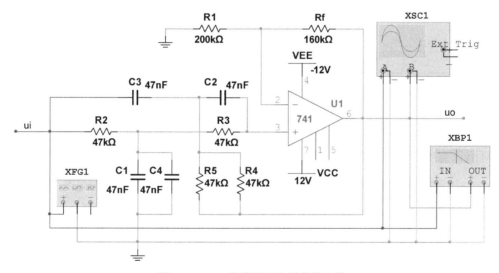

图 3-125　二阶带阻滤波器仿真电路

2）双击函数信号发生器，设置输入信号频率为 1 kHz、峰值为 1 V 的正弦波。仿真运行，观察示波器输入、输出波形，如图 3-126 所示。

3）代入公式，理论计算出通带增益 A_{up}、中心频率 f_0、阻带宽度 B、品质因数 Q，记录数据到表 3-69 中。

4）双击函数信号发生器，设置输入信号频率为 f_0、幅度为 1 V 的正弦波。仿真运行，观察示波器输入、输出波形，计算此阻带增益为_____。令输入信号频率远离中心频率 f_0，

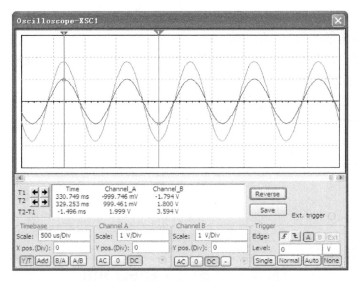

图 3-126　二阶带阻滤波器输入、输出波形

任意选取通带频率，仿真运行，用示波器观察输入、输出波形，计算通带增益 A_{up}、阻带宽度 B 和品质因数 Q，记录数据到表 3-69 中。

表 3-69　二阶带阻滤波器实验数据记录表

测 量 项 目	通带增益 A_{up}	中心频率 f_0/kHz	阻带宽度 B	品质因数 Q
理论计算				
示波器仿真分析				
波特图仪仿真分析				
实验结果				

5）打开波特图仪 XBP1，测量电路的频率响应，设置如图 3-127 所示。移动游标至最低点，读取中心频率值，移动游标至通带处，读取通带增益，与理论计算结果比较，记录数据到表 3-69 中。根据通频带定义，左右移动游标至通带增益下降 3 dB 处，确定上限、下限截止频率，计算阻带宽度 B，记录数据到表 3-69 中。

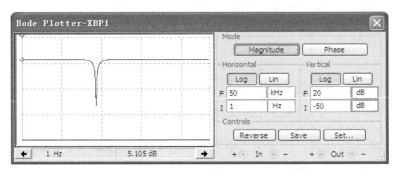

图 3-127　二阶带阻滤波器的幅频特性

6）设计改变反馈电阻 R_f 取值，重复上述实验步骤 2）~5），分析 R_f 阻值改变对电路参数和频率响应的影响。

7）设计改变运放同相输入端电阻值 R 和电容值 C，重复上述实验步骤 2）~5），分析电阻

值 R 和电容值 C 改变对电路参数和频率响应的影响。

3.9.5　实验室操作实验内容

1. 二阶低通滤波器

1）实验电路如图 3-110 所示，在模拟电路实验箱上搭建电路。

2）依照电路参数，理论计算出通带增益 A_{up}、截止频率 f_0、品质因数 Q，详见表 3-66。

3）粗测：接通±12 V 电源，输入端接入峰峰值为 2 V 的正弦信号，在滤波器截止频率 f_0 附近改变输入信号频率，用示波器观察输出电压的变化是否具备低通特性，如不具备，应排除电路故障。

4）保持输入端信号幅度不变，令输入信号频率为滤波器截止频率 f_0，用示波器观察输入、输出电压的幅度，计算通带增益 A_{up} 和品质因数 Q，记录数据到表 3-66 中。

5）保持输入端信号幅度不变，逐点改变输入信号频率，测量输出电压，记录数据到表 3-70 中。

表 3-70　二阶低通滤波器实验记录表

f_{ui}/kHz	0.1	0.2	0.5	1	1.1	1.2	1.3	1.4	1.5
U_{op-p}/V									
f_{ui}/kHz	f_0	1.7	1.8	1.9	2	3	4	5	6
U_{op-p}/V									

6）根据实验数据，描绘幅频特性曲线。

2. 二阶高通滤波器

1）实验电路如图 3-111 所示，在模拟电路实验箱上搭建电路。

2）依照电路参数，理论计算出通带增益 A_{up}、截止频率 f_0、品质因数 Q，详见表 3-67。

3）粗测：接通±12 V 电源，输入端接入峰峰值为 2 V 的正弦信号，在滤波器截止频率 f_0 附近改变输入信号频率，用示波器观察输出电压的变化是否具备高通特性，如不具备，应排除电路故障。

4）保持输入端信号幅度不变，令输入信号频率为滤波器截止频率 f_0，用示波器观察输入、输出电压的幅度，计算通带增益 A_{up} 和品质因数 Q，记录数据到表 3-67 中。

5）保持输入端信号幅度不变，逐点改变输入信号频率，测量输出电压，记录数据到表 3-71 中。

表 3-71　二阶高通滤波器实验记录表

f_{ui}/kHz	0.2	0.5	1.0	1.1	1.2	1.4	f_0	1.8	2
U_{op-p}/V									
f_{ui}/kHz	2.2	2.4	2.6	2.8	3	4	5	200	300
U_{op-p}/V									

6）根据实验数据，描绘幅频特性曲线。

3. 二阶带通滤波器

1）实验电路如图 3-112 所示，在模拟电路实验箱上搭建电路。

2）依照电路参数，理论计算出通带增益 A_{up}、中心频率 f_0、通带宽度 B、品质因数 Q，详见表 3-68。

3）粗测：接通±12 V 电源，输入端接入峰峰值为 2 V 的正弦信号，在滤波器中心频率 f_0 附近改变输入信号频率，用示波器观察输出电压的变化是否具备带通特性，如不具备，应排除电路故障。

4）保持输入端信号幅度不变，令输入信号频率为滤波器中心频率 f_0，用示波器观察输入、输出电压的幅度，计算通带增益 A_{up} 和品质因数 Q，记录数据到表 3-68 中。

5）保持输入端信号幅度不变，逐点改变输入信号频率，测量输出电压，记录数据到表 3-72 中。

表 3-72 二阶带通滤波器实验记录表

f_{ui}/kHz	1.0	1.1	1.16	1.17	1.18	1.19	1.20	1.21	1.22
U_{op-p}/V									
f_{ui}/kHz	1.23	1.24	1.25	1.26	1.27	1.28	1.3	1.4	1.5
U_{op-p}/V									

6）根据实验数据，描绘幅频特性曲线。

4. 二阶带阻滤波器

1）实验电路如图 3-113 所示，在模拟电路实验箱上搭建电路。

2）依照电路参数，理论计算出通带增益 A_{up}、中心频率 f_0、阻带宽度 B、品质因数 Q，详见表 3-69。

3）粗测：接通±12 V 电源，输入端接入峰峰值为 2 V 的正弦信号，在滤波器中心频率 f_0 附近改变输入信号频率，用示波器观察输出电压的变化是否具备带阻特性，如不具备，应排除电路故障。

4）保持输入端信号幅度不变，令输入信号频率远离中心频率 f_0，任意选取通带频率，用示波器观察输入、输出电压的幅度，计算通带增益 A_{up}、阻带宽度 B 和品质因数 Q，记录数据到表 3-69 中。

5）保持输入端信号幅度不变，逐点改变输入信号频率，测量输出电压，记录数据到表 3-73 中。

表 3-73 二阶带阻滤波器实验记录表

f_{ui}/kHz	0.01	0.03	0.05	0.07	0.075	0.078	0.08	0.085	0.087
U_{op-p}/V									
f_{ui}/kHz	0.09	0.1	0.2	0.3	0.4	0.5	1	2	3
U_{op-p}/V									

6）根据实验数据，描绘幅频特性曲线。

3.9.6 思考题

1. 运算放大器组成有源滤波器时，运算放大器工作在线性区还是饱和区？

2. 试分析集成运放有限的输入阻抗对滤波器性能是否有影响。

3. BEF（二阶带阻）和 BPF（二阶带通）是否像 HPF 和 LPF 一样具有对偶关系？若将 BPF 中起滤波作用的电阻与电容的位置互换，能得到 BEF 吗？

4. 设计截止频率为 500 Hz 的低通滤波器和高通滤波器。

5. 设计中心频率为 50 Hz 的带通滤波器和带阻滤波器。

3.10 低频 OTL 功率放大电路

3.10.1 实验目的

1. 掌握应用 Multisim 14 软件对乙类推挽功率放大电路的仿真分析。

2. 掌握乙类互补推挽功率放大电路静态工作点的调试和最大不失真输出电压的测试方法。

3. 观察输出波形的交越失真，学习消除交越失真的方法。

4. 掌握最大不失真输出功率和效率的测量和计算方法。

5. 熟悉 Multisim 中的各种电路分析方法。

3.10.2 实验设备及材料

1. 装有 Multisim 14 的计算机。

2. 函数信号发生器。

3. 双踪示波器。

4. 数字万用表。

5. 模拟电路实验箱。

6. 低频 OTL 功率放大电路板。

3.10.3 实验原理

功率放大电路主要是向负载提供功率，多处于多级放大电路的输出级，应用较为广泛的功率放大电路有 OTL 型和 OCL 型。OCL 互补对称功率放大电路的特点是输出端不需要变压器或大电容，但需要双电源。OTL 互补对称功率放大电路的特点是输出端不需要变压器，只需要一个大电容，其电路仅需要单电源供电。如图 3-128 所示，本实验电路为乙类互补对称单电源功率放大电路，也称为乙类 OTL 电路。

1. 工作原理

图 3-128 中由晶体管 T_1 组成推动级（也称前置放大级），T_2、T_3 是一对参数对称的 NPN 和 PNP 型晶体管，它们组成互补推挽 OTL 功率放大电路。由于 T_2、T_3 都接成射极输出器形式，因此具有输出电阻低、带负载能力强等优点，适合于作功率输出级。T_1 管工作于甲类状态，它的集电极电流 I_{C1} 由电位器 R_{w1} 进行调节。I_{C1} 的一部分流经电位器 R_{w2} 及二极管 D，给 T_2、T_3 提供偏压。调节 R_{w2}，可以使 T_2、T_3 得到合适的静态电流而工作于甲乙类状态，以克服交越失真。静态时要求输出端中点 A 的电位 $U_A = \frac{1}{2}V_{CC}$，可以通过调节 R_{w1} 来实现，又由于

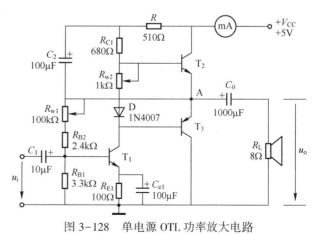

图 3-128 单电源 OTL 功率放大电路

R_{w1} 的一端接在 A 点，因此在电路中引入交、直流电压并联负反馈，能够稳定放大器的静态工作点，同时也改善了非线性失真。

当输入正弦交流电压信号 u_i 时，经 T_1 放大、倒相后同时作用于 T_2、T_3 的基极，u_i 的负半周使 T_2 管导通（T_3 管截止），有电流通过负载 R_L，同时向电容 C_0 充电，在 u_i 的正半周，T_3 管导通（T_2 管截止），则已充好电的电容器 C_0 起着电源的作用，通过负载 R_L 放电，这样在 R_L 上就得到完整的正弦波。

C_2 和 R 构成自举电路，用于提高输出电压正半周的幅度，以得到大的动态范围。

2. OTL 电路的主要性能指标

（1）最大不失真输出功率 P_{om}

理想情况下，$P_{om} = \dfrac{1}{8}\dfrac{V_{CC}^2}{R_L}$，在实验中可通过测量 R_L 两端的电压有效值 U_o，来求得实际的

$P_{om} = \dfrac{U_o^2}{R_L}$。

（2）效率 η 和晶体管集电极效率 η_C

功率放大器的效率定义为放大器的输出信号功率 P_o 与直流电源供给功率 $P_{U\Sigma}$ 之比，用 η 表示，即

$$\eta = \frac{P_o}{P_{U\Sigma}} \times 100\%$$

式中，$P_{U\Sigma}$ 是指直流电源供给晶体管集电极和偏置电路等的直流功率之和。

晶体管集电极效率是指输出功率 P_o 与电源供给晶体管集电极的直流功率 P_U 之比，用 η_C 表示，即

$$\eta_C = \frac{P_o}{P_U} \times 100\%$$

理想情况下，$\eta_{Cmax} = 78.5\%$。电源供给集电极的直流功率 P_U 除了一部分变成有用的信号功率以外，剩余部分主要变成晶体管的管耗 P_C，即有 $P_U = P_o + P_C$。

图 3-128 所示单电源 OTL 功率放大电路，前置放大级仅有晶体管 T_1 组成推动级，其偏置电路消耗电源直流功率并不高，因此在误差允许的范围内，一般不再区分 η 和 η_C，认为二者近似相等。

（3）直流电源供给功率 $P_{U\Sigma}$ 和晶体管集电极的直流功率 P_U

在实验中，可测量电源供给的平均电流，利用功率公式，求得 $P_{U\Sigma} = V_{CC} I_{总}$，$P_U = V_{CC} I_C$，在误差允许范围内，认为 $P_{U\Sigma} \approx P_U$，$I_{总} \approx I_C$。

（4）频率响应

详见 3.2 节"单管放大电路"有关部分内容。

（5）输入灵敏度

输入灵敏度是指输出最大不失真功率时，输入信号 u_i 之值。

3.10.4　计算机仿真实验内容

1. 静态工作点的调整

1）在 Multisim 14 元器件库中，调用元器件及仪器，画出仿真电路图如图 3-129 所示。各元器件所在位置如下。

- 晶体管：（Group）Transistors→（Family）BJT_NPN（或 BJT_PNP）。
- 电阻：（Group）Basic→（Family）RESISTOR。
- 极性电容：（Group）Basic→（Family）CAP_ELECTROLIT。
- 电位器：（Group）Basic→（Family）POTENTIONMETER。
- 二极管：（Group）Diodes→（Family）DIODE。
- 单刀单掷开关：（Group）Basic→（Family）SWITCH→（Component）SPST。
- 电源 V_{CC}：（Group）Sources→（Family）POWER_SOURCES→（Component）VCC。
- 地 GND：（Group）Sources→（Family）POWER_SOURCES→（Component）GROUND。
- 直流电压表：（Group）Indicators→（Family）VOLTMETER。
- 直流电流表：（Group）Indicators→（Family）AMMETER。

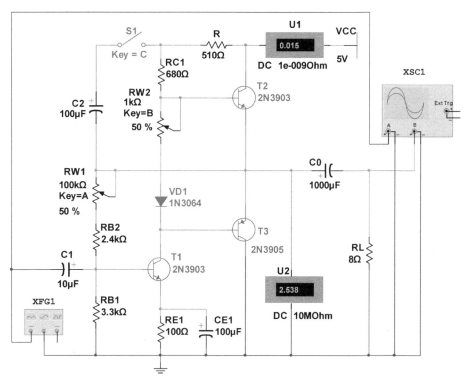

图 3-129　单电源 OTL 功率放大仿真电路

2）双击电位器 R_{w1}，将弹出的对话框"Value"中的"Increment"栏改为 1%。双击电位器 R_{w2}，将弹出的对话框"Value"中的"Key"栏改成 B，"Increment"栏改为 1%。将开关 S_1 的"Key"栏改成 C。

3）断开函数信号发生器 XFG1，将输入端对地短路，即调整输入信号 $u_i = 0$ mV，电位器 R_{w1} 在 50%的位置，R_{w2} 调整到最下方，即 R_{w2} 值为 0。

4）闭合 S_1，仿真运行，观察输出端直流电压表 U_2 的读数。调整电位器 R_{w1}，使输出端直流电压表 U_2 的读数近似为电源电压的一半，即 2.5 V。

5）保持电位器 R_{w1} 位置不变，调整电位器 R_{w2} 的位置，使得电流表 U_1 的读数为 5~10 mA 之间的数值（实际仿真时可选 9 mA 左右的电流）。

6）测试各级静态工作点，记录数据到表 3-74 中。

表 3-74　各级静态工作点测试表　　　　　　　　　　$(u_i = 0\text{mV})$

测量项目	T_1	T_2	T_3
U_B/V			
U_C/V			
U_E/V			

2. 最大不失真输出功率 P_{oM}

1）调整好静态工作点后，输入端接入 $f = 1\text{ kHz}$ 的正弦信号，用示波器 XSC1 观察输入、输出波形。双击函数信号发生器 XFG1，从 1 mV 开始逐渐增大输入信号幅度，使输出电压为最大不失真输出，用示波器测量输出电压的最大值 U_{oM} 或有效值 U_o，代入公式 $P_{oM} = \dfrac{U_o^2}{R_L} = \dfrac{U_{oM}^2}{2R_L}$，计算最大不失真输出功率，记录数据到表 3-75 中。

表 3-75　最大不失真输出功率记录表

测量项目	u_{ip-p}/mV	U_{oM}/mV	R_L/Ω	A_U	实测 P_{oM}/mW	理想 P_{om}/mW	$\Delta P = P_{om} - P_{oM}/\text{mW}$
加自举							
不加自举							

2）打开 S_1，即不加自举电路 R 和 C_2，重复步骤1），记录数据到表 3-75 中。

3）体会自举电路的作用。

3. 效率 η 和晶体管集电极效率 η_C

1）保持 S_1 闭合，加自举电路时最大不失真输出功率的电路状态，在 T_2 管集电极串入直流电压表，用来准确测量集电极直流电流，如图 3-130 所示。

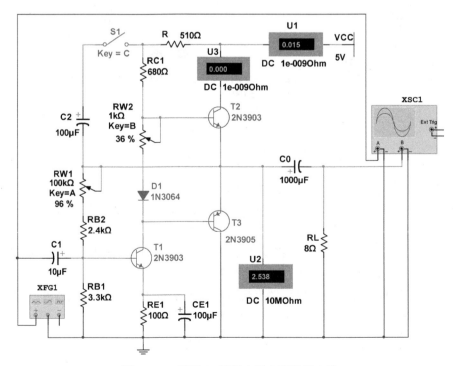

图 3-130　测量 T_2 管集电极电流仿真电路

2）仿真运行，记录数据到表 3-76 中。

3）代入公式 $P_{U\Sigma}=V_{CC}I_{\text{总}}$，$P_U=V_{CC}I_C$ 和 $P_C=P_U-P_{oM}$，计算 $P_{U\Sigma}$、P_U 和 P_C 的值，记录数据到表 3-76 中。

4）代入公式 $\eta=\dfrac{P_o}{P_{U\Sigma}}\times100\%$，$\eta_C=\dfrac{P_o}{P_U}\times100\%$ 和 $\Delta\eta=\eta-\eta_C$，计算 η、η_C 和 $\Delta\eta=\eta-\eta_C$ 的值，记录数据到表 3-76 中。比较两个效率的大小，加深对两个效率定义的理解。

表 3-76　效率 η 和晶体管集电极效率 η_C 数据记录表

测量项目	$I_{\text{总}}$/mA	I_C/mA	$P_{U\Sigma}$/mW	P_U/mW	P_{oM}/mW	P_C/mW	η	η_C	$\Delta\eta$
加自举									
不加自举									

5）保持 S_1 打开，不加自举电路时最大不失真输出功率的电路状态，重复上述实验步骤 2）~4），记录数据到表 3-76 中。

6）体会自举电路的作用。

4. 观察交越失真

1）保持 S_1 闭合，加自举时最大不失真输出功率的电路状态，调整电位器 R_{w2}，连续按〈B〉键，使百分比不断增加，用示波器观察输出波形的变化，直至输出波形出现失真。

2）观察交越失真波形，打开 S_1，观察波形变化。

5. 输入灵敏度

输入灵敏度是指输出最大不失真功率时，输入信号的值。即当输出功率取最大值时对应的输入信号，读取表 3-75 的数据，在 S_1 闭合，电路加自举时有最大无失真输入 $u_{\text{ip-p}}=$ _____（mV）。S_1 打开电路不加自举时有最大无失真输入 $u_{\text{ip-p}}=$ _____（mV）。

6. 频率响应测试

1）为保证电路的安全，测试频率响应时，应该在较低输入电压下进行，通常取输入信号的峰峰值为输入灵敏度 $u_{\text{ip-p}}$ 的 50%。

2）闭合 S_1，给电路加入自举电路。

3）保持输入信号的幅度不变，改变信号源频率，利用扫描分析法或直接测量法，测量放大电路的幅频特性和相频特性曲线。

3.10.5　实验室操作实验内容

实验电路如图 3-128 所示，实验操作电路板如图 3-131 所示。将各仪器按照实验电路在实验箱和实验电路板上连接好，为防止干扰，各仪器的公共端必须连接在一起。在整个测试过程中，电路不应有自激现象。

1. 静态工作点的调试

1）按图 3-131 连接实验电路，接好电源与地线，在 +5 V 电源进线中毫安表的位置串入万用表，打到直流电流档。输入端接信号发生器，输出端接入负载 R_L，先由阻值 8 Ω 电阻替代扬声器。

2）先将输入端对地短路，即调整输入信号 $u_i=0$ mV，电位器 R_{w1} 置中间位置，R_{w2} 置最小值（两个电位器均是顺时针旋转阻值变小）。接通 +5 V 电源，观察万用表读数，同时用手触摸

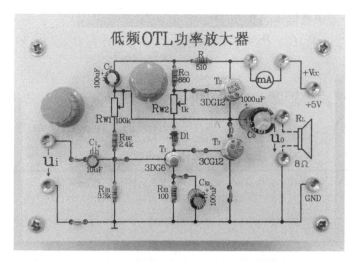

图 3-131　低频 OTL 功率放大器实验操作电路板

输出级管子，若电流过大或者管子升温显著，则应立即断开电源检查原因（如 R_{w2} 开路，电路自激或输出管性能不好等）。如无异常现象，可开始调试。

3）调节电位器 R_{w1}，用万用表测量 A 点电位，使 $U_A = \dfrac{1}{2}V_{CC}$。

4）调节电位器 R_{w2}，使 T_2、T_3 管的 $I_{C2} = I_{C3} = 5 \sim 10$ mA。从减小交越失真角度而言，应适当加大输出级静态电流，但该电流过大，会使效率降低，所以一般以 $5 \sim 10$ mA 为宜。由于万用表是串联在电源进线中，因此测得的是整个放大器的输入电流，除了包含输出级集电极电流 I_{C2} 和 I_{C3}，还包含前级放大电路 T_1 管的集电极电流 I_{C1}。但一般 I_{C1} 较小，所以可以把测得的总电流近似当作输出级的静态电流。如要准确得到末级静态电流，则可从总电流中减去 I_{C1} 的值。

实际操作时，要注意 R_{w2} 的旋转方向，不要调得过大，更不能开路，以免损坏输出管；输出管静态电流调好后，如无特殊情况，不能随意旋动 R_{w2}；可调整输出级静态电流值在 9 mA 左右。

5）输出级电流调好以后，测量各级静态工作点，记入表 3-77 中。

表 3-77　各级静态工作点测试表　　（$I_{C2} = I_{C3} = $ __ mA，$U_A = 2.5$ V）

测量项目	VT$_1$	VT$_2$	VT$_3$
U_B/V			
U_C/V			
U_E/V			

2. 最大输出功率 P_{oM} 的测试

1）输入端接入频率为 1 kHz、峰峰值为 30 mV 的正弦信号，输出端用示波器观察输出波形。

2）逐渐加大输入信号幅度，使输出电压为最大不失真输出，用示波器测量此时的输出电压 U_{oM}（有效值），代入最大输出功率公式 $P_{oM} = \dfrac{U_{oM}^2}{R_L}$，记录数据到表 3-78 中。

表 3-78　最大功率记录表

U_{iMp-p}/mV	U_{oM}/V	P_{oM}/W	I_{dc}/mA	P_E/W	η

3. 效率 η 的测试

1）当输入电压为最大不失真电压时，读出万用表中的电流即为直流电源供给的平均电流 I_{dc}（有一定误差）。

2）代入功率计算公式，近似求得 $P_E = V_{CC}I_{dc}$。

3）代入效率计算公式 $\eta = \dfrac{P_{oM}}{P_E} \times 100\%$，记录数据到表 3-78 中。

4. 输入灵敏度测试

输入灵敏度是指输出最大不失真功率时，输入信号 u_i 的值。只需要测出输出功率 $P_o = P_{oM}$ 时输入电压 u_i 的值，读表 3-78 中 U_{iMp-p} 值即可。要求 $u_i < 100\,mV$。

5. 频率响应测试

1）在测试时，为保证电路的安全，应在较低电压下进行，通常取输入信号为输入灵敏度的 50%。

2）在整个测试过程中，应保持 u_i 为恒定值，且输出波形不得失真。

3）设定输入信号频率为 1 kHz，用示波器观察输出波形，记录输出电压峰峰值 U_{op-p}。

4）保持 u_i 恒定，逐渐增大频率，直到示波器上显示的波形幅度下降为 U_{op-p} 的 70%，此时的信号频率即为放大电路的上限截止频率 f_H。

5）方法同上，逐渐减小频率，得出放大电路的下限频率 f_L，记录数据到表 3-79 中。

表 3-79　幅频响应测试记录表　　　　　　　　　　（$u_{ip-p} = $ ___ mV）

测 量 项 目	f_L	f_0	f_H
f/kHz		1	
U_o/V			
$A_u = U_o/U_i$			

6）将负载 R_L 断开，接入模拟电路实验箱自带扬声器，改变频率，试听扬声器发出的声音，若快速改变频率，观察声音的变化。

6. 噪声电压测试

测量时将输入端短路到地（即 $u_i = 0$），观察输出噪声波形，用示波器观察并测量输出电压，即为噪声电压 u_N，实验测得 $u_N = $ _____。本电路若 $u_N < 15\,mV$，即满足要求。

3.10.6　思考题

1. 分析自举电路的作用，为什么引入自举电路能够扩大输出电压的动态范围？

2. 交越失真产生的原因是什么？怎样克服交越失真？

3. 电路中电位器 R_{w2} 如果开路或短路，对电路工作有何影响？

4. 什么是自激振荡现象？如果电路一旦出现自激振荡，将如何解决？

5. 负载电阻变化对最大不失真输出电压是否有影响？

3.11 直流稳压电源

3.11.1 实验目的

1. 认识理解直流稳压电源各组成模块及其功能。
2. 掌握应用集成稳压器构成直流稳压电源的设计和调试方法。
3. 掌握电源电路的仿真设计与分析方法。

3.11.2 实验设备及材料

1. 装有 Multisim 14 的计算机。
2. 函数信号发生器。
3. 双踪示波器。
4. 数字万用表。
5. 模拟电路实验箱。
6. 电阻、电容若干。

3.11.3 实验原理

1. 直流电源的组成

直流稳压电源是一种将 220 V 工频交流电转换成稳压输出的直流电压的装置,它需要经过变压、整流、滤波、稳压 4 个环节才能完成,如图 3-132 所示。

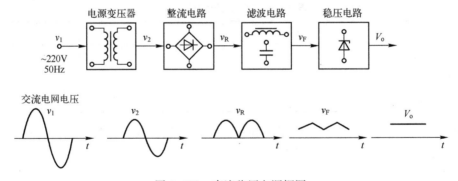

图 3-132 直流稳压电源框图

2. 整流和滤波电路

所谓整流就是利用二极管的单向导电特性,将具有正、负两个极性的交流电能变换成只有一个极性的电能,整流后的单极性电能不仅包含有用的直流分量,还有有害的交流分量,通常称为纹波。利用滤波电路滤去交流分量,取出直流分量,就可以得到比较平滑的直流电。中小型电源一般以单相交流电能为能源,因此只讨论单相整流滤波电路,常用的为桥式全波整流滤波电路,如图 3-133 所示。

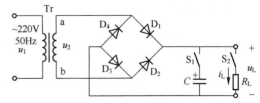

图 3-133 桥式整流滤波电路

1）当 S_1 打开，S_2 闭合时，为桥式全波整流电路，理论分析计算输出电压的平均值 $U_o = U_L = 0.9U_2$，输出电流的平均值 $I_o = I_L = \dfrac{U_o}{R_L} = \dfrac{0.9U_2}{R_L}$。

2）当 S_1 闭合，S_2 打开时，为负载开路的全波整流滤波电路，理论分析计算输出电压的平均值 $U_o = U_L = \sqrt{2}U_2$，输出电流的平均值为 0。

3）当 S_1、S_2 均闭合时，为带载的全波整流滤波电路，工程上认为输出电压的平均值 $U_o = U_L = 1.2U_2$，输出电流的平均值为 $I_o = I_L = \dfrac{U_o}{R_L} = \dfrac{1.2U_2}{R_L}$。

3. 稳压电路

稳压电路的作用是使输出电压在电网波动、负载和温度变化时基本稳定在某一数值。反映稳压电路性能优劣的主要质量技术指标有稳压系数 S_r、输出电阻 R_o 和纹波电压等。

（1）稳压系数 S_r

稳压系数的定义为负载不变时，输出电压与输入电压的相对变化量之比，即

$$S_r = \left. \frac{\Delta U_o / U_o}{\Delta U_i / U_i} \right|_{R_L = 常数}$$

S_r 越小，稳压性能越好。

（2）输出电阻 R_o

输出电阻的定义为输入电压保持不变时，输出电压的变化量与输出电流的变化量之比，即

$$R_o = \left. \frac{\Delta U_o}{\Delta I_o} \right|_{u_i = 常数}$$

R_o 越小，稳压性能越好。

（3）纹波电压

输出纹波电压是指电源输出端的交流电压分量（通常为全波整流，100 Hz 分量），常用恒值或有效值表示，一般为毫伏数量级。

4. 三端集成稳压器

集成稳压器的种类很多，可根据设备对直流电源的要求来进行选择。对于大多数电子仪器、设备和电子电路来说，通常选用串联线性集成稳压器。而在这种类型的器件中，又以三端集成稳压器应用最为广泛。常用的集成稳压器有固定式三端稳压器与可调式三端稳压器。

（1）输出电压固定的三端集成稳压器

W78M××系列、W78××系列和 W78L××系列是三端固定正电压集成稳压器。输出电压有 5 V、6 V、9 V、12 V、15 V、18 V 及 24 V 这 7 种。三端固定式集成稳压器各系列封装及引脚排列图如图 3-134 所示。

（2）输出电压可调的三端集成稳压器

典型的正电压输出的可调输出式集成稳压器如 LM117/LM217/LM317 系列，其输出电压一般在 1.25~37 V 范围内连续可调，对应其最大输出电流的不同有三种规格型号，LM117L 为 0.1 A，LM117M 为 0.5 A，LM117 为 1.5 A。典型的负电压输出的可调输出式集成稳压器如 LM137/LM237/LM337 系列，其输出电压一般在 -37~-1.25 V 范围内连续可调，对应其最大输出电流的不同有三种规格型号，LM137L 为 0.1 A，LM137M 为 0.5 A，LM137 为 1.5 A。

本实验所用的集成稳压器为三端固定正稳压器 W7812。它的主要参数有：输出直流电压

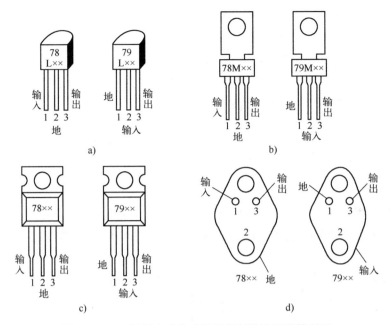

图 3-134 三端固定式集成稳压器封装及引脚排列图

a) TO-92 封装　b) TO-202 封装　c) TO-220 封装　d) TO-3 封装

$U_o = +12\,V$，最大输出电流 L：0.1 A，M：0.5 A，W：1.5 A，电压调整率为 10mV/V，输出电阻 $R_o = 0.15\,\Omega$，输入电压 U_i 的范围为 15~17V。因为一般 U_i 要比 U_o 大 3~5 V，才能保证集成稳压器工作在线性区。

图 3-135 是用三端稳压器 W7812 构成的单电源电压输出的实验电路图。滤波电容 C_1、C_2 一般取几百~几千微法。当稳压器距离整流滤波电路比较远时，在输入端必须接入电容器 C_3（0.33 μF），以抵消线路的电感效应，防止产生自激振荡。输出端电容 C_4（0.1 μF）用以滤除输出端的高频信号，改善电路的暂态响应。

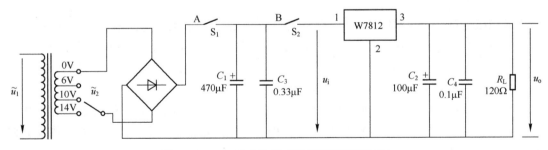

图 3-135　由 W7812 构成的串联型稳压电源

3.11.4　计算机仿真实验内容

1. 整流滤波电路仿真

1）在 Multisim 14 元器件库中，调用元器件及仪器，画出仿真电路图，如图 3-136 所示。各元器件所在位置如下。在变压器二次侧输入文本"U2"，便于分辨和观察信号。

- 交流电压源：（Group）Sources→（Family）POWER_SOURCES→（Component）AC_POWER。设置电压为 220 V，频率为 50 Hz。

- 变压器：（Group）Basic→（Family）TRANSFOMER→（Component）1P1S。
- 整流桥：（Group）Diodes→（Family）FWB→（Component）3N246。
- 电阻：（Group）Basic→（Family）RESISTOR。
- 极性电容：（Group）Basic→（Family）CAP_ELECTROLIT。
- 单刀单掷开关：（Group）Basic→（Family）SWITCH→（Component）SPST。
- 直流电压表：（Group）Indicators→（Family）VOLTMETER。

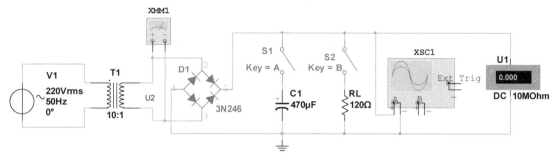

图 3-136　整流滤波电路

2）S_1、S_2均打开，仿真运行。观察示波器输出波形，万用表设置为交流电压档，读取万用表和直流电压表读数，记录数据到表 3-80 中。

表 3-80　桥式整流滤波电路数据记录表

测量项目	万用表读数 U_2	电压表读数 U_1	U_1/U_2	U_1/U_2理论值
S_1、S_2均打开				
单独 S_1 闭合				
S_1、S_2均闭合				

3）单独闭合 S_1，观察示波器输出波形，读取万用表和电压表读数，记录数据到表 3-80 中。

4）S_1、S_2同时闭合，观察示波器输出波形，读取万用表和电压表读数，记录数据到表 3-80 中。

2. 三端集成稳压电路仿真

1）在 Multisim 14 元器件库中，调用元器件，画出仿真电路图如图 3-137 所示。其中 7812 调用步骤为（Group）Power→（Family）VOLTAGE_REGULATOR→（Component）MC7812ACT。

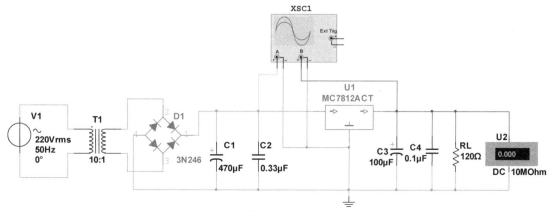

图 3-137　W7812 构成串联型稳压电源仿真电路

195

2）仿真运行，观察示波器输入、输出波形如图 3-138 所示，记录电压表读数为
_____。

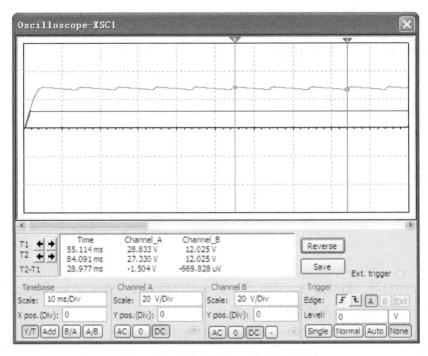

图 3-138　W7812 输入、输出端波形

3）在输出端串入电流表（或万用表）和阻值为 200 Ω 的滑动变阻器 R_p，如图 3-139 所示，观察输出电流的大小。调整滑动变阻器阻值，使输出电流达到 100 mA 时，测量此时的输出电压为_____。

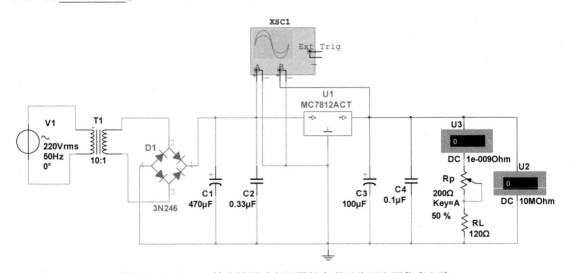

图 3-139　W7812 输出接滑动变阻器的串联型稳压电源仿真电路

4）将滑动变阻器 R_p 阻值变为 2 kΩ，调整滑动变阻器位置改变输出电流，测出相对应的输出电压，记录数据到表 3-81 中。计算输出电阻 R_o，填入表 3-81 中。

表 3-81　7812 构成串联型稳压电源输出电压、电流记录表

R_p 位置	0%	10%	20%	50%	60%	80%	90%	100%
I_o/mA								
$\Delta I_o/mA$								
U_o/V								
$\Delta U_o/mV$								
$R_o = \dfrac{\Delta U_o}{\Delta I_o}/\Omega$								

3.11.5　实验室操作实验内容

1. 整流滤波电路测试

1）如图 3-140 所示，按图在实验箱上连接电路，u_2 接通工频 10 V 电源。

2）打开 S_1，闭合 S_2，取 $R_L = 240\,\Omega$，用万用表直流电压档测量直流输出电压 U_L，用万用表交流电压档测量纹波电压 $\widetilde{U}_L$，并用示波器观察 U_2 和 U_L 波形，记录数据到表 3-82 中。

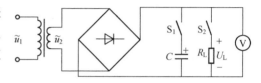

图 3-140　整流滤波实验电路图

3）闭合 S_1 和 S_2，取 $C = 470\,\mu F$，$R_L = 240\,\Omega$，重复步骤 2）的内容。

4）闭合 S_1 和 S_2，取 $C = 470\,\mu F$，$R_L = 120\,\Omega$，重复步骤 2）的内容。

表 3-82　整流滤波电路实验数据记录表

电路形式	U_L/V	$\widetilde{U}_L/V$	u_L 波形
$R_L = 240\,\Omega$			
$R_L = 240\,\Omega$ $C = 470\,\mu F$			
$R_L = 120\,\Omega$ $C = 470\,\mu F$			

2. 集成稳压器性能测试

1）实验电路如图 3-135 所示，按图在实验箱上连接电路，注意开关 S_1 和 S_2 的接入。

2）进行初测。

① u_2 接通工频 10V 电源，打开 S_1，即在 C_1 和 C_3 接入前，用万用表测量整流桥输出的电压 U_A 的直流分量和交流分量；闭合 S_1，即接入 C_1 和 C_3 后，用万用表测量整流桥输出电压经过整流

197

滤波后的输出电压 U_B，也为 W7812 的输入电压 U_i 的直流分量和交流分量。记录数据到表 3-83 中。

表 3-83 初测数据记录表

输入电压 U_2（10 V~）		打开开关 S_1 接入 C_1 和 C_3 前	闭合开关 S_1 接入 C_1 和 C_3 后
被测电压 U_A（U_B）	直流分量		
	交流分量		

② 闭合 S_1 和 S_2，测量集成稳压器 3 脚输出电压 U_o。

将测量结果与理论值对比，检查电路是否正常工作。若结果差距较大，则说明电路有故障。

3）各项性能指标测试。

① 输出电压 U_o 和输出电流 I_o 的测量

输出端接负载电阻 $R_L = 120\,\Omega$，测试输出电压 $U_o =$ _____，输出电流 $I_o =$ _____。

② 稳压系数 S_r 的测量

改变 U_2（模拟电网电压波动），分别测出相应的输出电压 U_o，记录数据到表 3-84 中。

表 3-84 稳压系数 S_r 实验记录表　　　　　　　　　　　　（$R_L = 120\,\Omega$）

测　试　值			计　算　值
U_2/V	U_i/V	U_o/V	S_r
10			
14			

③ 输出电阻 R_o 的测量

取 $U_2 = 14\,V$，改变负载电阻，测量相应的 U_o 值，记录数据到表 3-85 中。

表 3-85 输出电阻 R_o 实验记录表

测　试　值			计　算　值
R_L/Ω	U_o/V	I_o/mA	R_o/Ω
120			
240			

④ 输出纹波电压的测量

取 $U_2 = 14V$，用示波器观察输出电压 U_o，选择交流耦合方式，观察输出纹波波形，测量输出纹波电压，记录数据 $\widetilde{U}_{op-p} =$ _____。

用 7812、7912 设计 ±12 V 双电压输出电路并测试其输出电压。

3.11.6　思考题

1. 在桥式整流电路中，能否用双踪示波器同时观察 U_2 和 U_L 波形？为什么？

2. 在桥式整流电路中，若某个二极管发生开路、短路或反接三种情况，将会出现什么问题？

3. 为保证集成稳压器工作在线性区，一般输入电压要比输出电压大多少合适？若输入电压比输出电压大了很多倍，将会出现什么问题？输入电压比输出电压小了很多，将会出现什么问题？

第4章 数字电子技术基础实验

4.1 组合逻辑电路的设计与测试

4.1.1 实验目的

1. 熟悉数电实验箱的使用方法。
2. 了解基本门电路逻辑功能的测试方法。
3. 学会门电路之间的转换方法，用与非门组成其他逻辑门。
4. 学会用 Multisim 14 软件进行数字电路的仿真实验。
5. 学会虚拟仪器"逻辑转换仪"的使用方法。

4.1.2 实验设备及材料

1. 装有 Multisim 14 的计算机。
2. 数字万用表。
3. 数字电路实验箱。
4. 74LS00×3、74LS20。

4.1.3 实验原理

1. 数字集成电路初识

数字集成电路器件有多种封装形式，实验中多用双列直插式。从正面看，器件一端有一个半圆缺口，这是正方向的标志。IC 芯片的引脚序号是依照半圆缺口为参考点定位的，缺口左下角的第一个引脚编号为 1，引脚编号按逆时针方向增加。使用集成电路器件时要先看清楚它的引脚分配图，找对电源和地的引脚，避免因接线错误造成器件损坏。

集成电路使用的注意事项如下。

1）DIP 封装的器件有两列引脚，两列引脚之间的距离能够做微小改变，但引脚间距不能改变。将器件插入实验平台上的插座（面包板）或从其上拔出时要小心，不要将器件引脚弄弯或折断。

2）接插集成电路时，要认清定位标记，把缺口或圆点放左边，不得插反。

3）TTL 集成电路电源电压严格控制在 4.5~5.5 V 范围内，实验一般用 $V_{CC} = +5$ V。电源极性绝对不允许接反。CMOS 集成电路电源电压允许在 5~18 V 范围内选择，实验中一般也用+5 V 电源电压。

4）74 系列器件一般右下角的最后一个引脚是 GND，左上角的引脚是 V_{CC}。

5）为使门电路稳定工作，多余闲置的输入端一律不准悬空，闲置的输入端处理方法为与非门接 V_{CC}，或非门接 GND，原则上无论选择接电源还是接地，应对其功能不会有影响。

6）在连接电路和插拔集成电路时，应先切断电源，严禁带电插拔芯片。

2. 组合逻辑电路设计步骤

组合逻辑电路的一般步骤如下。

1）根据设计任务的要求，列出真值表。

2）用卡诺图或代数化简法求出最简的逻辑表达式。

3）根据逻辑表达式，画出逻辑图，用标准器件构成电路。

4）最后用实验来验证设计的正确性。

3. 四 2 输入与非门 74LS00 与二 4 输入与非门 74LS20

74LS00 为四 2 输入与非门，共 14 个引脚，除 14 引脚 V_{CC} 及 7 引脚 GND 外，其余 12 个引脚组成四组独立的 2 输入与非门。74LS00 的逻辑功能见表 4-1，其输入输出关系为 $Y=(AB)'$，满足"有 0 出 1，全 1 出 0"的关系，其引脚图如图 4-1 所示。常用的门电路还有二 4 输入与非门 74LS20、四 2 输入与门 74LS08、六反相器 74LS04，其引脚图如图 4-2~图 4-4 所示。

表 4-1　74LS00 的逻辑功能表

输　　入		输　　出
A	B	Y
0	0	1
0	1	1
1	0	1
1	1	0

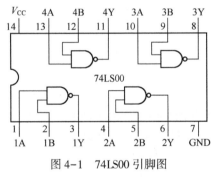

图 4-1　74LS00 引脚图

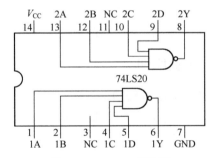

图 4-2　74LS20 引脚图

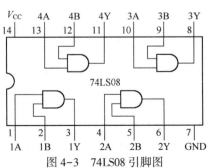

图 4-3　74LS08 引脚图

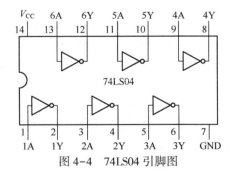

图 4-4　74LS04 引脚图

当把 74LS00 搭接成复杂电路时，如果实验现象不符合要求，则需用万用表的直流电压档去检测每一个与非门的输入输出关系是否满足"有 0 出 1，全 1 出 0"的关系。高电平就是电压为 +5 V 左右，低电平则是电压为 0 V 左右。如果不满足，则考虑更换芯片；如果某些输入端出现电压为 2 V 左右，表示这个输入端悬空了，则考虑是否连接错误或有断线情况。

4. 半加器

如果不考虑有来自低位的进位将两个 1 位二进制数相加，则称为半加。实现半加运算的电路称为半加器。按照二进制加法运算规则可以列出如表 4-2 所示的半加器真值表。

表 4-2　半加器真值表

输　　入		输　　出	
A	B	C_o	S
0	0	0	0
0	1	0	1
1	0	0	1
1	1	1	0

其中 A、B 是两个加数，S 是本位和，C_o 是进位。将 S、C_o 和 A、B 的关系写成逻辑表达式则得到

$$S = A'B + AB' = A \oplus B$$
$$C_o = AB$$

因此半加器是由一个异或门和一个与门组成的。

门电路之间可以互相转换，如需用其他门电路（如与非门）来实现，则可化简为

$$S = A'B + AB' = A \oplus B = A'B + BB' + AB' + AA'$$
$$= A(B' + A') + B(A' + B') = A(AB)' + B(AB)'$$
$$= ((A(AB)' + B(AB)')')' = ((A(AB)')'(B(AB)')')'$$
$$C_o = AB = ((AB)')'$$

根据化简后的逻辑表达式画出电路图如图 4-5 所示。

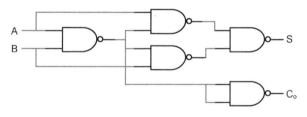

图 4-5　半加器电路图

5. 全加器

实际的加法运算必须同时考虑由低位来的进位，这种由被加数、加数和一个来自低位的进位数三者相加的运算称为全加运算。执行这种运算的器件称为全加器。全加器真值表见表 4-3。

表 4-3　全加器真值表

输　　入			输　　出	
A	B	C_i	C_o	S
0	0	0	0	0

输　　　入			输　　　出	
A	B	C_i	C_o	S
0	0	1	0	1
0	1	0	0	1
0	1	1	1	0
1	0	0	0	1
1	0	1	1	0
1	1	0	1	0
1	1	1	1	1

注：A—加数；B—被加数；C_i—低位的进位；S—本位和；C_o—进位。

根据真值表写出全加器的逻辑表达式：

$$S = A'B'C_i + A'BC_i' + AB'C_i' + ABC_i$$
$$= C_i(A'B' + AB) + C_i'(A'B + AB')$$
$$= C_i(A \oplus B)' + C_i'(A \oplus B) = A \oplus B \oplus C_i$$

令

$$X = A \oplus B = ((A(AB)')'(B(AB)')')'$$

则

$$S = A \oplus B \oplus C_i = X \oplus C_i$$
$$C = A'BC_i + AB'C_i + ABC_i' + ABC_i$$
$$= (A'B + AB')C_i + AB(C_i' + C_i)$$
$$= XC_i + AB = ((XC_i + AB)')' = ((XC_i)'(AB)')'$$

根据表达式画出电路图如图4-6所示。

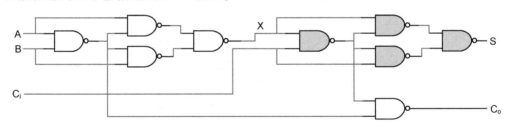

图4-6　全加器实验电路图

4.1.4　计算机仿真实验内容

1. 电机工作报警电路

用逻辑转换仪设计一组合逻辑电路，要求：有 A、B、C 三台电动机，A 工作 B 也必须工作，B 工作 C 也必须工作，否则就报警。用组合逻辑电路实现。

1）在仿真工作区搭建仿真电路，在仪器仪表库栏拖出逻辑转换仪，双击逻辑转换仪图标，在显示的面板图中单击 A、B、C，则在真值表区域内自动列出三个输入的真值表，单击真值表最后 1 列的输出"？"，使之根据题目要求设置成 1 或者 0。再单击右边的转换方式按钮 `ı0ı SIMP AıB` "真值表→最简表达式"，则在下端的空白处得出最简表达式，如图4-7所示。

2）单击右边的转换方式按钮 `AıB → NAND` "表达式→与非门电路"，则在仿真工作区自动搭建出电路主体，且所有的元件都由 2 输入与非门构成。如图 4-8 所示。

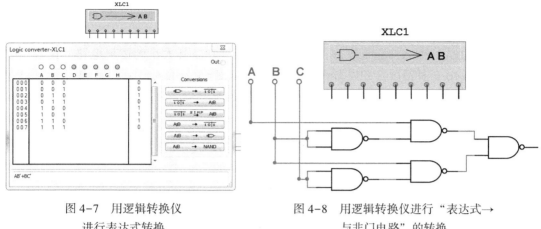

图 4-7　用逻辑转换仪
进行表达式转换

图 4-8　用逻辑转换仪进行"表达式→
与非门电路"的转换

3）调入电源 Sources→POWER＿SOURCES→VCC、地 Sources→POWER＿SOURCES→GROUND、单刀双掷开关 Basic→Switch→SPDT、电平指示灯 Indicators→PROBE→PROBE_DIG_RED。开关 S_1、S_2、S_3 的快捷键"Key"分别设置为"A""B""C"，如图 4-9 所示。

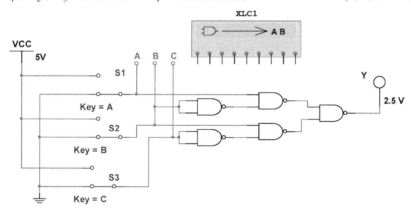

图 4-9　电机报警仿真电路图

4）切换开关 S_1、S_2、S_3 的电平，验证电路的逻辑功能，并记录数据于表 4-4 中，灯亮记 1，灯灭记 0。

表 4-4　电机报警电路数据记录表

输　　入			输　　出
A	B	C	Y
0	0	0	
0	0	1	
0	1	0	
0	1	1	
1	0	0	
1	0	1	
1	1	0	
1	1	1	

2. 一位二进制数数值比较器

在数字电路中，经常需要对两个位数相同的二进制数进行比较，以判断它们的相对大小是否相等，用来实现这一逻辑的电路就称为数值比较器。

数值比较就是对两个二进制数 A、B 进行比较，以判断其大小的逻辑电路，比较结果有 A>B、A＝B、A<B 三种情况。如以 L＝1 表示 A>B；以 E＝1 表示 A＝B；以 S＝1 表示 A<B。

1）可列出两个 1 位二进制数 A 和 B 的大小比较情况和灯亮与不亮情况（即真值表），见表 4-5。

表 4-5　一位二进制数数值比较器真值表

输　　入		输　　出		
A	B	L（A>B）	E（A＝B）	S（A<B）
0	0	0	1	0
0	1	0	0	1
1	0	1	0	0
1	1	0	1	0

2）根据真值表，可列出 L、E、S 的表达式为

$$L = AB'$$

$$S = A'B$$

$$E = A'B' + AB = (A \oplus B)' = (AB' + A'B)' = (L + S)'$$

3）创建电路。根据上述表达式，在 TTL 集成电路库中选择非门 74LS04、与门 74LS08、或非门 74LS02 等门电路，调入电源 Sources→POWER_SOURCES→VCC、地 Sources→POWER_SOURCES→GROUND、单刀双掷开关 Basic→Switch→SPDT、电平指示灯 Indicators→PROBE→PROBE_DIG_RED。开关 A、B 的快捷键 "Key" 分别设置为 "A" "B"，如图 4-10 所示。

4）仿真运行。切换开关 S_1、S_2 的电平状态或按快捷键 "A" 和 "B"，验证电路的逻辑功能，并记录数据于表 4-6 中，灯亮记 1，灯灭记 0。

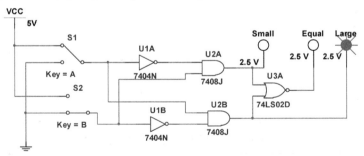

图 4-10　一位二进制数数值比较器电路图

表 4-6　一位二进制数数值比较器数据记录表

输　　入		输　　出		
A	B	L	E	S
0	0			
0	1			
1	0			
1	1			

3. 两位二进制数数值比较器

设计任务：两个两位二进制数 X 和 Y 进行比较，当 X>Y 时，L 输出为 1，当 X=Y 时，E 输出为 1，当 X<Y 时，S 输出为 1，用组合逻辑电路实现（提示：X 由 AB 两位组成，Y 由 CD 两位组成）。仿照上述一位二进制数数值比较器的方法列出真值表，写出逻辑表达式，画出电路图并进行仿真验证。

4.1.5　实验室操作实验内容

1. 与非门 74LS00 的逻辑功能测试

在数字电路实验箱上测试所用门电路 74LS00 的逻辑功能，输入 A、B 由电平开关控制，输出 Y 接入 LED 电平显示端口。记录其输入输出关系到表 4-7 中。

表 4-7　74LS00 逻辑功能测试数据记录表

输　　入		输　　出
A	B	Y
0	0	
0	1	
1	0	
1	1	

逻辑关系：Y = _____ 。

2. 半加器电路测试

在数字电路实验箱上搭接半加器电路，实验芯片选用 74LS00，输入 A、B 由电平开关控制，输出 C_o 和 S 接入 LED 电平显示端口。记录其输入输出关系到表 4-8 中。

表 4-8　半加器数据记录表

输　　入		输　　出	
A	B	C_o	S
0	0		
0	1		
1	0		
1	1		

3. 全加器电路测试

在数字电路实验箱上搭接全加器电路，实验芯片选用 74LS00，输入 A、B、C_i 由电平开关控制，输出 C_o 和 S 接入 LED 电平显示端口。记录其输入输出关系到表 4-9 中。

表 4-9　全加器数据记录表

输　　入			输　　出	
A	B	C_i	C_o	S
0	0	0		
0	0	1		
0	1	0		
0	1	1		
1	0	0		
1	0	1		
1	1	0		
1	1	1		

4. 四人无弃权表决电路设计与测试

设计一个四人无弃权表决电路。当四个输入端中有三个或四个为"1"时，输出端才为"1"，用74LS00来实现。按照组合逻辑电路设计步骤列出真值表，写出表达式并化简成"2输入与非门"的形式，画出电路图，并在数字电路实验箱上验证。

4.1.6 思考题

1. 如何用最简单的方法验证"与非"门的逻辑功能是否完好？
2. 当用74LS00连接成复杂电路时，怎样用万用表去判断与非门的好坏？
3. 当需要把"与非"门当作"非"门用时，应如何处理？需要把"或非"门当作"非"门用时，应如何处理？

4.2 编码器及其应用

4.2.1 实验目的

1. 掌握中规模集成编码器的逻辑功能的测试方法。
2. 掌握优先编码器的扩展使用方法。

4.2.2 实验设备及材料

1. 装有Multisim 14的计算机。
2. 数字电路实验箱。
3. 数字万用表。
4. 74LS148×2、74LS08。

4.2.3 实验原理

1. 优先编码器

编码是指按一定顺序排列的二进制数码中，赋予每组二进制数码以某一固定含义。能完成编码功能的电路统称为编码器。

有些单片机控制系统和数字电路中，无法对几个按钮的同时响应进行反馈，如电梯控制系统在这种情况下就会出现错误，这是绝对不允许的。于是就出现了优先编码器如74LS148，在优先编码器电路中，允许同时输入两个以上编码信号。不过在设计优先编码器时，已经将所有的输入信号按优先顺序排了队。在同时存在两个或两个以上输入信号时，优先编码器只按优先级高的输入信号编码，优先级低的信号则不起作用。74LS148是一个8-3线优先编码器。如图4-11所示的是8-3线优先编码器74LS148的引脚图。

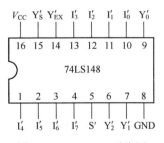

图4-11　74LS148引脚图

74LS148优先编码器为16脚的集成芯片，其中$I'_0 \sim I'_7$为输入信号，Y'_2、Y'_1、Y'_0为三位二进制编码输出信号，S'是使能输入端，Y'_S是使能输出端，Y'_{EX}为优先编码工作状态标志。74LS148优先编码器逻辑功能见表4-10。

表 4-10　74LS148 逻辑功能表

输　入									输　出					功　能
S'	I'_0	I'_1	I'_2	I'_3	I'_4	I'_5	I'_6	I'_7	Y'_2	Y'_1	Y'_0	Y'_S	Y'_{EX}	
1	×	×	×	×	×	×	×	×	1	1	1	1	1	禁止编码
0	1	1	1	1	1	1	1	1	1	1	1	0	1	无编码输入
0	×	×	×	×	×	×	×	0	0	0	0	1	0	对 I'_7 编码
0	×	×	×	×	×	×	0	1	0	0	1	1	0	对 I'_6 编码
0	×	×	×	×	×	0	1	1	0	1	0	1	0	对 I'_5 编码
0	×	×	×	×	0	1	1	1	0	1	1	1	0	对 I'_4 编码
0	×	×	×	0	1	1	1	1	1	0	0	1	0	对 I'_3 编码
0	×	×	0	1	1	1	1	1	1	0	1	1	0	对 I'_2 编码
0	×	0	1	1	1	1	1	1	1	1	0	1	0	对 I'_1 编码
0	0	1	1	1	1	1	1	1	1	1	1	1	0	对 I'_0 编码

74LS148 功能说明如下。

1）S' 为输入使能端，当 S' 输入高电平时，编码器不工作，所有输出端为高电平，当 S' 输入低电平时，编码器工作。

2）编码器工作（S' 输入低电平）时，输入端 $I'_0 \sim I'_7$ 为信号输入端，输入信号低电平（0 信号）有效，端口 I'_7 的优先级最高，$Y'_2 \sim Y'_0$ 的输出是对输入信号的编码。

3）编码器工作时，若 $I'_0 \sim I'_7$ 输入端均无输入信号（均高电平），Y'_S 输出低电平，Y'_{EX} 输出高电平，其余 Y'_S 输出高电平，Y'_{EX} 输出低电平。这两个输出端可用于编码器的扩展。

2. 编码器的扩展

用两片 74LS148 优先编码器扩展为 16-4 线优先编码器。如图 4-12 所示，将 16 个低电平输入信号 $A'_0 \sim A'_{15}$ 编码为 16 个 4 位二进制代码 0000 ~ 1111。其中，A'_{15} 优先权最高，A'_0 的优先权最低。

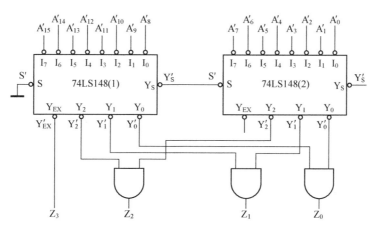

图 4-12　两片 74LS148 优先编码器扩展为 16-4 线优先编码器

现将 8 个优先权高的输入信号 $A'_8 \sim A'_{15}$ 接到第 1 片的输入端 $I'_0 \sim I'_7$，而将 8 个优先权低的输入信号 $A'_0 \sim A'_7$ 接到第 2 片的输入端 $I'_0 \sim I'_7$。

按照优先顺序的要求，只有 $A'_8 \sim A'_{15}$ 均无输入信号时，才允许对 $A'_0 \sim A'_7$ 的输入信号编码。因此，只要把第 1 片的"无编码信号输入"信号 Y'_S 作为第 2 片的选通输入信号 S' 就行了。

此外，当第 1 片有编码信号输入时它的 $Y'_{EX} = 0$，无编码信号输入时 $Y'_{EX} = 1$，正好可以用它作为输出编码的第 4 位，以区分 8 个高优先权输入信号和 8 个低优先权输入信号的编码。

4.2.4　计算机仿真实验内容

1. 74LS148 的逻辑功能测试

1）创建如图 4-13 所示的 74LS148 逻辑功能仿真电路。在元器件库中单击（Group）TTL，列表中选择（Family）74LS，元器件列表（Component）选中 74LS148D，单击"OK"按钮，确认取出 74LS148 编码器 U_1。注意本书在软件 Multisim 14 中芯片的引脚命名和原理部分可能与其他书籍有所不同，但只要是引脚号相同，就是表示同一个引脚。

2）其他元器件可参照以下说明取用。

- S_1 单刀双掷开关：（Group）Basic→（Family）SWITCH →（Component）SPDT。
- S_2 拨码开关：（Group）Basic→（Family）SWITCH→（Component）DSWPK_8。
- R_1 排阻：（Group）Basic→（Family）RPACK→（Component）8Line_Bussed。
- EO、A_0、A_1、A_2、GS 电平指示灯：（Group）Indicators→（Family）PROBE→（Component）PROBE_DIG_RED。
- 电源 V_{CC}：（Group）Sources→（Family）POWER_SOURCES→（Component）VCC。
- 地 GND：（Group）Sources→（Family）POWER_SOURCES→（Component）GROUND。

3）双击拨码开关 S_2，设置 $D_0 \sim D_7$ 的快捷键为 0～7，如图 4-14 所示。

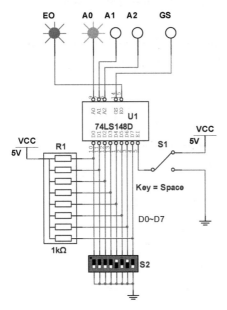
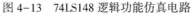

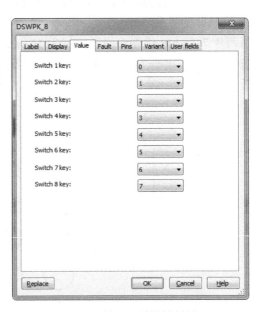

图 4-13　74LS148 逻辑功能仿真电路　　　　　　图 4-14　拨码开关快捷键设置

4）按照表 4-11 设置 EI、$D_0 \sim D_7$，测试并记录数据，总结每组数据功能。

表 4-11　74LS148 逻辑功能测试表

输　　入									输　　出					功　　能
S'	I_0'	I_1'	I_2'	I_3'	I_4'	I_5'	I_6'	I_7'	Y_2'	Y_1'	Y_0'	Y_{EX}'	Y_S'	
EI	D_0	D_1	D_2	D_3	D_4	D_5	D_6	D_7	A_2	A_1	A_0	GS	EO	
1	1	0	1	0	1	1	0	0						
0	1	1	1	1	1	1	1	1						
0	1	0	1	0	1	1	1	0						
0	0	1	1	1	1	1	1	1						
0	0	1	0	1	0	0	1	1						
0	1	0	1	0	1	1	1	1						
0	0	0	1	1	1	1	1	1						
0	1	0	0	1	1	1	1	1						
0	1	0	0	1	0	1	1	1						
0	0	0	0	1	0	1	1	1						

2. 编码器的扩展

用同样的方法创建电路，按编码器扩展电路如图 4-15 所示调入相关元器件，把输入 D_0 ~ D_{15} 设置成表 4-12 中的不同数据。观察输出 A_3 ~ A_0、EO、GS，将测试结果填入表 4-12 中，并总结每组数据是对哪一位进行编码。

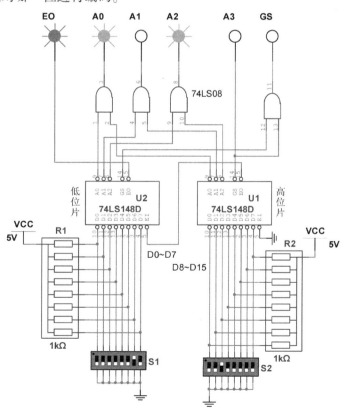

图 4-15　编码器扩展仿真电路图

表 4-12　74LS148 扩展电路测试表

输入																输出						编码位
I'_0	I'_1	I'_2	I'_3	I'_4	I'_5	I'_6	I'_7	I'_8	I'_9	I'_{10}	I'_{11}	I'_{12}	I'_{13}	I'_{14}	I'_{15}	Y'_3	Y'_2	Y'_1	Y'_0	Y'_{EX}	Y'_S	
D_0	D_1	D_2	D_3	D_4	D_5	D_6	D_7	D_8	D_9	D_{10}	D_{11}	D_{12}	D_{13}	D_{14}	D_{15}	A_3	A_2	A_1	A_0	GS	EO	
1	1	1	1	1	1	1	1	1	1	1	1	1	1	1	1							
1	0	1	0	1	1	0	0	1	0	1	0	1	1	0	0							
1	1	1	1	1	1	1	1	1	0	0	1	1	0	1	1							
1	0	1	0	1	1	0	1	1	0	0	1	1	1	1	1							
0	1	1	1	1	1	1	0	0	0	1	1	1	1	1	1							
0	1	0	1	0	0	1	1	0	1	1	1	1	1	1	1							
1	0	1	0	1	1	0	1	1	1	1	1	1	1	1	1							
0	0	1	0	1	1	1	1	1	1	1	1	1	1	1	1							
1	0	1	0	1	1	1	1	1	1	1	1	1	1	1	1							
1	1	0	1	1	0	0	1	1	1	1	1	1	1	1	1							
0	1	1	1	1	1	1	1	1	1	1	1	1	1	1	1							

4.2.5　实验室操作实验内容

1. 优先编码器 74LS148 的逻辑功能测试

将 74LS148 的输入端 S'、$I'_0 \sim I'_7$ 接入逻辑电平控制开关、输出端 $Y'_2 \sim Y'_0$、Y'_{EX}、Y'_S 接入电平指示灯，按表 4-11 测试并填写测试结果，并总结其功能。

2. 编码器的扩展

按图 4-12 把输入 $I'_0 \sim I'_{15}$ 接入逻辑电平控制开关，输出 $Y'_3 \sim Y'_0$、Y'_{EX}、Y'_S 接入电平指示灯，按表 4-12 进行测试并填写测试结果，并总结每组数据是对哪一位进行编码。

4.2.6　思考题

1. 如 74LS148 的编码输出 $Y'_2 Y'_1 Y'_0$ 为 010，表示对哪一位输入进行编码？

2. 通过输出端怎样判断编码器 74LS148 有无编码输入数据。

3. 如果编码器 74LS148 的两个数据输入端 I'_0 和 I'_5 同时有效（都为 0），编码器将对哪个数据进行编码，编码输出 $Y'_2 Y'_1 Y'_0$ 为多少？

4.3　译码器及其应用

4.3.1　实验目的

1. 掌握中规模集成译码器的逻辑功能的测试方法及扩展使用。

2. 掌握数码管及译码驱动器的使用方法。

4.3.2 实验设备及材料

1. 装有 Multisim 14 的计算机。
2. 数字电路实验箱。
3. 函数信号发生器。
4. 双踪示波器。
5. 数字万用表。
6. 74LS138×2、CC4511、共阴极七段数码管 LC5011、电阻 510 Ω×7。

4.3.3 实验原理

译码是编码的逆过程,把二进制码还原成给定的信息符号(数符、字符或运算符等)。能完成译码功能的电路叫译码器。译码器输入二进制数码的位数 n 与输出端数 m 之间的关系为 $m \leqslant 2^n$,若 $m = 2^n$ 则称为全译码,$m < 2^n$ 则称为非全译码。

译码器是一个多输入、多输出的组合逻辑电路。它的作用是把给定的代码进行"翻译",变成相应的状态,使输出通道中相应的一路有信号输出。译码器在数字系统中有广泛的用途,不仅用于代码的转换、终端的数字显示,还用于数据分配、存储器寻址和组合控制信号等。不同的功能可选用不同种类的译码器。

译码器可分为通用译码器和显示译码器两大类。前者又可分为变量译码器和代码变换译码器。

1. 变量译码器 74LS138

变量译码器(又称为二进制译码器),对应于输入的每一位二进制码,译码器只有确定的一条输出线有信号输出。这类译码芯片有 2-4 线译码器 74LS139,3-8 线译码器 74LS138、74LS137、74LS237、74LS238、74LS538,4-16 线译码器 MC74154、MC74159、4514、4515 等。

以 3-8 线译码器 74LS138 为例进行分析,其逻辑符号如图 4-16a 所示,图 4-16b 为其引脚图。其中,A_2、A_1、A_0 为地址输入端,$Y_0' \sim Y_7'$ 为译码输出端,S_1、S_2'、S_3' 为使能端。

表 4-13 为 74LS138 功能表。

表 4-13　74LS138 功能表

| 输　入 | | | | | 输　出 | | | | | | | |
| 使　能 | | 选　择 | | | | | | | | | | |
S_1	$S_2'+S_3'$	A_2	A_1	A_0	Y_0'	Y_1'	Y_2'	Y_3'	Y_4'	Y_5'	Y_6'	Y_7'
0	×	×	×	×	1	1	1	1	1	1	1	1
×	1	×	×	×	1	1	1	1	1	1	1	1
1	0	0	0	0	0	1	1	1	1	1	1	1
1	0	0	0	1	1	0	1	1	1	1	1	1
1	0	0	1	0	1	1	0	1	1	1	1	1
1	0	0	1	1	1	1	1	0	1	1	1	1
1	0	1	0	0	1	1	1	1	0	1	1	1
1	0	1	0	1	1	1	1	1	1	0	1	1
1	0	1	1	0	1	1	1	1	1	1	0	1
1	0	1	1	1	1	1	1	1	1	1	1	0

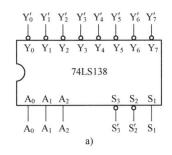
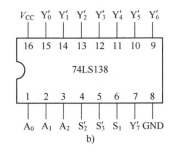

图 4-16　3-8 线译码器 74LS138 逻辑符号及引脚图

当 $S_1 = 1$、$S_2' + S_3' = 0$ 时，器件使能，地址码所指定的输出端有信号（为 0）输出，其他所有输出端均无信号（全为 1）输出。当 $S_1 = 0$、$S_2' + S_3' = X$ 时，或 $S_1 = X$、$S_2' + S_3' = 1$ 时，译码器被禁用，所有输出同时为 1。

二进制译码器实际上也是负脉冲输出的脉冲分配器。若利用使能端中的一个输入端输入数据信息，器件就成为一个数据分配器（又称为多路分配器），如图 4-17 所示。若从 S_1 输入端输入数据信息，$S_2' = S_3' = 0$，地址码所对应的输出是 S_1 数据信息的反码；若从 S_2' 端输入数据信息，令 $S_1 = 1$，$S_3' = 0$，地址码所对应的输出就是 S_2' 端数据信息的原码。若数据信息是时钟脉冲，则数据分配器便成为时钟脉冲分配器。

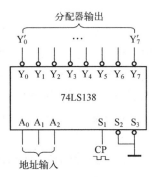

图 4-17　脉冲分配器

根据输入地址的不同组合可译出唯一的地址，故可用作地址译码器。接成多路分配器，可将一个信号源的数据信息传输到不同的地点。

二进制译码器还能方便地实现逻辑函数，如图 4-18 所示，实现的逻辑函数是

$$Z = (Y_0' Y_1' Y_2' Y_7')' = Y_0 + Y_1 + Y_2 + Y_7 = A'B'C' + AB'C' + A'BC' + ABC$$

利用使能端能方便地将两个 3-8 译码器组合成一个 4-16 译码器，如图 4-19 所示。

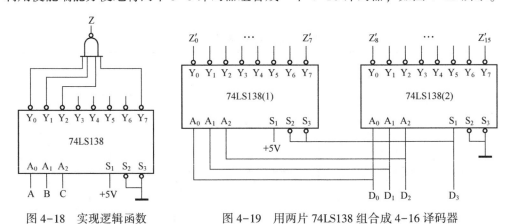

图 4-18　实现逻辑函数　　　　图 4-19　用两片 74LS138 组合成 4-16 译码器

2. 显示译码器

（1）七段 LED 数码管 LC5011

在数字系统中，经常需要将数字、文字和符号的二进制编码翻译成人们习惯的形式直观地显示出来，以便查看。显示器的产品很多，如荧光数码管、半导体、显示器、液晶显示和辉光

数码管等。数显的显示方式一般有三种，一是重叠式显示，二是点阵式显示，三是分段式显示。重叠式显示是将不同的字符电极重叠起来，要显示某字符，只需使相应的电极发亮即可，如荧光数码管就是如此；点阵式显示是利用一定的规律进行排列、组合，显示不同的数字，如火车站里列车车次、始发时间的显示就是利用点阵方式显示的；分段式显示，即数码由分布在同一平面上的若干段发光的笔画组成，如电子手表、数字电子钟的显示就是用分段式显示。

LED 数码管是目前最常用的分段式数字显示器，图 4-20a、b 为共阴极数码管和共阳极数码管的电路，图 4-20c 为两种不同形式的引出脚功能图。

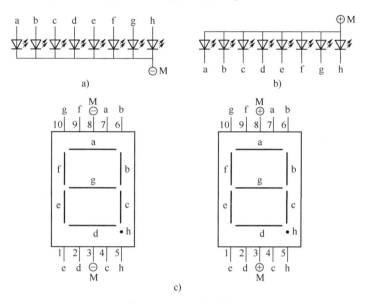

图 4-20　LED 数码管

a）共阴连接（"1"电平驱动）　b）共阳连接（"0"电平驱动）　c）符号及引脚功能

LC5011 共阴极数码管的内部实际上是一个八段发光二极管负极连在一起的电路，如图 4-20a 所示。当在 a～g、h 段加上正向电压时，发光二极管就亮。比如显示二进制数 0101（即十进制数 5），应使显示器的 a、f、g、c、d 段加上高电平即可。同理，共阳极显示应在各段加上低电平，各段就点亮，如图 4-20b 所示。

LED 数码管要显示 BCD 码所表示的十进制数字就需要有一个专门的译码器，该译码器不但要完成译码功能，还要有相当的驱动能力。

（2）BCD-七段显示译码驱动器 CC4511

显示译码器型号有 74LS47（共阳）、CC4511（共阴）等，本实验采用 CC4511 BCD 码锁存/七段译码/驱动器，驱动共阴极 LED 数码管。图 4-21 为 CC4511 引脚排列。

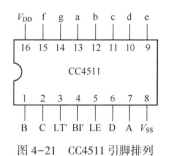

图 4-21　CC4511 引脚排列

其中：

A、B、C、D——BCD 码输入端。

a、b、c、d、e、f、g——译码输出端，输出"1"有效，用来驱动共阴极 LED 数码管。

LT'——测灯输入端，LT'="0"时，译码输出全为"1"。

BI'——消隐输入端，BI'="0"时，译码输出全为"0"。

LE——锁定端，LE＝"1"时译码器处于锁定（保持）状态，译码输出保持在 LE＝0 时的数值，LE＝0 为正常译码。

表 4-14 为 CC4511 功能表。CC4511 内接有上拉电阻，故只需在输出端与数码管笔端之间串入限流电阻即可工作。译码器还有拒伪码功能，当输入码超过 1001 时，输出全为"0"，数码管熄灭。

表 4-14　CC4511 功能表

输　入							输　出							显示字形
LE	BI'	LT'	D	C	B	A	a	b	c	d	e	f	g	
×	×	0	×	×	×	×	1	1	1	1	1	1	1	8
×	0	1	×	×	×	×	0	0	0	0	0	0	0	消隐
0	1	1	0	0	0	0	1	1	1	1	1	1	0	0
0	1	1	0	0	0	1	0	1	1	0	0	0	0	1
0	1	1	0	0	1	0	1	1	0	1	1	0	1	2
0	1	1	0	0	1	1	1	1	1	1	0	0	1	3
0	1	1	0	1	0	0	0	1	1	0	0	1	1	4
0	1	1	0	1	0	1	1	0	1	1	0	1	1	5
0	1	1	0	1	1	0	0	0	1	1	1	1	1	6
0	1	1	0	1	1	1	1	1	1	0	0	0	0	7
0	1	1	1	0	0	0	1	1	1	1	1	1	1	8
0	1	1	1	0	0	1	1	1	1	0	0	1	1	9
0	1	1	1	0	1	0	0	0	0	0	0	0	0	消隐
0	1	1	1	0	1	1	0	0	0	0	0	0	0	消隐
0	1	1	1	1	0	0	0	0	0	0	0	0	0	消隐
0	1	1	1	1	0	1	0	0	0	0	0	0	0	消隐
0	1	1	1	1	1	0	0	0	0	0	0	0	0	消隐
0	1	1	1	1	1	1	0	0	0	0	0	0	0	消隐
1	1	1	×	×	×	×	锁存							锁存

CC4511 与 LED 数码管的连接如图 4-22 所示。

4.3.4　计算机仿真实验内容

1. 74LS138 译码器逻辑功能测试

1）创建电路。在 TTL 集成电路库中选择译码器 74LS138，调入电源 Sources→POWER_SOURCES→VCC、地 Sources→POWER_SOURCES→GROUND、单刀双掷开关 Basic→SWITCH→SPDT、电平指示灯 Indicators→PROBE→PROBE_DIG_RED。在仪器仪表栏拖出"Word generator（字信号发生器）"和"Logical analyzer（逻辑分析仪）"，放置于工作区，调整元器件到合适位置并进行连线。输入信号的 3 位二进制代码由字信号发生器产生，输入信号、输出信号波形由逻辑分析仪显示，如图 4-23 所示。

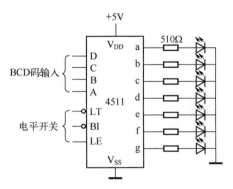

图 4-22　CC4511 驱动一位共阴极数码管

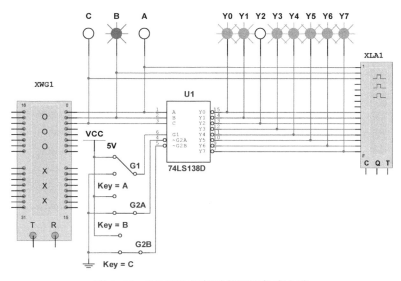

图 4-23 74LS138 逻辑功能测试仿真电路

2）双击字信号发生器，设置数据控制方式为"Cycle（循环控制方式）"，设置数字显示方式为"Binary（二进制数）"，频率设置为 1 kHz，在数据显示区末三位为"111"处单击右键，单击"Set Final Position"置该数据为终止数据，如图 4-24 所示。单击该控制面板上"Set（设置）"按钮，打开设置对话框，选择"Up counter（递增编码方式）"，再单击"OK"按钮，如图 4-25 所示。

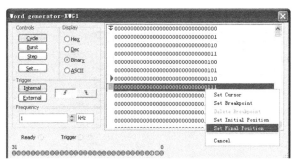

图 4-24 字信号发生器控制面板图

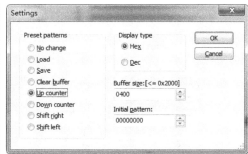

图 4-25 字信号发生器数据控制方式设置

3）双击逻辑分析仪即可打开逻辑分析仪面板，记录其波形图，可观察到输入输出信号的对应波形，如图 4-26 所示，在游标 1 处，CBA 为 010，输出只有 Y_2 为 0，其余为 1；在游标 2 处，CBA 为 011，输出只有 Y_3 为 0，其余为 1。修改频率为 10 Hz，通过指示灯观察实验结果。记录于表 4-15 中，并总结其实现的功能。

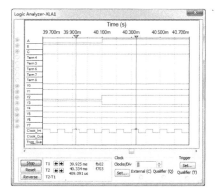

图 4-26 74LS138 逻辑功能测试逻辑分析仪波形图

表 4-15　74LS138 功能测试表

输　　入						输　　出								功　能
S_1	S_2'	S_3'	A_2	A_1	A_0	Y_0'	Y_1'	Y_2'	Y_3'	Y_4'	Y_5'	Y_6'	Y_7'	
1	0	0	0	0	0									
1	0	0	0	0	1									
1	0	0	0	1	0									
1	0	0	0	1	1									
1	0	0	1	0	0									
1	0	0	1	0	1									
1	0	0	1	1	0									
1	0	0	1	1	1									
0	0	0	1	1	1									
1	1	0	1	1	1									
1	0	1	1	1	1									

2. 由 74LS138 组成的脉冲分配器

1）另建一文件，复制图 4-23 电路图，并进行修改。由片选端 G_1 输入一个 1 kHz 的脉冲信号 Sources→SIGNAL_VOLTAGE_SOURCES→CLOCK_VOLTAGE，片选 $\sim G_{2A}$、$\sim G_{2B}$ 接地，如图 4-27 所示。字信号发生器内触发频率改为 100 Hz。

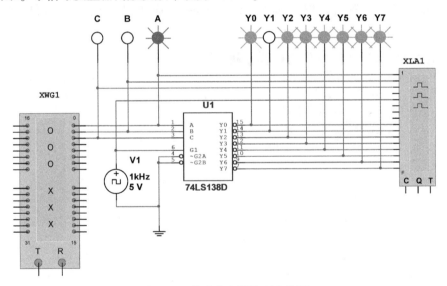

图 4-27　脉冲分配器仿真电路图

2）仿真运行。双击逻辑分析仪即可打开逻辑分析仪面板，记录其波形图如图 4-28 所示。观察其脉冲分配与地址码的关系，并且观察输出脉冲与输入脉冲 V_1 的相位关系。

3. CC4511 的逻辑功能测试

1）创建电路。调入 CMOS→CMOS_5V→4511BD_5V、电源 Sources→POWER_SOURCES→VCC、地 Sources→POWER_SOURCES→GROUND、单刀双掷开关 Basic→SWITCH→SPDT、电平指示灯 Indicators→PROBE→PROBE_DIG_RED、共阴极数码管 Indicators→HEX_DISPLAY→SEVEN_SEG_COM_K、电阻 Basic→RESISTOR。在仪器仪表栏拖出字信号发生器，放置于工作

区。输入信号的 4 位二进制代码由字信号发生器产生，如图 4-29 所示。

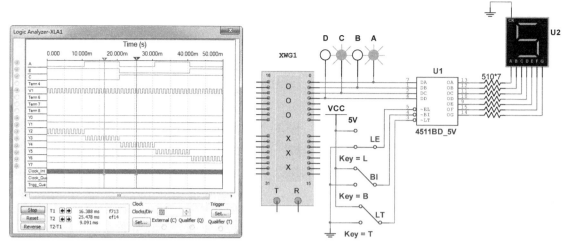

图 4-28　逻辑分析仪测试脉冲分配器波形图　　　图 4-29　CC4511 逻辑功能测试仿真图

2）双击字信号发生器，设置数据控制方式为"Cycle（循环控制方式）"，设置数字显示方式为"Binary（二进制数）"，频率设置为 100Hz，在数据显示区末四位为"1111"处单击右键，单击"Set Final Position"置该数据为终止数据。单击该控制面板上"Set（设置）"按钮，打开设置对话框，选择"Up counter（递增编码方式）"，再单击"OK"按钮。

3）仿真运行。设置 ~BI、~LT 为不同的电平，记录显示的字形。将 ~EL 设置成 0，~BI、~LT 设置成 1，记录输入输出状态于表 4-16 中。将数据设置为正常译码状态，如显示为 5，再将 EL 设置为高电平，观察输出数据是否会随着输入的变化而变化，总结其功能。

表 4-16　CC4511 逻辑功能测试记录表

输　入							输　出							
LE	BI′	LT′	D	C	B	A	a	b	c	d	e	f	g	显示字形
×	×	0	×	×	×	×								
×	0	1	×	×	×	×								
0	1	1	0	0	0	0								
0	1	1	0	0	0	1								
0	1	1	0	0	1	0								
0	1	1	0	0	1	1								
0	1	1	0	1	0	0								
0	1	1	0	1	1	0								
0	1	1	0	1	1	1								
0	1	1	1	0	0	0								
0	1	1	1	0	0	1								
0	1	1	1	0	1	0								
0	1	1	1	0	1	1								
0	1	1	1	1	0	0								
0	1	1	1	1	0	1								
0	1	1	1	1	1	0								
0	1	1	1	1	1	1								
0	1	1	0	1	0	1								
1	1	1	0	0	0	1								

4.3.5 实验室操作实验内容

1. 74LS138 译码器逻辑功能测试

根据 74LS138 的芯片引脚图及逻辑功能表, 把地址输入端 A_2、A_1、A_0 以及使能端 S_1、S_2'、S_3' 接入逻辑电平控制开关, 译码输出端 $Y_0' \sim Y_7'$ 接至 LED 电平指示灯, 逐项测试 74LS138 的逻辑功能, 将测试结果填入表 4-15 中, 总结其功能。

2. 用 74LS138 构成同相时序脉冲分配器

参照图 4-17 和实验原理说明, 时钟脉冲 CP 频率约为 1 kHz, 要求分配器输出端 $Y_0' \sim Y_7'$ 的信号与 CP 输入信号同相。画出同相时序脉冲分配器的实验电路, 用示波器观察输入与输出波形, 观察和记录在地址端 A_2、A_1、A_0 分别取 8 种不同状态 $000 \sim 111$ 时, $Y_0' \sim Y_7'$ 端的输出, 注意输出端与 CP 输入端之间的相位关系。

3. 译码器 74LS138 的扩展使用

用两片 74LS138 组合成一个 4-16 线译码器, 如图 4-19 所示, 并进行实验, 输入 $D_0 \sim D_3$ 接逻辑电平控制开关, 输出 $Z_0' \sim Z_{15}'$ 接 LED 电平指示灯, 观察实验现象, 总结输入输出关系。

4. 数据拨码开关、BCD-七段显示译码器 CC4511 以及数码管 LC5011 的使用

如图 4-22 所示, 在实验装置的芯片座子上插上 CC4511 和共阴极数码管 LC5011 各一个, CC4511 的输入端 DCBA 二进制数码选用数据拨码开关的输出端 DCBA (四组中选一组), 测灯输入端 LT'、消隐输入端 BI'、锁定端 LE 接电平开关, 译码输出端 a、b、c、d、e、f、g 与数码管对应段之间串联一个限流电阻对应相接。观察输出与输入之间的关系, 记录于表 4-16 中, 并说明其功能。注意: 最后一行的测试是在前一行的基础上, 改变 LE=1, 再改变 DCBA 的值, 观察输出数据是否改变。

4.3.6 思考题

1. CC4511 的拒伪码功能体现在哪里?
2. 怎样用数字万用表判断共阴极数码管的好坏?
3. 共阴极数码管和共阳极数码管的区别在哪里?
4. 用 74LS138 构成脉冲分配器时, 如 $A_2A_1A_0 = 101$, 输出端中哪个会有波形输出?

4.4 数据选择器及其应用

4.4.1 实验目的

1. 掌握中规模集成数据选择器的逻辑功能的测试方法。
2. 掌握用数据选择器构成组合逻辑电路的方法。

4.4.2 实验设备及材料

1. 装有 Multisim 14 的计算机。
2. 数字电路实验箱。
3. 数字万用表。
4. 74LS151、74LS153、74LS00。

4.4.3 实验原理

数据选择器又叫"多路开关"。数据选择器在地址码（或叫选择控制）电位的控制下，从几个数据输入中选择一个并将其送到一个公共的输出端。数据选择器的功能类似一个单刀多掷开关，如图 4-30 所示，图中有 8 路数据 $D_0 \sim D_7$，通过选择控制信号 $A_2 \sim A_0$（地址码）从 8 路数据中选中某一路数据送至输出端 Y。

数据选择器是逻辑设计中应用十分广泛的逻辑器件，它有 2 选 1、4 选 1、8 选 1、16 选 1 等类别。

1. 8 选 1 数据选择器 74LS151

74LS151 为互补输出的 8 选 1 数据选择器，引脚排列如图 4-31 所示，功能见表 4-17。

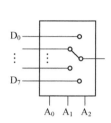

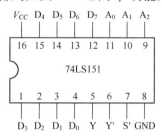

图 4-30 4 选 1 数据选择器示意图　　　图 4-31 74LS151 引脚排列

表 4-17 74LS151 功能表

输 入				输 出
S′	A_2	A_1	A_0	Y
1	×	×	×	0
0	0	0	0	D_0
0	0	0	1	D_1
0	0	1	0	D_2
0	0	1	1	D_3
0	1	0	0	D_4
0	1	0	1	D_5
0	1	1	0	D_6
0	1	1	1	D_7

选择控制端（地址端）为 $A_2 \sim A_0$，按二进制译码，从 8 个输入数据 $D_0 \sim D_7$ 中，选择一个需要的数据送到输出端 Y，S′ 为使能端，低电平有效。

1）使能端 S′ = 1 时，不论 $A_2 \sim A_0$ 状态如何，均无输出（Y = 0），多路开关被禁止。

2）使能端 S′ = 0 时，多路开关正常工作，根据地址码 $A_2 A_1 A_0$ 的状态，选择 $D_0 \sim D_7$ 中某一个通道的数据输送到输出端 Y。

如：$A_2 A_1 A_0 = 000$，则选择 D_0 数据到输出端，即 $Y = D_0$；

$A_2 A_1 A_0 = 001$，则选择 D_1 数据到输出端，即 $Y = D_1$，其余类推。

2. 双 4 选 1 数据选择器 74LS153

所谓双 4 选 1 数据选择器就是在一块集成芯片上有两个 4 选 1 数据选择器。引脚排列如图 4-32 所示，功能见表 4-18。

图 4-32 74LS153 引脚功能

表 4-18 74LS153 功能表

输	入		输 出
S'	A_1	A_0	Y
1	×	×	0
0	0	0	D_0
0	0	1	D_1
0	1	0	D_2
0	1	1	D_3

$1S'$、$2S'$为两个独立的使能端；A_1、A_0为共用的地址输入端；$1D_0 \sim 1D_3$ 和 $2D_0 \sim 2D_3$ 分别为两个 4 选 1 数据选择器的数据输入端；$1Y$、$2Y$ 为两个输出端。

1）当使能端 $1S'(2S') = 1$ 时，多路开关被禁止，无输出，$Y = 0$。

2）当使能端 $1S'(2S') = 0$ 时，多路开关正常工作，根据地址码 A_1、A_0的状态，将相应的数据 $D_0 \sim D_3$ 送到输出端 Y。

如：$A_1A_0 = 00$，则选择 D_0 数据到输出端，即 $Y = D_0$。

$A_1A_0 = 01$，则选择 D_1 数据到输出端，即 $Y = D_1$，其余类推。

数据选择器的用途很多，如多通道传输、数码比较、并行码变串行码，以及实现逻辑函数等。

3. 数据选择器的应用———实现逻辑函数

例 4-1：用 8 选 1 数据选择器 74LS151 实现函数

$$F = AB' + A'C + BC'$$

采用 8 选 1 数据选择器 74LS151 可实现任意三输入变量的组合逻辑函数。

写出函数 F 的真值表，见表 4-19，将函数 F 功能表与 8 选 1 数据选择器的功能表相比较，可知：

1）将输入变量 C、B、A 作为 8 选 1 数据选择器的地址码 A_2、A_1、A_0。

2）使 8 选 1 数据选择器的各数据输入 $D_0 \sim D_7$ 分别与函数 F 的输出值一一对应。

即：$A_2A_1A_0 = CBA$，

$D_0 = D_7 = 0, D_1 = D_2 = D_3 = D_4 = D_5 = D_6 = 1$

可得 $F = AB' + A'C + BC'$，则 8 选 1 数据选择器的输出 Y 便实现了函数 $F = AB' + A'C + BC'$。接线图如图 4-33 所示。

表 4-19 函数 F 的真值表

输	入		输 出
C	B	A	F
0	0	0	0
0	0	1	1
0	1	0	1
0	1	1	1
1	0	0	1
1	0	1	1
1	1	0	1
1	1	1	0

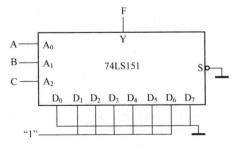

图 4-33 74LS151 实现函数 $F = AB' + A'C + BC'$

显然，采用具有 n 个地址端的数据选择器实现 n 变量的逻辑函数时，应将函数的输入变量加到数据选择器的地址端（A），选择器的数据端（D）按次序以函数 F 输出值来赋值。

例 4-2：用 8 选 1 数据选择器 74LS151 实现函数 $F = AB' + A'B$。

1）列出函数的真值表见表 4-20。

2）将 B、A 加到地址端 A_1、A_0，而 A_2 接地，由表 4-20 可见，将 D_1、D_2 接 "1" 及 D_0、D_3 接地，其余数据输入端 $D_4 \sim D_7$ 都接地，则 8 选 1 数据选择器的输出 Y，便实现了函数 $F = AB' + A'B$。

接线图如图 4-34 所示。

表 4-20　真值表

输　　入		输　　出
B	A	F
0	0	0
0	1	1
1	0	1
1	1	0

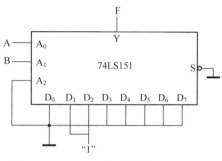

图 4-34　74LS151 实现函数 $F = AB' + A'B$

显然，当函数输入变量数小于数据选择器的地址端（A）时，应将不用的地址端及不用的数据输入端（D）都接地。

例 4-3：用 4 选 1 数据选择器 74LS153 实现函数

$$F = A \oplus B \oplus C_i'$$

首先列出上述函数的真值表见表 4-21。函数 F 有三个输入变量 A、B、C_i，而数据选择器有两个地址端 A_1、A_0，少于函数输入变量个数，在设计时可选 A 接 A_1，B 接 A_0。将函数功能表改画成表 4-22 形式，可见当将输入变量 A、B、C_i 中 A、B 接数据选择器的地址端 A_1、A_0，由表 4-22 不难看出：

$$D_0 = D_3 = C_i, D_1 = D_2 = C_i'$$

表 4-21　真值表

输　　入			输出
A	B	C_i	F
0	0	0	0
0	0	1	1
0	1	0	1
0	1	1	0
1	0	0	1
1	0	1	0
1	1	0	0
1	1	1	1

表 4-22　改进真值表

输　　入			输出	选中数据端
A	B	C_i	F	
0	0	0	0	$D_0 = C_i$
		1	1	
0	1	0	1	$D_1 = C_i'$
		1	0	
1	0	0	1	$D_2 = C_i'$
		1	0	
1	1	0	0	$D_3 = C_i$
		1	1	

则 4 选 1 数据选择器的输出便实现了函数 $F = A \oplus B \oplus C_i'$，
接线图如图 4-35 所示。

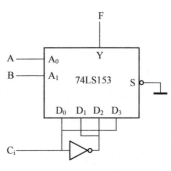

4.4.4 计算机仿真实验内容

1. 8 选 1 数据选择器 74LS151 的逻辑功能

1）创建电路。在 TTL 集成电路库中选择 8 选 1 数据选择
器 74LS151，调入电源 Sources→POWER_SOURCES→VCC、地
Sources→POWER_SOURCES→GROUND、单刀双掷开关 Basic→
SWITCH→SPDT、电平指示灯 Indicators→PROBE→PROBE_DIG_
RED，把 $D_0 \sim D_3$ 接低电平，$D_4 \sim D_7$ 接高电平。建立如图 4-36
所示电路。

图 4-35　用 4 选 1 数据选择器
实现函数 $F = A \oplus B \oplus C_i$

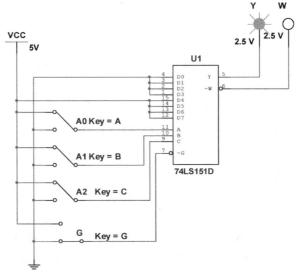

图 4-36　8 选 1 数据选择器 74LS151 逻辑功能仿真电路图

2）仿真运行，测试电路，将数据记录于表 4-23 中，并说明其功能。

表 4-23　74LS151 逻辑功能测试记录表

输　　入				输　　出		功能说明
~G	C	B	A	Y	~W	
1	×	×	×			
0	0	0	0			
0	0	0	1			
0	0	1	0			
0	0	1	1			
0	1	0	0			
0	1	0	1			
0	1	1	0			
0	1	1	1			

2. 仿照例 4-3，用双 4 选 1 数据选择器 74LS153 实现函数全加器

提示：例 4-3 已设计出全加器的和 S，要求列出进位的输出 C_o 真值表，写出进位输出 C_o 的逻辑表达式，以 74LS153 的第二组输出 Y 作为进位输出 C_o。

4.4.5 实验室操作实验内容

1. 测试数据选择器 74LS151 的逻辑功能

根据 74LS151 功能表及引脚排列，将输入端接入逻辑电平控制开关，输出接入 LED 电平显示端口，并把测试结果记录于表 4-24 中。

表 4-24　74LS151 逻辑功能测试记录表

输　　入											输　出	功能说明
S′	A_2	A_1	A_0	D_0	D_1	D_2	D_3	D_4	D_5	D_6	D_7	Y	
1	×	×	×	×	×	×	×	×	×	×	×		
0	0	0	0	1	0	0	0	0	0	0	0		
0	0	0	1	0	1	0	0	0	1	1	1		
0	0	1	0	0	0	1	0	1	1	1	1		
0	0	1	1	1	1	0	1	0	1	0	1		
0	1	0	0	0	1	0	0	1	0	1	1		
0	1	0	1	0	1	0	0	0	1	0	1		
0	1	1	0	0	0	0	1	1	1	1	1		
0	1	1	1	1	1	1	1	0	0	0	0		

2. 测试 74LS153 的逻辑功能

测试方法同上，选择一组数据选择器进行测试，将测试结果记录于表 4-25 中。

表 4-25　74LS153 逻辑功能测试记录表

输　　入							输　出	功能说明
S′	A_1	A_0	D_0	D_1	D_2	D_3	Y	
1	×	×	×	×	×	×		
0	0	0	1	0	0	0		
0	0	1	0	0	0	1		
0	1	0	0	1	1	0		
0	1	1	1	0	1	1		

3. 用 8 选 1 数据选择器 74LS151 设计三输入多数表决电路

仿照实验原理中的例 4-1 进行设计，写出设计步骤，画出电路图，并安装调试。

4. 用双 4 选 1 数据选择器 74LS153 实现全加器

仿照实验原理中的例 4-2 进行设计，写出设计步骤，画出电路图，并安装调试。

4.4.6　思考题

1. 用 8 选 1 数据选择器来实现逻辑函数，如果逻辑函数中只有两个变量，那么数据选择器地址端多余的端子怎么处理？

2. 用 4 选 1 数据选择器来实现逻辑函数，如果逻辑函数中有三个变量，而数据选择器地址端只有两个变量，怎样得到第三个变量？

4.5 触发器及其应用

4.5.1 实验目的

1. 掌握基本 RS、JK、D 等触发器的逻辑功能的测试方法。
2. 掌握集成触发器之间的转换使用方法。

4.5.2 实验设备及材料

1. 装有 Multisim 14 的计算机。
2. 数字电路实验箱。
3. 数字万用表。
4. 双踪示波器。
5. 74LS112、74LS74、74LS00。

4.5.3 实验原理

触发器具有两个稳定状态，用以表示逻辑状态"1"和"0"，在一定的外界信号作用下，可以从一个稳定状态翻转到另一个稳定状态。它是一个具有记忆功能的二进制信息存储器件，是构成各种时序电路的最基本的逻辑单元。

1. 基本 RS 触发器

图 4-37 为由两个与非门交叉耦合构成的基本 RS 触发器，它是无时钟控制低电平直接触发的触发器。基本 RS 触发器具有置"0"、置"1"和"保持"三种功能。通常称 S'_D 为置"1"端，因为 $S'_D = 0$（$R'_D = 1$）时触发器被置"1"；R'_D 为置"0"端，因为 $R'_D = 0$（$S'_D = 1$）时触发器被置"0"；当 $R'_D = S'_D = 1$ 时状态保持；$R'_D = S'_D = 0$ 时，触发器输出状态不定，应避免此种情况发生，表 4-26 为基本 RS 触发器的功能表。

表 4-26 基本 RS 触发器功能表

R'_D	S'_D	Q	Q′	功 能
0	1	0 1	0	置0
1	0	0 1	1	置1
1	1	0 1	Q	保持
0	0	0 1	φ	不定

注：Q—初态；Q′—次态；φ—不定状态

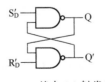

图 4-37 基本 RS 触发器

基本 RS 触发器也可以用两个"或非门"组成，此时为高电平触发有效。

2. JK 触发器

在输入信号为双端的情况下，JK 触发器是功能完善、使用灵活和通用性较强的一种触发器。本实验采用 74LS112 双 JK 触发器，是下降沿触发的边沿触发器。引脚功能及逻辑符号如

图 4-38 所示。

JK 触发器的状态方程为

$$Q^* = JQ' + K'Q$$

J 和 K 为数据输入端，CP 为脉冲输入端，下降沿有效，S_D' 和 R_D' 为异步置位和异步复位端，低电平有效，Q 与 Q′ 为两个互补输出端。通常把 Q=0、Q′=1 的状态定为触发器 "0" 状态；而把 Q=1、Q′=0 的状态定为触发器 "1" 状态。

74LS112 的逻辑功能见表 4-27。

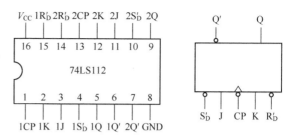

图 4-38 74LS112 双 JK 触发器引脚排列及逻辑符号

表 4-27 74LS112 逻辑功能表

输 入					输 出	功 能
S_D'	R_D'	CP	J	K	Q′	
0	1	×	×	×	1	异步置位
1	0	×	×	×	0	异步复位
0	0	×	×	×	φ	不定
1	1	↓	0	0	Q	保持
1	1	↓	0	1	0	置0
1	1	↓	1	0	1	置1
1	1	↓	1	1	Q′	翻转

注：×—任意态；↓—下降沿；φ—不定状态；Q—初态；Q′—次态。

JK 触发器常被用作缓冲存储器、移位寄存器和计数器。

3. D 触发器

在输入信号为单端的情况下，D 触发器用起来最为方便，其状态方程为

$$Q' = D$$

其输出状态的更新发生在 CP 脉冲的上升沿，故又称为上升沿触发的边沿触发器，触发器的状态只取决于时钟到来前 D 端的状态，D 触发器的应用很广，可用作数字信号的寄存、移位寄存、分频和波形发生等。有很多型号可供各种用途的需要而选用，如双 D——74LS74、四 D——74LS175、六 D——74LS174 等。

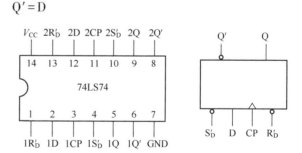

图 4-39 双 D——74LS74 的引脚排列及逻辑符号

图 4-39 为双 D——74LS74 的引脚排列及逻辑符号，功能见表 4-28。

表 4-28 D 触发器 74LS74 逻辑功能表

输 入				输 出	功 能
S_D'	R_D'	CP	D	Q′	
0	1	×	×	1	异步置位
1	0	×	×	0	异步复位
0	0	×	×	φ	不定
1	1	↑	1	1	置1
1	1	↑	0	0	置0

4. 触发器之间的相互转换

在集成触发器的产品中，每一种触发器都有自己固定的逻辑功能。但可以利用转换的方法获得具有其他功能的触发器。例如，将 JK 触发器的 J、K 两端连在一起，并认它为 T 端，就得到所需的 T 触发器。如图 4-40a 所示，其状态方程为 $Q^* = TQ' + T'Q = T \oplus Q$。若将 T 触发器的 T 端置"1"，如图 4-40b 所示，即得 T' 触发器，在 T' 触发器的 CP 端每来一个脉冲信号，触发器的状态就翻转一次，故称为翻转触发器，广泛用于计数电路中。

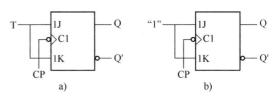

图 4-40　JK 触发器转换为 T、T' 触发器

a) T 触发器　b) T' 触发器

同样，若将 D 触发器 Q' 端与 D 端相连，便转成 T' 触发器，如图 4-41 所示。JK 触发器也可转换为 D 触发器，如图 4-42 所示。

5. 由 JK 触发器构成双相时钟脉冲电路

图 4-43 是用 JK 触发器及与非门构成的双向时钟脉冲电路，此电路是用来将时钟脉冲 CP 转换成双相时钟脉冲 CP_A 及 CP_B，其频率相同，相位不同。

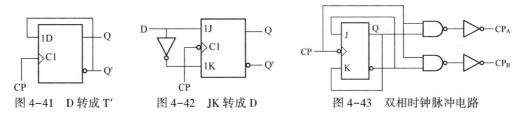

图 4-41　D 转成 T'　　　图 4-42　JK 转成 D　　　图 4-43　双相时钟脉冲电路

4.5.4　计算机仿真实验内容

1. 基本 RS 触发器仿真实验

1）创建电路。在 TTL 集成电路库中选择 4 路 2 输入与非门 74LS00，调入电源 Sources → POWER _ SOURCES → VCC、地 Sources→POWER_SOURCES→GROUND、单刀双掷开关 Basic→SWITCH→SPDT、电平指示灯 Indicators→PROBE→PROBE_DIG_RED，放置于工作区，连接电路如图 4-44 所示。

2）单击仿真运行按钮，切换开关 R 和 S，使之处于相应的输入状态，观察指示灯的变化，把测试结果填入表 4-29 中，并验证基本 RS 触发器的逻辑功能。

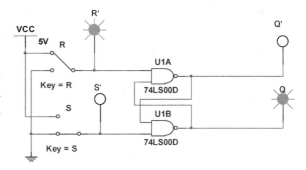

图 4-44　基本 RS 触发器逻辑功能测试仿真电路

表 4-29　基本 RS 触发器功能记录表

输 入		输 出		功 能
S'	R'	Q	Q'	
0	1			
1	0			
1	1			
0	0			

226

2. 由 D 触发器构成 T′ 触发器仿真实验

1）创建电路。在 TTL 集成电路库中选择 D 触发器 74LS74，调入电源 Sources→POWER_SOURCES→VCC、地 Sources→POWER_SOURCES→GROUND、时钟脉冲 Sources→SIGNAL_VOLTAGE_SOURCES→CLOCK_VOLTAGE。在仪器仪表栏拖出逻辑分析仪，放置于工作区，连接电路如图 4-45 所示。输入信号、输出信号波形由逻辑分析仪显示。

2）双击时钟脉冲源，设置频率为 100 Hz。

3）仿真运行。双击逻辑分析仪，观察输入与输出波形如图 4-46 所示。可以观察出当输入为上升沿时，输出状态发生翻转，输出是输入的二分频。

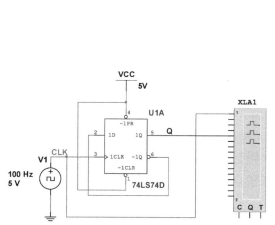

图 4-45 D 触发器构成 T′ 触发器仿真电路图

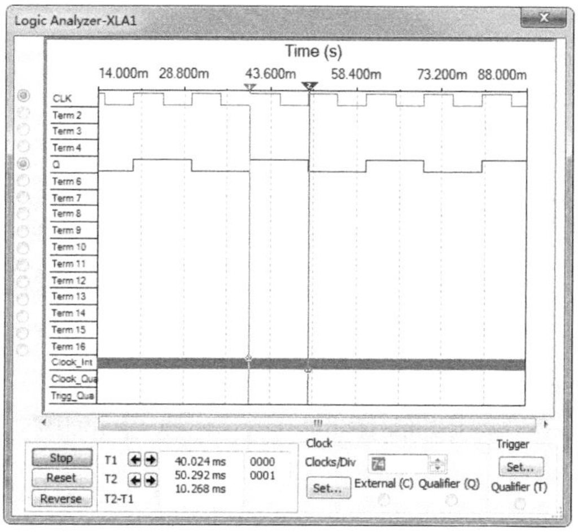

图 4-46 D 触发器构成 T′ 触发器仿真波形图

3. 双相时钟脉冲仿真实验

1）分析如图 4-43 所示的双相时钟脉冲，写出输出 CP_A 和 CP_B 的逻辑表达式。

2）从 TTL 集成电路库中调入 74LS112、74LS00、74LS04，调入电源和地、时钟脉冲源，在仪器仪表栏拖出逻辑分析仪，创建电路如图 4-47 所示。

3）仿真运行。双击逻辑分析仪，观察输入与输出波形如图 4-48 所示。可以观察到输出 CP_A、CP_B 与输入 CP 之间的相位关系。

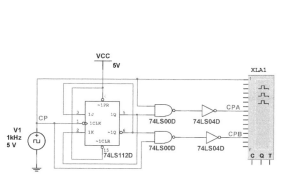

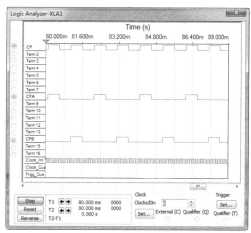

图 4-47 双相时钟脉冲仿真电路图

图 4-48 双相时钟脉冲仿真波形图

4.5.5 实验室操作实验内容

1. 测试基本 RS 触发器的逻辑功能

按图 4-37，将输入端 R_D'、S_D' 接入逻辑电平控制开关，输出 Q、Q′接至 LED 电平指示灯，测试基本 RS 触发器的逻辑功能，将测试结果记录于表 4-30 中。

表 4-30　基本 RS 触发器实验记录表

R_D'	S_D'	Q	Q′
1	1→0		
	0→1		
1→0	1		
0→1			
0	0		

2. 测试双 JK 触发器 74LS112 逻辑功能

（1）测试 R_D'、S_D' 的异步复位、异步置位功能

任取一只 JK 触发器，R_D'、S_D'、J、K 端接逻辑电平控制开关，CP 端接单次脉冲源，Q、Q′端接至 LED 电平指示灯。要求改变 R_D'、S_D'（J、K、CP 处于任一状态），并在 $R_D'=0$（$S_D'=1$）或 $S_D'=0$（$R_D'=1$）作用期间任意改变 J、K 及 CP 的状态，观察 Q、Q′状态，记录于表 4-31 中。

表 4-31　74LS112 复位置位功能测试记录表

输　　入		输　　出	
R_D'	S_D'	Q	Q′
0	0		
0	1		
1	0		
1	1		

（2）测试 JK 触发器的逻辑功能

按表 4-32 的要求改变 J、K、CP 端状态，观察 Q、Q′状态变化，观察触发器状态更新是否发生在 CP 脉冲的下降沿，记录于表中。注意：初态由异步复位端 R_D'、异步置位端 S_D' 设置，CP 端输入脉冲前置 $R_D'=1$、$S_D'=1$。

表 4-32　JK 触发器逻辑功能实验记录表

J	K	CP	Q^*	
			Q=0	Q=1
0	0	↑		
		↓		
0	1	↑		
		↓		
1	0	↑		
		↓		
1	1	↑		
		↓		

（3）由 JK 触发器构成 T′触发器

将 JK 触发器的 J、K 端都接高电平"1"，构成 T′触发器，如图 4-40b 所示。

在 CP 端输入 1 Hz 连续脉冲，观察 Q 端的变化。

在 CP 端输入 1 kHz 连续脉冲，用双踪示波器观察 CP、Q、Q′端波形，注意相位关系，描绘之。

3. 测试双 D 触发器 74LS74 的逻辑功能

（1）测试 R'_D、S'_D 的异步复位、异步置位功能

任取一只 D 触发器，R'_D、S'_D、D 端接逻辑电平控制开关，CP 端接单次脉冲源，Q、Q′端接至 LED 电平指示灯。要求改变 R'_D、S'_D（D、CP 处于任一状态），并在 $R'_D=0$（$S'_D=1$）或 $S'_D=0$（$R'_D=1$）作用期间任意改变 D 及 CP 的状态，观察 Q、Q′状态，记录于表 4-33 中。

表 4-33 D 触发器 74LS74 逻辑功能测试记录表

输 入		输 出	
S'_D	R'_D	Q	Q′
0	0		
0	1		
1	0		
1	1		

（2）测试 D 触发器的逻辑功能

按表 4-34 要求进行测试，并观察触发器状态更新是否发生在 CP 脉冲的上升沿，记录于表中。注意：初态由异步复位端 R'_D、异步置位端 S'_D 设置，CP 端输入脉冲前置 $R'_D=1$、$S'_D=1$。

表 4-34 D 触发器实验记录表

D	CP	Q^*	
		Q=0	Q=1
0	↑		
	↓		
1	↑		
	↓		

（3）由 D 触发器构成 T′触发器

将 D 触发器的 Q′端与 D 端相连接，如图 4-41 所示，构成 T′触发器。输入 CP 取 1kHz 方波，观察输出 Q 与输入 CP 之间的关系，记录两者的波形。

4. 双相时钟脉冲电路

根据图 4-43 搭接实验线路，CP 输入 1 kHz 方波，把实验结果按图 4-49 进行描绘。

图 4-49 双相时钟脉冲电路波形图

4.5.6 思考题

1. 74LS112、74LS74 的状态更新分别发生在什么时刻?

2. 只要 JK、D 触发器有有效脉冲输入，触发器的输出端就一定发生改变吗？

3. 怎样设置 JK、D 触发器的初态？

4. 在双相时钟脉冲电路中，CP、CP_A、CP_B 的频率有什么关系？

4.6 计数器及其应用

4.6.1 实验目的

1. 掌握中规模集成计数器的使用及其功能测试方法。
2. 掌握计数器的扩展使用及其测试方法。
3. 掌握用置位法和复位法实现任意进制计数器及其测试方法。

4.6.2 实验设备及材料

1. 装有 Multisim 14 的计算机。
2. 数字电路实验箱。
3. 数字万用表。
4. 74LS192×2、74LS00、74LS20。

4.6.3 实验原理

计数器是一个用以实现计数功能的时序部件，它不仅可用来计脉冲数，还常用于数字系统的定时、分频和执行数字运算以及其他特定的逻辑功能。

计数器种类很多。按构成计数器中的各触发器是否使用一个时钟脉冲源来分，有同步计数器和异步计数器；根据计数制的不同，分为二进制计数器、十进制计数器和任意进制计数器；根据计数的增减趋势，又分为加法、减法和可逆计数器；还有可预置数和可编程序功能计数器等。目前，无论是 TTL 还是 CMOS 集成电路，都有品种较齐全的中规模集成计数器。使用者只要借助于器件手册提供的功能表和工作波形图以及引脚图，就能正确地运用这些器件。

1. 十进制计数器 74LS192

74LS192 是同步十进制可逆计数器，具有双时钟输入，并具有异步清零和异步置数等功能，其引脚排列及逻辑符号如图 4-50 所示。74LS192 的功能见表 4-35。

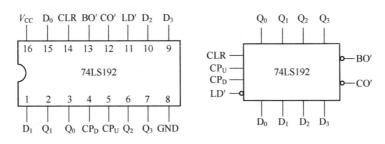

图 4-50　74LS192 引脚排列及逻辑符号

图 4-50 中，LD′—置数端；CP_U—加计数脉冲输入端；CP_D—减计数脉冲输入端；CLR—清

零端；CO′—进位输出端；BO′—借位输出端；$D_3 D_2 D_1 D_0$—计数器数据输入端；$Q_3 Q_2 Q_1 Q_0$—计数器数据输出端。

表 4-35　74LS192 的逻辑功能表

输　　入								输　　出			
CLR	LD′	CP_U	CP_D	D_3	D_2	D_1	D_0	Q_3	Q_2	Q_1	Q_0
1	×	×	×	×	×	×	×	0	0	0	0
0	0	×	×	d	c	b	a	d	c	b	a
0	1	↑	1	×	×	×	×	加计数			
0	1	1	↑	×	×	×	×	减计数			

当清零端 CLR 为高电平 "1" 时，计数器直接清零；CLR 置低电平则执行其他功能。

当 CLR 为低电平，置数端 LD′ 也为低电平时，数据直接从置数端 $D_3 D_2 D_1 D_0$ 置入计数器。

当 CLR 为低电平，LD′ 为高电平时，执行计数功能。执行加计数时，减计数端 CP_D 接高电平，计数脉冲由 CP_U 输入；在计数脉冲上升沿进行 8421 码十进制加法计数。执行减计数时，加计数端 CP_U 接高电平，计数脉冲由 CP_D 输入。表 4-36 为 8421 码十进制加、减计数器的状态转换表。

表 4-36　8421 码十进制加、减计数器转态转换表

加计数 ⟶

输入脉冲数		0	1	2	3	4	5	6	7	8	9
输出	Q_3	0	0	0	0	0	0	0	0	1	1
	Q_2	0	0	0	0	1	1	1	1	0	0
	Q_1	0	0	1	1	0	0	1	1	0	0
	Q_0	0	1	0	1	0	1	0	1	0	1

⟵ 减计数

2. 计数器的级联使用

一个十进制计数器只能表示 0~9 十个数，为了扩大计数器范围，常用多个十进制计数器级联使用。

同步计数器往往设有进位（或借位）输出端，故可选用其进位（或借位）输出信号驱动下一级计数器。

图 4-51 是由 74LS192 利用进位输出 CO′ 控制高一位的 CP_U 端构成加计数级联图。

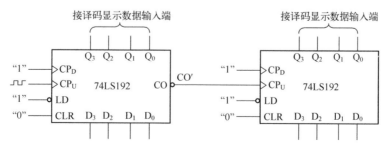

图 4-51　74LS192 级联电路

3. 实现任意进制计数器

（1）用复位法获得任意进制计数器

假定已有 N 进制计数器，而需要得到一个 M 进制计数器时，只要 $M<N$，用复位法使计数器计数到 M 时置"0"，即获得 M 进制计数器。如图 4-52 所示为一个由 74LS192 十进制计数器接成的六进制计数器，计数范围为 0~5。

（2）用预置功能获得 M 进制计数器

图 4-53 是一个特殊十二进制的计数器电路方案。在数字钟里，对时位的计数序列 1、2、…11、12、1…是十二进制的，且无数据"0"。如图 4-53 所示，当计数到 13 时，通过与非门产生一个清零信号，使 74LS192（2）（时十位）直接置成 0000，而 74LS192（1）（时个位）直接置成 0001，从而实现了 1~12 计数。

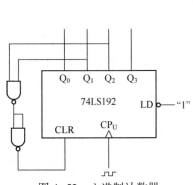

图 4-52 六进制计数器

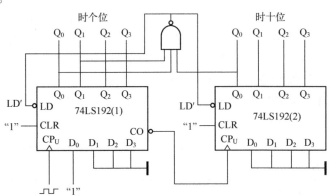

图 4-53 特殊十二进制计数器

4. 二 - 五 - 十进制加法计数器 74LS90

74LS90 是二-五-十进制加法计数器，它既可以作为二进制加法计数器，又可以作五进制和十进制加法计数器。

图 4-54 为 74LS90 引脚排列和逻辑符号，表 4-37 为其功能表。

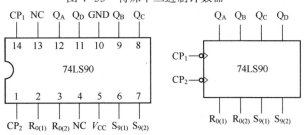

图 4-54 74LS90 引脚排列及逻辑符号

表 4-37 74LS90 功能表

输 入						输 出				功 能
清 0		置 9		时 钟		Q_D	Q_C	Q_B	Q_A	
$R_{0(1)}$	$R_{0(2)}$	$S_{9(1)}$	$S_{9(2)}$	CP_1	CP_2					
1	1	0	×	×	×	0	0	0	0	清 0
		×	0							
0	×	1	1	×	×	1	0	0	1	置 9
×	0									
0	×	0	×	↓	1	Q_A 输出				二进制计数器
×	0	×	0	1	↓	$Q_D Q_C Q_B$ 输出				五进制计数器
				↓	Q_A	$Q_D Q_C Q_B Q_A$ 输出 8421BCD 码				十进制计数器
				Q_D	↓	$Q_A Q_D Q_C Q_B$ 输出 5421BCD 码				十进制计数器

通过不同的连接方式，74LS90可以实现几种不同的计数方式。其具体功能详述如下。

1）计数脉冲CP_1输入，Q_A作为输出端，为二进制计数器。

2）计数脉冲CP_2输入，$Q_D Q_C Q_B$作为输出端，为五进制计数器。

3）若将CP_2和Q_A相连，计数脉冲由CP_1输入，$Q_D Q_C Q_B Q_A$作为输出端，则构成8421码十进制加法计数器。

4）若将CP_1和Q_D相连，计数脉冲由CP_2输入，$Q_A Q_D Q_C Q_B$作为输出端，则构成5421码十进制加法计数器。

5）异步清0、异步置9功能。

① 异步清0

若$R_{0(1)}$、$R_{0(2)}$均为"1"，$S_{9(1)}$、$S_{9(2)}$中有"0"时，实现异步清0功能，$Q_D Q_C Q_B Q_A = 0000$。

② 异步置9功能

若$S_{9(1)}$、$S_{9(2)}$均为"1"，$R_{0(1)}$、$R_{0(2)}$中有"0"时，实现置9功能，$Q_D Q_C Q_B Q_A = 1001$。

5. 4-7线译码器/驱动器74LS48

74LS48是4-7线译码器/驱动器。其逻辑功能见表4-38。用74LS48引脚图如图4-55所示。当输入信号从0000~1111共16种不同状态时，其相应的显示字形见表4-38。其各引脚含义如下。

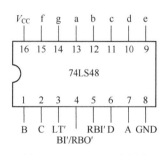

图4-55　74LS48引脚图

表4-38　74LS48逻辑功能表

十进制或功能	输 入						BI′/RBO′	输 出							显 示 字 型
	LT′	RBI′	D	C	B	A		a	b	c	d	e	f	g	
0	1	1	0	0	0	0	1	1	1	1	1	1	1	0	
1	1	×	0	0	0	1	1	0	1	1	0	0	0	0	
2	1	×	0	0	1	0	1	1	1	0	1	1	0	1	
3	1	×	0	0	1	1	1	1	1	1	1	0	0	1	
4	1	×	0	1	0	0	1	0	1	1	0	0	1	1	
5	1	×	0	1	0	1	1	1	0	1	1	0	1	1	
6	1	×	0	1	1	0	1	0	0	1	1	1	1	1	
7	1	×	0	1	1	1	1	1	1	1	0	0	0	0	
8	1	×	1	0	0	0	1	1	1	1	1	1	1	1	
9	1	×	1	0	0	1	1	1	1	1	0	0	1	1	
10	1	×	1	0	1	0	1	0	0	0	1	1	0	1	
11	1	×	1	0	1	1	1	0	0	1	1	0	0	1	
12	1	×	1	1	0	0	1	0	1	0	0	0	1	1	
13	1	×	1	1	0	1	1	1	0	0	1	0	1	1	
14	1	×	1	1	1	0	1	0	0	0	1	1	1	1	
15	1	×	1	1	1	1	1	0	0	0	0	0	0	0	全灭

十进制或功能	输 入						BI′/RBO′	输 出							显 示 字 型
	LT′	RBI′	D	C	B	A		a	b	c	d	e	f	g	
消隐	×	×	×	×	×	×	0	0	0	0	0	0	0	0	全灭
灭零	1	0	0	0	0	0	0	0	0	0	0	0	0	0	全灭
灯测试	0	×	×	×	×	×	1	1	1	1	1	1	1	1	日

DCBA：译码数据输入端；

BI′/RBO′：消隐输入（低电平有效）/动态灭零输出端（低电平有效）；

LT′：灯测试输入端（低电平有效）；

RBI′：动态灭零输入端（低电平有效）；

a~g：七段输出，输出端（a~g）为高电平有效，可驱动共阴极数码管。

其基本功能如下。

1）消隐功能：当 BI′ 为低电平时，不管其他输入端状态如何，a~g 均为低电平。

2）测灯功能：当 BI′ 为高电平或开路，LT′ 为低电平时，可使 a~g 均为高电平。

3）正常译码功能：当 BI′ 为高电平或开路，LT′ 为高电平或开路时，1~15 可正常译码。

4）0 显示功能：当 LT′ 为高电平或开路时，RBI′ 为高电平或开路，DCBA＝0000 时，0 正常显示。

5）0 消隐功能：当 LT′ 为高电平时或开路，RBI′ 为低电平，DCBA＝0000 时，0 消隐。

注意：74LS48 与 74LS248 的引出端排列、功能和电特性均相同，差别仅在显示 6 和 9 时，74LS248 所显示的 6 和 9 比 74LS48 多出上杠和下杠。

4.6.4 计算机仿真实验内容

1. 74LS90 组成的十进制计数器电路

1）创建电路。在 TTL 集成电路库中选择非门 74LS90，调入电源 Sources→POWER_SOURCES→VCC、地 Sources → POWER _ SOURCES → GROUND、时钟脉冲 Sources → SIGNAL _ VOLTAGE _ SOURCES → CLOCK _ VOLTAGE、数码管 Indicators→HEX _ DISPLAY→DCD _ HEX、指示灯 Indicators→PROBE→ PROBE_ ORANGE。根据 74LS90 的功能表，把清 0 端 R_{01}、R_{02}，置 9 端 R_{91}、R_{92} 都接地，IN_B 与 Q_A 相接，从 IN_A 输入脉冲信号，输出接数码管显示，如图 4-56 所示。

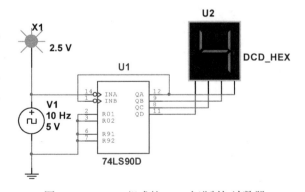

2）双击脉冲源 V_1，修改频率为 10 Hz。

图 4-56 74LS90 组成的 8421 十进制加计数器

3）仿真运行。观察数据变化是发生在输入脉冲的上升沿还是下降沿，并观察输出数据变化情况。

4）根据 74LS90 的功能表，用 74LS90 可以组成五进制加计数器如图 4-57 所示；组成 5421 十进制加计数器如图 4-58 所示。绘制相应的电路图并仿真运行，观察仿真实验现象，说明输出数据的含义。

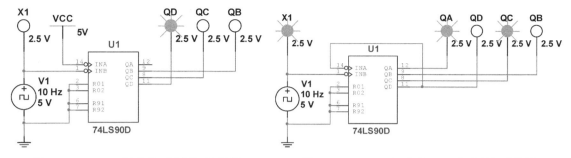

图 4-57　74LS90 组成的五进制加计数器　　　　图 4-58　74LS90 组成的 5421 十进制加计数器

2. 由 74LS90、74LS48 组成的计数译码显示电路

在图 4-56 的基础上加入译码器 74LS48，即可得到计数译码显示电路如图 4-59 所示。仿真运行，记录输出数据的变化情况。

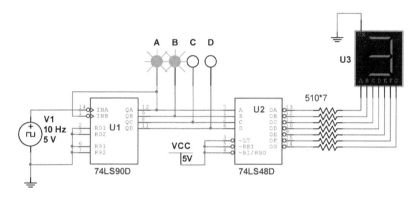

图 4-59　由 74LS90、74LS48 组成的计数译码显示电路

4.6.5　实验室操作实验内容

1. 74LS192 同步十进制可逆计数器的逻辑功能测试

根据 74LS192 的逻辑功能表和引脚排列，输入端 CLR、LD′、$D_3 \sim D_0$ 接逻辑电平控制开关，CP_D 接高电平，CP_U 接 "上升沿" 手动脉冲，输出端 $Q_3 \sim Q_0$、CO′ 接至电平指示灯，把测试结果记录于表 4-39 中。再把 CP_U 和 CP_D 对调一下，也就是 CP_D 接脉冲，CP_U 接高电平，观察减计数的规律。

表 4-39　74LS192 逻辑功能测试记录表

输　入							输　出					功能说明
CLR	LD′	CP_U	D_3	D_2	D_1	D_0	Q_3	Q_2	Q_1	Q_0	CO′	
0	0	×	0	1	1	1						
0	1	↑	×	×	×	×						
0	1	↑	×	×	×	×						
0	1	↑	×	×	×	×						
0	1	↑	×	×	×	×						
0	1	↑	×	×	×	×						
1	×	×	×	×	×	×						

2. 计数器的级联

如图 4-51 所示，用两片 74LS192 组成两位十进制加法计数器，输入 1Hz 连续计数脉冲，进行由 00~99 累加计数，说明其计数规律；两位十进制加法计数器改为两位十进制减法计数器，实现由 99~00 递减计数，说明其计数规律。

（1）复位法实现数字钟秒和分设计

在数字钟中，秒和分的计数都是 0~59 的六十进制计数。仿照图 4-52，设计一个秒或分的六十进制计数器，画出电路图，并安装调试。分析实验结果，排除实验过程中出现的故障。

（2）置数法实现日历计数

在日历上，每个月的天数不同，如二月只有 28 天，其计数范围为 1~28。仿照图 4-53，设计二月的日历计数器，画出电路图，并安装调试。分析实验结果，排除实验过程中出现的故障。

4.6.6 思考题

1. 74LS192 作加法计数时，CP_U、CP_D 分别应接什么？74LS192 作减法计数时，CP_U、CP_D 分别应接什么？

2. 74LS192 作加法计数时，设 CP_U 频率为 1 Hz，则 10 个脉冲中，CO′ 为低电平的时间为多少？

3. 如果要求计数范围为 3~42，可以用复位法吗？可以用置位法吗？如果能，应怎样接线？

4. 复位法设计一个数字钟六十进制计数器并进行实验时，个位 CLR 可以接低电平吗？当计数到 59 时，十位的进位端有输出吗？

4.7 移位寄存器及其应用

4.7.1 实验目的

1. 掌握中规模 4 位双向移位寄存器逻辑功能的测试方法。
2. 熟悉移位寄存器的应用——构成环形计数器及其测试方法。
3. 了解移位寄存器的扩展及其测试方法。

4.7.2 实验设备及材料

1. 装有 Multisim 14 的计算机。
2. 数字电路实验箱。
3. 数字万用表。
4. 74LS194×2。

4.7.3 实验原理

1. 移位寄存器

移位寄存器是一个具有移位功能的寄存器，是指寄存器中所存的代码能够在移位脉冲的作用下依次左移或右移。既能左移又能右移的称为双向移位寄存器，只需要改变左、右移的控制信号便可实现双向移位要求。根据移位寄存器存取信息的方式不同分为串入串出、串入并出、并入串出、并入并出 4 种形式。

本实验选用的 4 位双向通用移位寄存器，型号为 74LS194，其逻辑符号及引脚排列如图 4-60 所示。

其中，$D_0 \sim D_3$ 为并行输入端；$Q_0 \sim Q_3$ 为并行输出端；S_R 为右移串行输入端，S_L 为左移串行输入端；S_1、S_0 为操作模式控制端；R'_D 为直接无条件清零端；CP 为时钟脉冲输入端。

74LS194 有 5 种不同操作模式，即并行送数寄存、右移（方向由 $Q_0 \rightarrow Q_3$）、左移（方向由 $Q_3 \rightarrow Q_0$）、保持及清零。S_1、S_0 和 R'_D 端的控制作用见表 4-40。

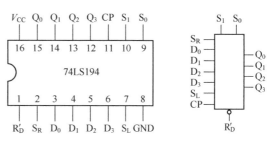

图 4-60　74LS194 的引脚功能及逻辑符号

表 4-40　74LS194 功能表

功能	输入									输出			
	R'_D	S_1	S_0	CP	S_L	S_R	D_0	D_1	D_2	D_3	Q_0	Q_1	Q_2	Q_3
清除	0	×	×	×	×	×	×	×	×	×	0	0	0	0
送数	1	1	1	↑	×	×	a	b	c	d	a	b	c	d
右移	1	0	1	↑	×	D_{SR}	×	×	×	×	D_{SR}	Q_0	Q_1	Q_2
左移	1	1	0	↑	D_{SL}	×	×	×	×	×	Q_1	Q_2	Q_3	D_{SL}
保持	1	0	0	↑	×	×	×	×	×	×	Q_0^n	Q_1^n	Q_2^n	Q_3^n

2. 环形计数器

如图 4-61 所示，把移位寄存器的输出反馈到它的串行输入端，把输出端 Q_3 和右移串行输入端 S_R 相连，设初始状态 $Q_0Q_1Q_2Q_3 = 1000$，则在时钟脉冲作用下 $Q_0Q_1Q_2Q_3$ 将依次变为 $0100 \rightarrow 0010 \rightarrow 0001 \rightarrow 1000 \cdots \cdots$，见表 4-41，可见它是一个具有 4 个有效状态的计数器，这种类型的计数器通常称为环行计数器。图 4-61 电路可以由各个输出端输出在时间上有先后顺序的脉冲，因此也可作为顺序脉冲发生器。

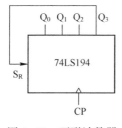

图 4-61　环形计数器

表 4-41　环形计数器状态表

CP	Q_0	Q_1	Q_2	Q_3
0	1	0	0	0
1	0	1	0	0
2	0	0	1	0
3	0	0	0	1

4.7.4　计算机仿真实验内容

1. 双向移位寄存器 74LS194 的逻辑功能仿真实验

1）创建电路。在 TTL 集成电路库中选择双向移位寄存器 74LS194 及其他相关元器件，调入字信号发生器、逻辑分析仪，连接电路如图 4-62 所示。

2）双击字信号发生器，设置数字显示方式为二进制数 Binary，频率设置为 100Hz，在数

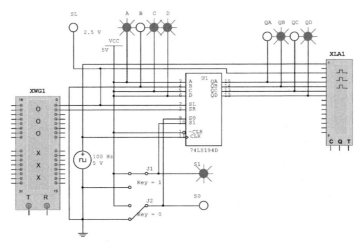

图 4-62　74LS194 的逻辑功能仿真电路图

据显示区末两位为"11"处单击右键,单击"Set Final Position"置该数据为终止数据,另外设置数据控制方式为循环控制方式"Cycle",如图 4-63 所示。单击控制面板上"Set"设置按钮,打开设置对话框,选择"Up counter(递增编码方式)",再单击"OK"按钮,如图 4-64 所示。

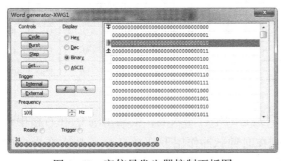

图 4-63　字信号发生器控制面板图

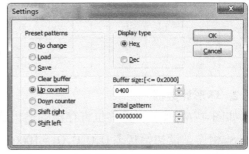

图 4-64　字信号发生器数据控制方式设置

3)设置时钟脉冲源为 100 Hz,打开仿真开关,进行仿真实验。

分别按下键盘〈1〉或者〈0〉,设置 S_1 和 S_0 参数,决定双向移位寄存器的工作方式。通过观测逻辑指示灯的显示状态可以发现,当 $S_1S_0 = 00$ 时,寄存器输出保持原态不变;当 $S_1S_0 = 01$ 时,寄存器工作在向右移位方式,此时右移输入端 S_R 的串行输入数据如图 4-63 所示,为"0011"4 个数循环,所以可以观测到 4 个逻辑指示灯状态为依次向右同时点亮两盏指示灯;当 $S_1S_0 = 10$ 时,寄存器工作在向左移位方式,此时左移输入端 S_L 的串行输入数据如图 4-63 所示,为"0101"4 个数循环,所以可以观测到 4 个逻辑指示灯分 Q_AQ_C 和 Q_BQ_D 两组间隔点亮;当 $S_1S_0 = 11$ 时,工作在并行输入方式,可观测到并行输出端 $Q_AQ_BQ_CQ_D$ 的 4 个指示灯的状态与输入端 ABCD 的 4 个指示灯的状态一一对应且完全相同。

最后打开逻辑分析仪观测时序图,如图 4-65 所示为左移情况,仿真结果与工作原理完全符合。分

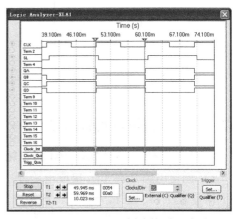

图 4-65　74LS194 逻辑功能测试波形图

析游标 1 和游标 2 处的工作过程。另截取右移情况的波形图，并进行分析。

2. 环形计数器仿真实验

创建环形计数器电路如图 4-66 所示。先置 $S_1S_0 = 11$，置入起始数据 $Q_AQ_BQ_CQ_D = 0100$；再置 $S_1S_0 = 01$，实现右移，记录输出的指示灯变化情况于表 4-43 中；再置 $S_1S_0 = 10$，实现左移，说明输出的指示灯变化情况。

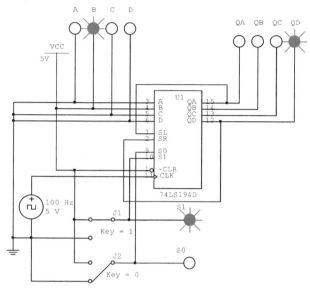

图 4-66　环形计数器仿真电路图

4.7.5　实验室操作实验内容

1. 测试 74LS194 的逻辑功能

将清除端 R'_D、模式控制端 S_1S_0、串行数据输入端 S_LS_R、并行数据输入端 $D_0D_1D_2D_3$ 接逻辑电平控制开关，脉冲输入端 CP 接单次脉冲，数据输出端 $Q_0Q_1Q_2Q_3$ 从左至右依次接电平指示灯。根据表 4-42 中设置输入电平，再按单次脉冲，观察输出 $Q_0Q_1Q_2Q_3$ 的数据，并把测试结果记于表 4-42 中，总结其功能。

表 4-42　74LS194 逻辑功能测试记录表

清除	模　式		时钟	串　行		数据输入	输出	功能总结
R'_D	S_1	S_0	CP	S_L	S_R	$D_0D_1D_2D_3$	$Q_0Q_1Q_2Q_3$	
0	×	×	×	×	×	××××		
1	1	1	↑	×	×	0110		
1	0	1	↑	×	0	××××		
1	0	1	↑	×	1	××××		
1	0	1	↑	×	0	××××		
1	0	1	↑	×	0	××××		
1	1	0	↑	1	×	××××		
1	1	0	↑	1	×	××××		
1	1	0	↑	1	×	××××		
1	1	0	↑	1	×	××××		
1	0	0	↑	×	×	××××		

2. 环形计数器

仿照图 4-61 接线，实现左移循环计数，画出电路图并搭接电路，初始状态由 S_1S_0 送数功能来设置。观察寄存器输出状态的变化，记入表 4-43 中。

表 4-43　环形计数器实验记录表

CP	Q_0	Q_1	Q_2	Q_3
0	0	1	0	0
1				
2				
3				
4				

3. 移位寄存器的扩展

将双向 4 位移位寄存器扩展成 8 位移位寄存器，如图 4-67 所示。仿照 74LS194 逻辑功能的测试方法进行测试。在此基础上实现 8 位右移循环计数。

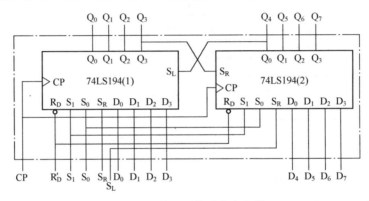

图 4-67　扩展后的移位寄存器

4.7.6　思考题

1. 在对 74LS194 进行送数后，若要使输出端改成另外的数据，是否一定要使寄存器清零？
2. 如要使寄存器 74LS194 循环左移，应怎样接线？
3. 分析表 4-42 的实验结果，总结移位寄存器 74LS194 的逻辑功能并写入表格功能总结一栏中。
4. 根据实验室操作内容 2 的结果，画出 4 位环形计数器的状态转换图及波形图。

4.8　555 时基电路应用

4.8.1　实验目的

1. 熟悉 555 型集成时基电路结构、工作原理及其特点。
2. 掌握 555 型集成时基电路的三种基本应用。

4.8.2　实验设备及材料

1. 装有 Multisim 14 的计算机。

2. 数字电路实验箱。

3. 函数信号发生器。

4. 双踪示波器。

5. 555、二极管 1N4148、电阻 5.1 kΩ×2、电阻 10 kΩ、电阻 100 kΩ、电容 0.01 μF×2。

4.8.3 实验原理

1. 555 定时器

这里所用的 555 定时器，是一种数字、模拟混合型的中规模集成电路，应用十分广泛。它是一种产生时间延迟和多种脉冲信号的电路，由于内部电压标准使用了三个 5 kΩ 的精密电阻，故取名 555 电路。

555 电路的内部电路方框图及引脚图如图 4-68 所示。它含有两个电压比较器、一个基本 RS 触发器及一个放电开关管 VT，比较器的参考电压由三只 5 kΩ 的电阻器构成的分压器提供。它们分别使高电平比较器 A_1 的同相输入端和低电平比较器 A_2 的反相输入端的参考电平为 $\frac{2}{3}V_{CC}$ 和 $\frac{1}{3}V_{CC}$。A_1 和 A_2 的输出端控制 RS 触发器状态和放电管开关状态。当输入信号自引脚 6，即高电平触发输入并超过参考电平 $\frac{2}{3}V_{CC}$ 时，触发器复位，555 的输出端引脚 3 输出低电平，同时放电开关管导通；当输入信号自引脚 2 输入并低于 $\frac{1}{3}V_{CC}$ 时，触发器置位，555 的引脚 3 输出高电平，同时放电开关管截止。

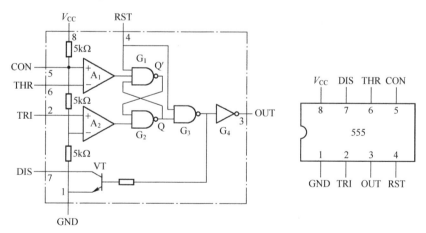

图 4-68 555 定时器内部框图及引脚图

RST 是复位端（引脚 4），当 RST=0 时，555 输出低电平；平时 RST 端开路或接 V_{CC}。

CON 是控制电压端（引脚 5），平时输出 $\frac{2}{3}V_{CC}$ 作为比较器 A_1 的参考电平，当引脚 5 外接一个输入电压，即改变了比较器的参考电平，从而实现对输出的另一种控制，在不接外加电压时，通常接一个 0.01 μF 的电容器到地，起滤波作用，以消除外来的干扰，确保参考电平的稳定。555 定时器的功能表见表 4-44。

表 4-44 555 定时器的功能表

输　　　入			输　　　出	
RST（引脚 4）	THR（引脚 6）	TRI（引脚 2）	OUT（引脚 3）	VT 状态
0	×	×	低	导通
1	$>\frac{2}{3}V_{CC}$	$>\frac{1}{3}V_{CC}$	低	导通
1	$<\frac{2}{3}V_{CC}$	$>\frac{1}{3}V_{CC}$	不变	不变
1	$<\frac{2}{3}V_{CC}$	$<\frac{1}{3}V_{CC}$	高	截止
1	$>\frac{2}{3}V_{CC}$	$<\frac{1}{3}V_{CC}$	高	截止

VT 为放电管，当 VT 导通时，将给接于引脚 7 的电容器提供低阻放电通路。

555 定时器主要是与电阻、电容构成放电电路，并由两个比较器来检测电容器上的电压，以确定输出电平的高低和放电开关管的通断。这就很方便地构成从微秒到数十分钟延时电路，可方便地构成单稳态触发器、多谐振荡器、施密特触发器等脉冲产生或波形变换电路。

2. 构成单稳态触发器

图 4-69a 为定时器和外接定时元件 R、C 构成的单稳态触发器。触发电路由 C_1、R_1、VD 构成，其中 VD 为钳位二极管，稳态时 555 电路输入端处于电源电平，内部放电开关管 VT 导通，输出端 OUT 输出低电平。当有一个外部负脉冲触发信号经 C_1 加到引脚 2，并使引脚 2 电位瞬时低于 $\frac{1}{3}V_{CC}$，低电平比较器动作，单稳态电路即开始一个暂态过程，电容 C 开始充电，V_C 按指数规律增长。当 V_C 充电到 $\frac{2}{3}V_{CC}$ 时，高电平比较器动作，比较器 A_1 翻转，输出 V_o 从高电平返回低电平，放电开关管 VT 重新导通，电容 C 上的电荷很快经放电开关管放电，暂态结束，恢复稳态，为下一个触发脉冲的来到做好准备。波形图如图 4-69b 所示。

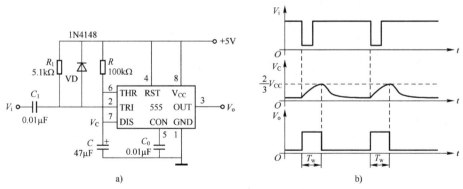

图 4-69　555 构成的单稳态触发器

暂稳态的持续时间 T_w（即为延时时间）取决于外接 R、C 值的大小，即

$$T_w = 1.1RC$$

通过改变 R、C 的大小，可使延时时间在几微秒到几十分钟之间变化。当这种单稳态电路作为计时器时，可直接驱动小型继电器，并可以使用复位端（引脚 4）接地的方法来中断暂态，重新计时。

3. 构成多谐振荡器

如图 4-70a 所示，由 555 定时器和外接元件 R_1、R_2、C 构成多谐振荡器，引脚 2 与引脚 6

直接相连。电路没有稳态，仅存在两个暂稳态，电路亦不需要外加触发信号，利用电源 V_{CC} 通过 R_1、R_2 向 C 充电，以及 C 通过 R_2 向放电端引脚 7 放电，使电路产生振荡。电容 C 在 $\frac{1}{3}V_{CC}$ 和 $\frac{2}{3}V_{CC}$ 之间充电和放电，其波形如图 4-70b 所示。输出信号的时间参数是

$$T = T_{w1} + T_{w2}, \qquad T_{w1} = 0.7(R_1 + R_2)C, \qquad T_{w2} = 0.7R_2C$$

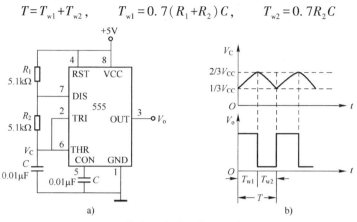

图 4-70　555 构成的多谐振荡器电路图及波形图

555 电路要求 R_1 与 R_2 均应大于或等于 1 kΩ，但 R_1+R_2 应小于或等于 3.3 MΩ。

外部元件的稳定性决定了多谐振荡器的稳定性，555 定时器配以少量的元件即可获得较高精度的振荡频率和具有较强的功率输出能力，因此这种形式的多谐振荡器应用很广。

4. 组成施密特触发器

电路如图 4-71 所示，只要将引脚 2、6 连在一起作为信号输入端，即得到施密特触发器。图 4-72 示出了 V_S、V_i 和 V_o 的波形图。

设被整形变换的电压为正弦波 V_S，其正半波通过二极管 VD 同时加到 555 定时器的引脚 2 和 6，得 V_i 为半波整流波形。当 V_i 上升到 $\frac{2}{3}V_{CC}$ 时，V_o 从高电平翻转为低电平；当 V_i 下降到 $\frac{1}{3}V_{CC}$ 时，V_o 又从低电平翻转为高电平。电路的电压传输特性曲线如图 4-73 所示。

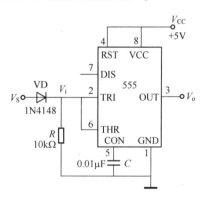

图 4-71　555 构成的施密特触发器

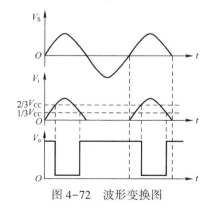

图 4-72　波形变换图

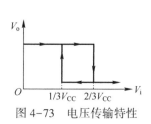

图 4-73　电压传输特性

243

回差电压 $\Delta V = \dfrac{2}{3}V_{CC} - \dfrac{1}{3}V_{CC} = \dfrac{1}{3}V_{CC}$。

4.8.4　计算机仿真实验内容

1. 用 555 定时器构成单稳态触发器

1）创建电路。在数模混合集成电路库 MIXED Θ 中选择 TIMER 系列中的 LM555CM 元件，如图 4-74 所示，将 555 调出放置在电子仿真平台上。调出脉冲信号源 Sources→SIGNAL_VOLTAGE_SOURCES→CLOCK_VOLTAGE 放置于电子仿真平台上，并将频率设置为 5kHz，占空比设置为 90%，如图 4-75 所示。

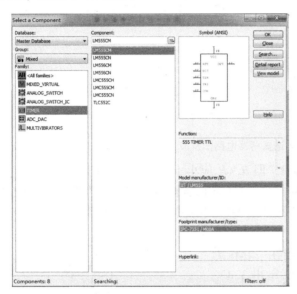

图 4-74　调用时基电路 555

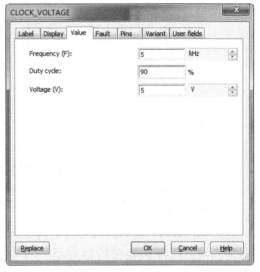

图 4-75　时钟脉冲参数设置

2）从元器件工具条中调出其他元器件，同时调出四踪虚拟示波器，在电子仿真平台上建立单稳态触发仿真电路如图 4-76 所示。

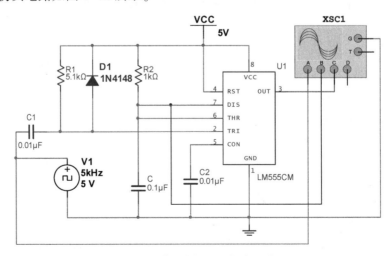

图 4-76　单稳态触发器仿真电路图

3）开启仿真开关，双击虚拟示波器图标，打开示波器面板图，选择合适的参数设置，可以观察到如图 4-77 所示的波形。

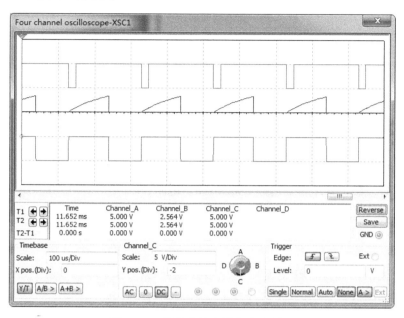

图 4-77　单稳态触发器仿真波形图

4）利用示波器面板上的游标读出单稳态的暂态时间 T_w = ＿＿＿＿＿＿＿＿ ，计算理论值的暂态时间 T_w = ＿＿＿＿＿＿＿。

2. 用 555 定时器构成多谐振荡器

1）创建电路。在元器件库中选择 LM555CM、电阻、电容、电位器、电源和地及虚拟示波器，放置于电子仿真平台上，建立多谐振荡器仿真电路如图 4-78 所示。

2）开启仿真开关，双击虚拟示波器图标，打开示波器面板图，选择合适的参数设置，可以观察到如图 4-79 所示的波形。

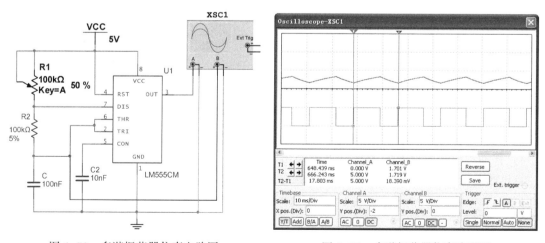

图 4-78　多谐振荡器仿真电路图　　　　图 4-79　多谐振荡器仿真波形图

3）调节电位器的百分比，可以观察到多谐振荡器产生的矩形波，观察电容的充电时间和放电时间，并计算其占空比，填入表 4-45 中，并和理论计算值进行比较。R_1 值用万用表测试，注意测试时断开电源，并使 R_1 与其他支路断开。

表 4-45　多谐振荡器仿真测试记录表

电位器位置	T_{w1}		T_{w2}		T		占空比	
	仿真测试值	理论计算值	仿真测试值	理论计算值	仿真测试值	理论计算值	仿真测试值	理论计算值
30%（$R_1=$　）								
50%（$R_1=$　）								
70%（$R_1=$　）								

3. 用 555 定时器构成施密特触发器

1）创建电路。在元器件库中选择 LM555CM、电阻、电容、二极管、交流信号源、电源和地及虚拟示波器，放置于电子仿真平台上，建立施密特触发器仿真电路如图 4-80 所示。

2）双击交流信号源，打开交流信号源参数设置对话框，设置其峰值（Pk）为 5 V，频率（F）为 1 kHz，如图 4-81 所示。

3）开启仿真开关，双击虚拟示波器图标，选择合适的参数设置，可以观察到如图 4-82 所示的波形。

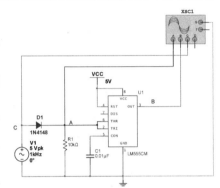

图 4-80　施密特触发器仿真电路图

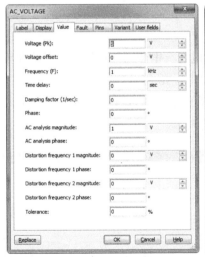

图 4-81　交流信号源参数设置

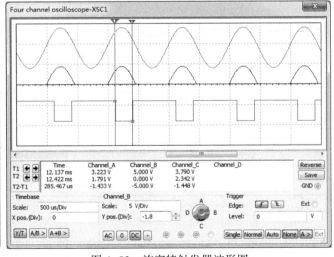

图 4-82　施密特触发器波形图

4）移动示波器面板上的游标，置于输出波形电平跳变的两个位置，读出此时 A 点的电位，算出回差电压 ΔV，填入表 4-46 中。并与理论计算值进行比较。

表 4-46　施密特触发器仿真测试表

测量项目	$\frac{1}{3}V_{CC}$	$\frac{2}{3}V_{CC}$	ΔV（回差电压）
理论计算值			
仿真测试值			

5）在示波器面板图上单击"A/B"，观察施密特触发器的传输特性曲线如图4-83所示。移动游标1和游标2，测试回差电压 $\Delta V =$ _____。

4.8.5 实验室操作实验内容

1. 单稳态触发器

1）按图4-69连线，取 $R = 100\,\text{k}\Omega$，$C = 47\,\mu\text{F}$，输入信号 V_i 由单次脉冲源提供，输出 V_o 接至电平显示端口，用秒表测定暂稳态时间。

2）将 R 改为 $1\,\text{k}\Omega$，C 改为 $0.1\,\mu\text{F}$，输入端加 $1\,\text{kHz}$ 的连续脉冲，观测并记录波形 V_i、V_C、V_o，测定幅度与暂稳态时间。

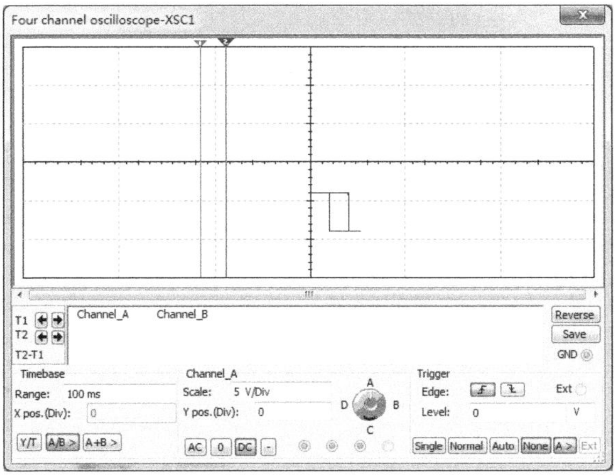

2. 多谐振荡器

按图4-70接线，用双踪示波器观测并记录 V_C 与 V_o 的波形，测定频率、占空比。

图4-83 施密特触发器传输特性曲线

3. 施密特触发器

1）根据图4-71，测试电压传输特性，记录 V_S、V_i、V_o 波形，根据实验结果描述电压传输特性，并计算回差电压。

2）在示波器面板上点"Menu"，将时基改为"X-Y"方式，移动光标，测试施密特触发器的传输特性曲线。

4.8.6 思考题

1. 在单稳态触发器实验中，二极管 VD 的作用是什么？

2. 图4-70中的充电支路和放电支路分别是哪条支路，包括哪些元件？根据充电支路和放电支路拟出 T_{w1} 和 T_{w2} 的计算公式。

3. 在施密特触发器实验中，如果输入的正弦波峰值为1V，输出是否还有矩形波输出，为什么？

4.9 D/A 转换器

4.9.1 实验目的

1. 了解 D/A 转换器的基本工作原理和基本结构。
2. 掌握大规模集成 D/A 转换器的功能及其典型应用。

4.9.2 实验设备及材料

1. 装有 Multisim 14 的计算机。
2. 数字电路实验箱。

3. 数字万用表。

4. DAC0832、μA741、二极管 1N4148×2、电位器 15 K。

4.9.3 实验原理

1. D/A 转换

将数字信号转换为模拟信号称为 D/A 转换。实现 D/A 转换的器件称为 D/A 转换器，简写为 DAC（Digital-Analog Converter）。其主要指标有以下几个。

（1）分辨率

分辨率是指 D/A 转换器理论上可达到的精度。分辨率可以用输入二进制数码的位数给出，也可用 D/A 转换器能够分辨出来的最小输出电压与最大输出电压的比值来表示。如 10 位 D/A 转换器的分辨率为

$$\frac{1}{2^{10}-1}=\frac{1}{1023}\approx 0.001$$

（2）转换误差

转换误差是指 D/A 转换器实际上能达到的转换精度，可以用输出电压满刻度值的百分数表示，也可用最低位有效值的倍数表示。如转换误差为 0.5LSB，表示输出模拟电压的绝对误差等于当输入数字量的 LSB=1，其余各位均为 0 时输出模拟电压的一半。

（3）转换速度

转换速度通常指建立时间，即输入数字量各位由全 0 变为全 1 或由全 1 变为全 0 时，输出电压达到某一规定值所需要的时间。通常建立时间在 100 ns～几十 μs 之间。

2. D/A 转换器 DAC0832

DAC0832 是采用 CMOS 工艺制成的单片电流输出型 8 位 D/A 转换器。图 4-84 是 DAC0832 的逻辑框图及引脚排列。

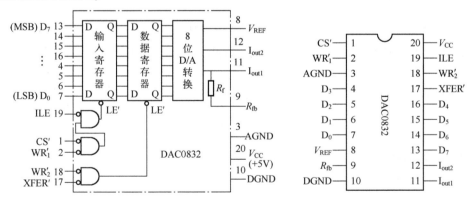

图 4-84 DAC0832 单片 D/A 转换器逻辑框图和引脚排列

器件的核心部分采用倒 T 型电阻网络的 8 位 D/A 转换器，如图 4-85 所示。它是由倒 T 型 R-2R 电阻网络、模拟开关、运算放大器和参考电压 V_{REF} 四部分组成。

运放的输出电压为

$$V_o=\frac{V_{REF}R_f}{2^nR}(D_{n-1}\cdot 2^{n-1}+D_{n-2}\cdot 2^{n-2}+\cdots+D_0\cdot 2^0)$$

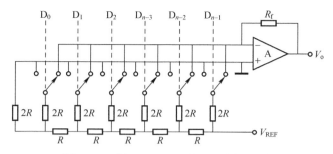

图 4-85　倒 T 型电阻网络 D/A 转换电路

由上式可见，输出电压 V_o 与输入的数字量成正比，这就实现了从数字量到模拟量的转换。

一个 8 位的 D/A 转换器，它有 8 个输入端，每个输入端是 8 位二进制数的一位，有一个模拟输出端，输入可有 $2^8 = 256$ 个不同的二进制组态，输出为 256 个电压值之一，即输出电压不是整个电压范围内任意值，而只能是 256 个可能值。

DAC0832 的引脚功能说明如下。

$D_0 \sim D_7$：数字信号输入端；

ILE：输入寄存器允许，高电平有效；

CS'：片选信号，低电平有效；

WR_1'：写信号 1，低电平有效；

XFER'：传送控制信号，低电平有效；

WR_2'：写信号 2，低电平有效；

I_{out1}，I_{out2}：DAC 电流输出端；

R_{fb}：反馈电阻，是集成在片内的外接运放的反馈电阻；

V_{REF}：基准电压（$-10 \sim +10$）V；

V_{CC}：电源电压（$+5 \sim +15$）V；

AGND：模拟地；

DGND：数字地（数字地和模拟地可接在一起使用）。

DAC0832 输出的是电流，要转换为电压，还必须经过一个外接的运算放大器，实验电路如图 4-86 所示。

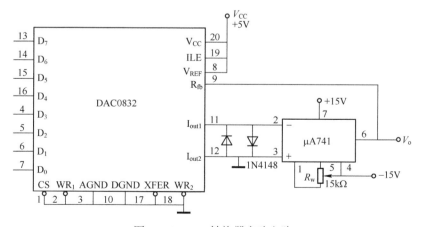

图 4-86　D/A 转换器实验电路

4.9.4 计算机仿真实验内容

1. D/A 转换器仿真实验

1）创建电路。在数模混合集成电路库 MIXED 中选择 ADC_DAC 系列中的电压输出型 VDAC，如图 4-87 所示，调入仿真工作区。调入电源 Sources→POWER_SOURCES→VCC、地 Sources→POWER_SOURCES→GROUND、直流电源 Sources→POWER_SOURCES→DC_POWER、排阻 Basic→RPACK→8Line_Bussed、8 位拨码开关 Basic→SWITCH→DSWPK_8。调入直流电压表 Indicators→VOLTMETER→ VOLTMETER_V，如图 4-88 所示。搭建 D/A 转换器实验电路如图 4-89 所示。

图 4-87　调用 D/A 转换器　　　　图 4-88　调用直流电压表

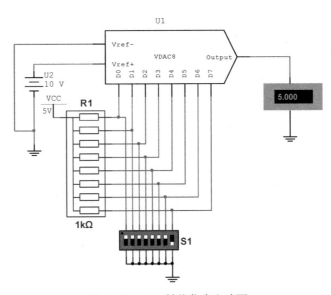

图 4-89　D/A 转换仿真电路图

2）仿真运行。将开关置于不同的数据，读出 D/A 转换器转换出来的电压值。可以观察到输出的模拟量与数字量之间的关系为

$$V_o = \frac{V_{REF} \cdot DATA_{10}}{2^n}$$

式中，V_o 为输出模拟量（电压）；V_{REF} 为基准电压；$DATA_{10}$ 为输入二进制数字信号所对应的十进制数码。

3）按照表 4-47 设置 $D_0 \sim D_7$，测试并把结果记入表 4-47 中，并与理论计算值进行对比。

表 4-47　D/A 转换仿真实验记录表

| 输入数字量 | | | | | | | | | 输出模拟量 V_o/V | |
D_7	D_6	D_5	D_4	D_3	D_2	D_1	D_0	对应的十进制数 $DATA_{10}$	仿真测试值	理论计算值
0	0	0	0	0	0	0	0			
0	0	0	0	0	0	0	1			
0	0	0	0	0	0	1	0			
0	0	0	0	0	1	0	0			
0	0	0	0	1	0	0	0			
0	0	0	1	0	0	0	0			
0	0	1	0	0	0	0	0			
0	1	0	0	0	0	0	0			
1	0	0	0	0	0	0	0			
1	1	1	1	1	1	1	1			

2．D/A 转换器实现梯形波

1）创建电路。在数模混合集成电路库 MIXED 中选择 ADC_DAC 系列中的电压输出型 VDAC，调入仿真工作区。调入 2-8 进制计数器 74LS93 并搭接成十六进制计数模式，调入电源 Sources→POWER_SOURCES→VCC、地 Sources→POWER_SOURCES→GROUND、时钟脉冲源 Sources→SIGNAL_VOLTAGE_SOURCE → CLOCK_VOLTAGE、数码管 Indicators→HEX_DIS-PLAY→DCD_HEX。从仪器仪表栏调入示波器。搭建 D/A 转换器实现的梯形波电路如图 4-90 所示。

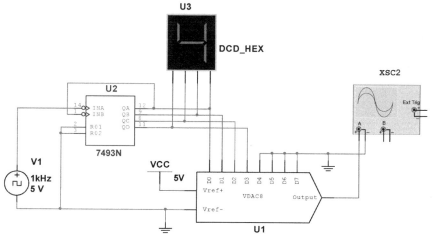

图 4-90　D/A 转换器实现梯形波仿真电路图

74LS93 组成十六进制计数器，计数器的输入时钟脉冲由 1kHz 脉冲信号发生器提供。电路中只有 DAC 的低 4 位输入端接到计数器的输出端，高 4 位输入端接地。这意味着这个 D/A 转换器最多只有 15 级模拟电压输出，而不是通常 8 位 D/A 转换器的 255 级。计数器在计数到最后一个二进制数 1111 时，将复位到 0000，并开始新一轮计数。因此由示波器曲线图上第 15 级的最大电压值，可确定 D/A 转换器满度输出电压。这个电压将小于全 8 位数码输入时 255 级 D/A 转换器的满度输出电压。

2）仿真运行。打开示波器面板，即可观察到 D/A 转换器输出梯形波如图 4-91 所示。移动游标到相应的位置，观察输出波形的电压值，并记录于表 4-48 中。

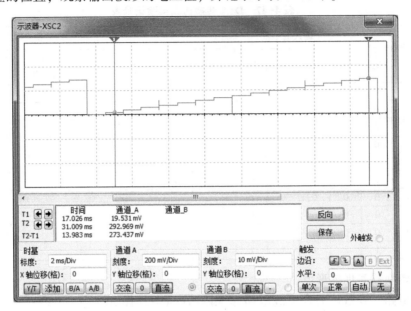

图 4-91　D/A 转换器实现梯形波

表 4-48　梯形波实验记录表

输入数字量					输出模拟量 V_o/V	
D_3	D_2	D_1	D_0	对应的 十进制数 DATA$_{10}$	仿真 测试值	理论 计算值
0	0	0	0			
0	0	0	1			
0	0	1	0			
0	1	0	0			
1	0	0	0			
1	1	1	1			

4.9.5　实验室操作实验内容

1）按图 4-86 接线，电路接成直通方式。即 CS′、WR′$_1$、WR′$_2$、XFER′ 接地；ILE、V_{CC}、V_{REF} 接 +5 V 电源；运放电源接 ±15 V；D_0~D_7 接逻辑电平开关，输出端 V_o 接直流数字电压表。

2）调零，令 D_0~D_7 全置零，调节运放的电位器使 μA741 输出电压为零。

3）按表 4-49 所列的输入数字信号，用直流电压表测量运放的输出电压 V_o，将测量结果填入表 4-49 中，并与理论值进行比较。

4）改变 V_{CC} 为 10 V，再进行测试，将测试结果填入表 4-49 中。

表 4-49　DAC0832 实验记录表

输入数字量								输出模拟量 V_o/V	
D_7	D_6	D_5	D_4	D_3	D_2	D_1	D_0	$V_{CC} = +5$ V	$V_{CC} = +10$ V
0	0	0	0	0	0	0	0		
0	0	0	0	0	0	0	1		
0	0	0	0	0	0	1	0		
0	0	0	0	0	1	0	0		
0	0	0	0	1	0	0	0		
0	0	0	1	0	0	0	0		
0	0	1	0	0	0	0	0		
0	1	0	0	0	0	0	0		
1	0	0	0	0	0	0	0		
1	1	1	1	1	1	1	1		

4.9.6　思考题

1. 在 D/A 转换器实验中，外接运算放大器的作用是什么？

2. 在 D/A 转换器实验中，怎样调零？

3. 在 D/A 转换器实验中，如果 V_{CC} 接 +15 V，输出模拟量会有什么变化？

4.10　A/D 转换器

4.10.1　实验目的

1. 了解 A/D 转换器的基本工作原理和基本结构。
2. 掌握大规模集成 A/D 转换器的功能及其典型应用。

4.10.2　实验设备及材料

1. 装有 Multisim 14 的计算机。
2. 数字电路实验箱。
3. 数字万用表。
4. ADC0809、电阻 1 kΩ×10。

4.10.3　实验原理

1. A/D 转换

将模拟信号转换为数字信号称为 A/D 转换。实现 A/D 转换的器件称为 A/D 转换器，简写为 ADC（Analog-Digital Converter）。

A/D 转换一般包括采样、保持、量化、编码 4 个步骤，如图 4-92 所示。

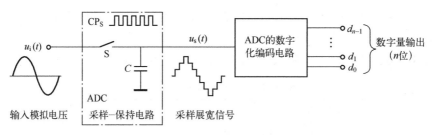

图 4-92　ADC 的组成部分

其主要技术指标有分辨率、转换误差、转换速度。

（1）分辨率

A/D 转换器的分辨率用输出二进制数的位数表示，位数越多，误差越小，转换精度越高。例如，输入模拟电压的变化范围为 0~5 V，输出 10 位二进制数可以分辨的最小模拟电压为 5 V $\times 2^{-10} = 4.88$ mV。

（2）转换误差

通常以输出误差最大值的形式给出，一般多以最低有效位的倍数给出。有时也用满量程输出的百分数给出转换误差。

（3）转换速度

转换速度是指完成一次转换所需的时间。转换时间是指从接到模拟输入信号开始，到输出端得到稳定的数字输出信号所经过的这段时间。

实际应用中，应从系统总的位数、精度要求、输入模拟信号的范围及输入信号极性等方面综合考虑 ADC 的选用。

2. A/D 转换器 ADC0809

ADC0809 是采用 CMOS 工艺制成的单片 8 位 8 通道逐次渐近型 A/D 转换器，其逻辑框图及引脚排列如图 4-93 所示。

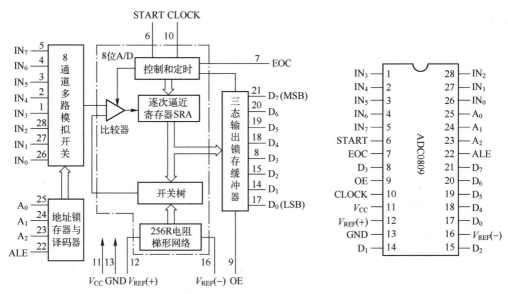

图 4-93　ADC0809 转换器逻辑框图及引脚排列

器件的核心部分是 8 位 A/D 转换器，它由比较器、逐次逼近寄存器 SRA、开关树、256R

电阻梯形网络及控制和定时 5 部分组成。

ADC0809 的引脚功能说明如下。

$IN_0 \sim IN_7$：8 路模拟信号输入端。

A_2、A_1、A_0：地址输入端。

ALE：地址锁存允许输入信号，在此引脚施加正脉冲，上升沿有效，此时锁存地址码，从而选通相应的模拟信号通道，以便进行 A/D 转换。

START：启动信号输入端，应在此引脚施加正脉冲，当上升沿到达时，内部逐次逼近寄存器复位，在下降沿到达后，开始 A/D 转换过程。

EOC：转换结束输出信号（转换结束标志），高电平有效。

OE：输出允许信号，高电平有效。

CLOCK（CP）：时钟信号输入端，频率要求 $10 \sim 1280\,kHz$，典型值为 $640\,kHz$。

V_{CC}：$+5\,V$ 单电源供电。

$V_{REF}(+)$、$V_{REF}(-)$：基准电压的正极、负极。一般 $V_{REF}(+)$ 接 $+5\,V$，$V_{REF}(-)$ 接地。

$D_0 \sim D_7$：数字信号输出端。

3. 模拟量输入通道选择

8 路模拟开关由 A_2、A_1、A_0 三地址输入端选通 8 路模拟信号中的任何一路进行 A/D 转换，地址译码与模拟输入通道的选通关系见表 4-50。

表 4-50　8 路模拟开关选通关系表

被选模拟通道		IN_0	IN_1	IN_2	IN_3	IN_4	IN_5	IN_6	IN_7
地址	A_2	0	0	0	0	1	1	1	1
	A_1	0	0	1	1	0	0	1	1
	A_0	0	1	0	1	0	1	0	1

4. A/D 转换过程

在启动端（START）加启动脉冲（正脉冲），A/D 转换即开始。如将启动端（START）与转换结束端（EOC）直接相连，转换将是连续的，在用这种转换方式时，开始应在外部加启动脉冲。

4.10.4　计算机仿真实验内容

1）创建电路。在数模混合集成电路库 MIXED ⚙中选择 ADC_DAC 系列中的 ADC，如图 4-94 所示，调入仿真工作区。调入电源 Sources→POWER_SOURCES→VCC、地 Sources→POWER_SOURCES→GROUND、时钟脉冲源 Sources→SIGNAL_VOLTAGE_SOURCE → CLOCK_VOLTAGE、电位器 Basic→POTENTIOMETER、直流电压表 Indicators→VOLTMETER→VOLTMETER_V。搭建 A/D 转换器实验电路如图 4-95 所示。

2）仿真运行。调节电位器 R_w，使输入电压 V_i 为不同的模拟量，读出 A/D 转换器转换出来的数字量。可以观察到输出的数字量与模拟量之间的关系为

$$DATA_{10} = \frac{V_i}{V_{REF}} \cdot 2^n$$

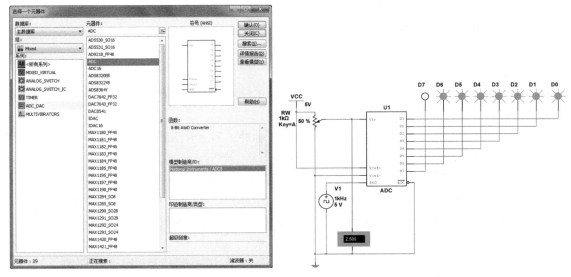

图 4-94　调用 A/D 转换器　　　　　　　图 4-95　A/D 转换仿真电路图

式中，V_i 为输入模拟量（电压）；V_{REF} 为基准电压；$DATA_{10}$ 为输出二进制数字量所对应的十进制数码。

3）按照表 4-51 设置输入模拟量 V_i，并把结果记入表 4-51 中，并与理论计算值进行对比。

表 4-51　A/D 转换仿真实验记录表

输入模拟量 V_i（R_w 百分比）	输出数字量								对应的十进制数 $DATA_{10}$
	D_7	D_6	D_5	D_4	D_3	D_2	D_1	D_0	
5 V　（100%）									
4.5 V（90%）									
4 V　（80%）									
3.5 V（70%）									
3 V　（60%）									
2.5 V（50%）									
2 V　（40%）									
1.5 V（30%）									
1 V　（20%）									
0.5 V（10%）									
0 V　（0%）									

4.10.5　实验室操作实验内容

1）按图 4-96 接线，8 路输入模拟信号 1~4.5 V，由 +5 V 电源经电阻 R 分压组成；转换结果 D_0~D_7 接电平指示灯，CP 接连续脉冲，取 $f = 10\,kHz$；A_0~A_2 地址端接电平控制开关。

2）接通电源后，在启动端（START）加一正单次脉冲，下降沿一到即开始 A/D 转换。

3）按表 4-52 的要求观察，记录 IN_0~IN_7 8 路模拟信号的转换结果，并将转换结果换算

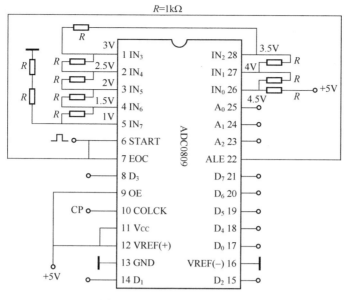

图 4-96　ADC0809 实验线路

成十进制数，输入模拟量用数字电压表实测填写。

表 4-52　ADC0809 实验记录表

被选模拟通道	输入模拟量 V_i/V		地　址	输出数字量								
IN	理论	实测	$A_2\ A_1\ A_0$	D_7	D_6	D_5	D_4	D_3	D_2	D_1	D_0	十进制
IN_0	4.5		000									
IN_1	4.0		001									
IN_2	3.5		010									
IN_3	3.0		011									
IN_4	2.5		100									
IN_5	2.0		101									
IN_6	1.5		110									
IN_7	1.0		111									

4.10.6　思考题

1. 在 A/D 转换器实验中，10 个 1 kΩ 电阻的作用是什么？

2. 在 A/D 转换器实验中，对模拟信号的选择是怎么实现的？

附录　常用逻辑符号对照表

名　称	国标符号	曾用符号	国外常用符号	名　称	国标符号	曾用符号	国外常用符号
与门	&			基本 RS 触发器	S R	S Q R Q̄	S Q R Q̄
或门	≥1	+		同步 RS 触发器	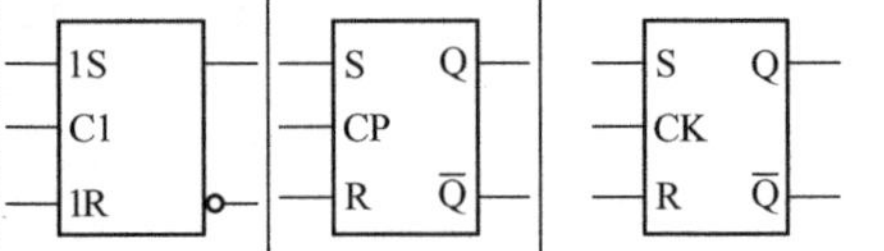 1S C1 1R	S Q CP R Q̄	S Q CK R Q̄
非门	1						
与非门	&			正边沿 D 触发器	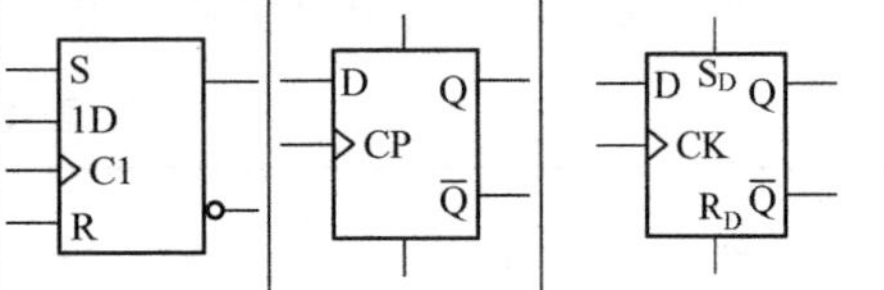 S 1D C1 R	D Q CP Q̄	D S_D Q CK R_D Q̄
或非门	≥1	+					
异或门	=1	⊕		负边沿 JK 触发器	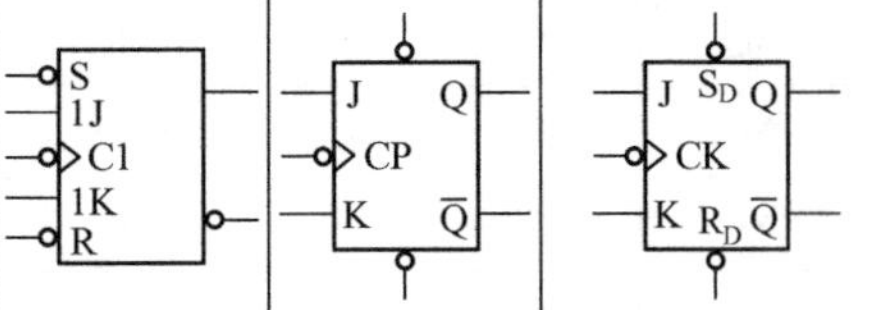 S 1J C1 1K R	J Q CP K Q̄	J S_D Q CK K R_D Q̄
同或门	=	⊙					
集电极开路与非门	& ◇			全加器	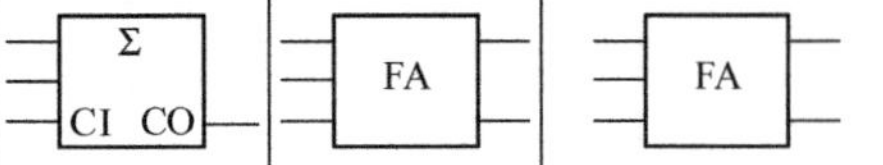 Σ CI CO	FA	FA
三态门	1 ▽ EN			半加器	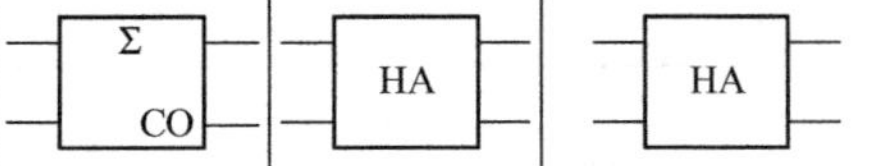 Σ CO	HA	HA
施密特与门	& �	turn	turn	传输门	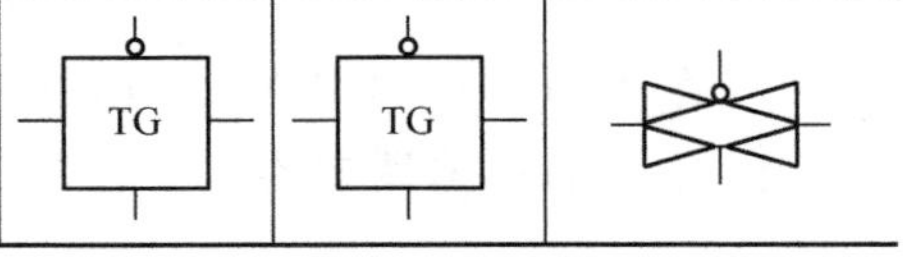 TG	TG	

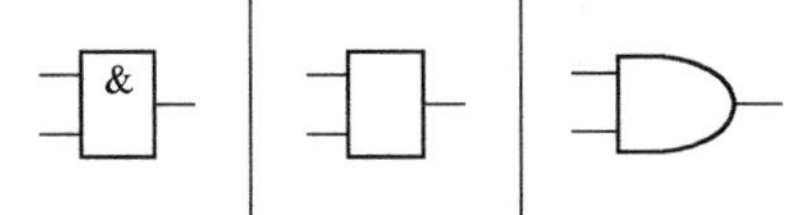

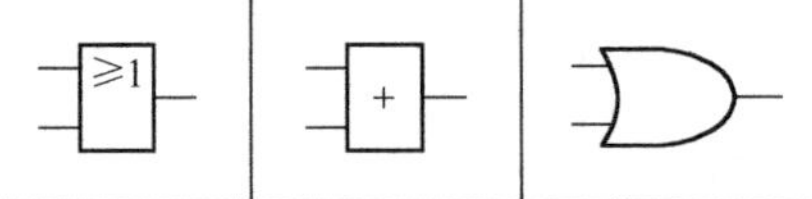

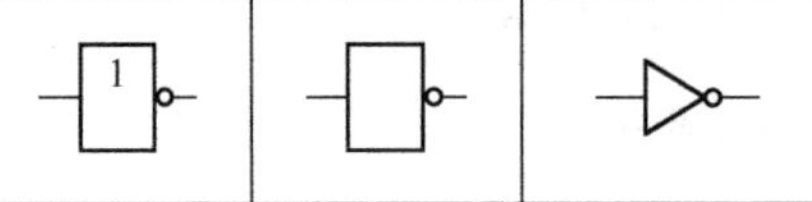

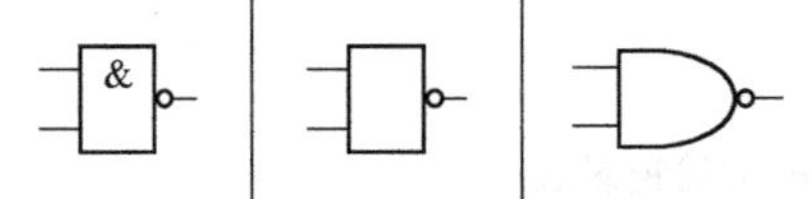

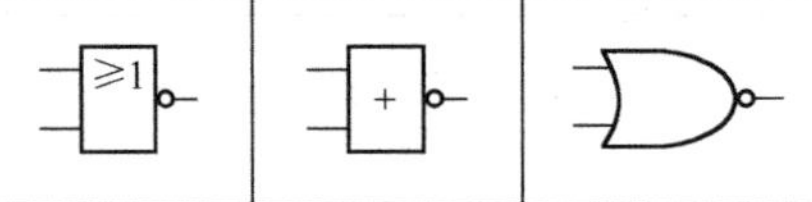

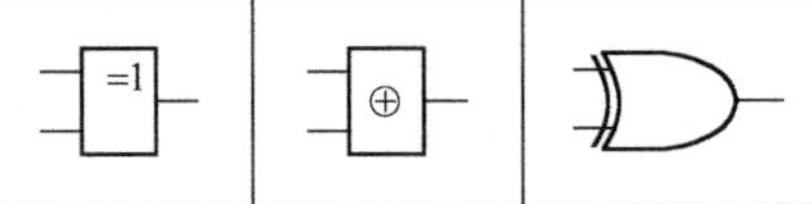

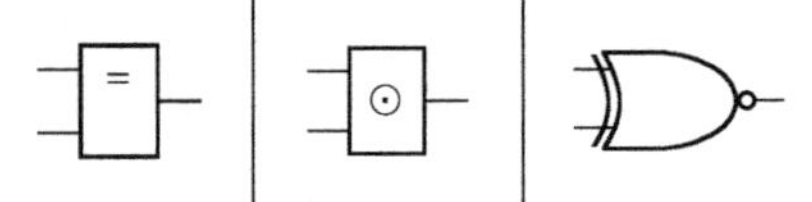

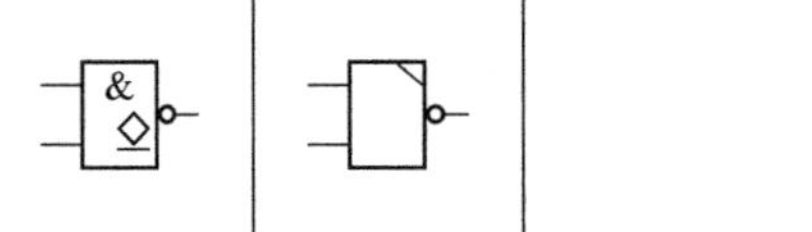

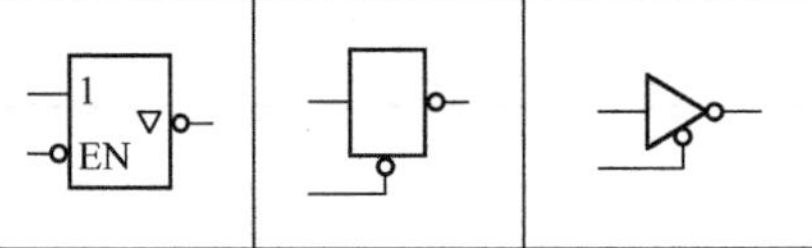

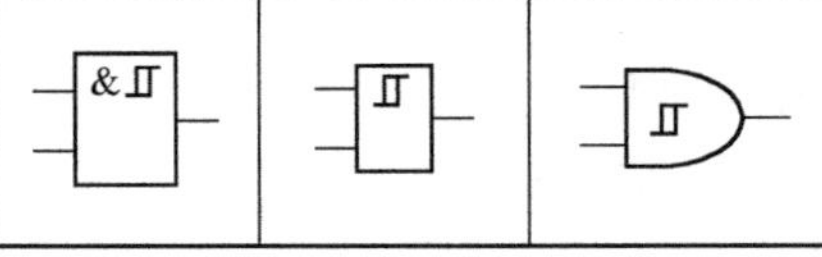

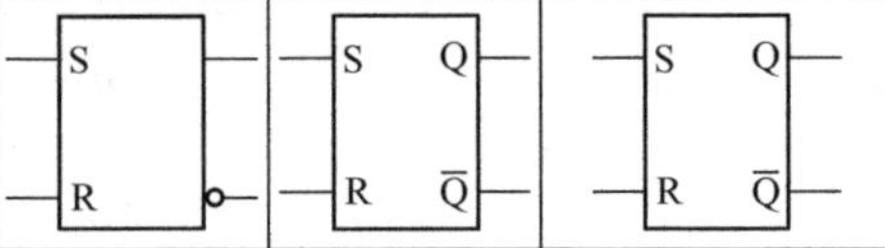

258

参 考 文 献

[1] 穆克，等．电路电子技术实验与仿真 [M]．北京：化学工业出版社，2014.

[2] 邢冰冰，宋伟，蒋惠萍．电路电子技术实验教程 [M]．北京：中国铁道出版社，2016.

[3] 陈晓平，李长杰．电路实验与 Multisim 仿真设计 [M]．北京：机械工业出版社，2015.

[4] 钱培怡，任斌．电路电子技术实验与仿真 [M]．北京：中国石化出版社，2017.

[5] 蒋黎红，黄培根．电子技术基础实验 &Multisim 10 仿真 [M]．北京：电子工业出版社，2010.

[6] 从宏寿，程卫群，李绍铭．Multisim 8 仿真与应用实例开发 [M]．北京：清华大学出版社，2007.

[7] 古良玲，王玉菡．电子技术实验与 Multisim 12 仿真 [M]．北京：机械工业出版社，2015.

[8] 古良玲，全晓莉．电路仿真与电路板设计项目化教程：基于 Multisim 与 Protel [M]．北京：机械工业出版社，2014.

[9] 刘建清．从零开始学电路仿真 Multisim 与电路设计 Protel 技术 [M]．北京：国防工业出版社，2006.

[10] 邓泽霞，陈新岗．电路电子基础实验 [M]．北京：中国电力出版社，2009.

[11] 康华光．电子技术基础：模拟部分 [M]．6 版．北京：高等教育出版社，2013.

[12] 康华光．电子技术基础：数字部分 [M]．6 版．北京：高等教育出版社，2013.

[13] 陈桂兰．电子线路板设计与制作 [M]．北京：人民邮电出版社，2010.

[14] 缪晓中．电子 CAD-Protel 99SE [M]．北京：化学工业出版社，2010.

[15] 钱金发．电子设计自动化技术 [M]．北京：机械工业出版社，2005.

[16] 曾峰，巩海洪，曾波．印刷电路板（PCB）设计与制作 [M]．2 版．北京：电子工业出版社，2005.

[17] 赵淑范，董鹏中．电子技术实验与课程设计 [M]．2 版．北京：清华大学出版社，2009.

[18] 王连英．基于 Multisim 10 的电子仿真实验与设计 [M]．北京：北京邮电大学出版社，2009.

[19] 梁青，侯传教，熊伟，等．Multisim 11 电路仿真与实践 [M]．北京：清华大学出版社，2012.

[20] 许晓华，何春华．Multisim 10 计算机仿真及应用 [M]．北京：清华大学出版社，2011.